Springer-Lehrbuch

Engelbert Westkämper

Einführung in die Organisation der Produktion

Unter Mitarbeit von Dipl.-Ing. Markus Decker
und Dipl.-Ing. Lamine Jendoubi

Mit 141 Abbildungen

 Springer

Engelbert Westkämper
Institut für Industrielle Fertigung und Fabrikbetrieb
Universität Stuttgart
Nobelstr. 12
70569 Stuttgart

Bibliografische Information der Deutschen Bibliothek
Die Deutsche Bibliothek verzeichnet diese Publikation in der Deutschen Nationalbibliografie;
detaillierte bibliografische Daten sind im Internet über http://dnb.ddb.de abrufbar.

ISSN 0937-7433
ISBN-10 3-540-26039-0 Springer Berlin Heidelberg New York
ISBN-13 978-3-540-26039-4 Springer Berlin Heidelberg New York

Springer ist ein Unternehmen von Springer Science+Business Media

springer.de

© Springer-Verlag Berlin Heidelberg 2006
Printed in Germany

Satz: Dipl.-Ing. Markus Decker
Herstellung: LE-TEX Jelonek, Schmidt & Vöckler GbR, Leipzig
Einbandgestaltung: *design & production* GmbH, Heidelberg

Gedruckt auf säurefreiem Papier   7/3144/YL - 5 4 3 2 1 0

Lebensläufe der Autoren

Prof. Dr.-Ing. Prof. E. h. Dr.-Ing. E. h. Dr. h. c. mult. Engelbert Westkämper
Geb. 1946 in Schloss Neuhaus. Maschinenbaustudium an der RWTH Aachen, 1977 Promotion zum Dr.-Ing. am Laboratorium für Werkzeugmaschinen und Betriebslehre (WZL). Danach Industrietätigkeit in der Luftfahrt- und Elektronikindustrie. Von 1988-1995 o. Prof. an der TU Braunschweig als Leiter des Instituts für Werkzeugmaschinen und Fertigungstechnik (IWF). Seit 1995 Lehrstuhlinhaber des IFF der Universität Stuttgart und Institutsleiter am IPA. Ehrenprofessor der Baotou Universität für Eisen- und Stahltechnologie, Ehrendoktor der Technischen Universität Cluj-Napoca, der Nationalen Technischen Universität Charkow „Charkower Polytechnisches Institut" und Dr.-Ing. E. h. der Otto-von-Guericke-Universität Magdeburg.

Dipl.-Ing. Markus Decker
Geb. 1977 in Bad Friedrichshall. Maschinenbaustudium an der Universität Stuttgart. Arbeitsgebiet: *Modellierung/Simulation technischer Prozesse und Systeme*

Dipl.-Ing. Lamine Jendoubi
Geb. 1977 in Frankenthal (Pfalz). Maschinenbaustudium an der Universität Stuttgart. Arbeitsgebiet: *Echtzeitfähige Fabrik und Fabrikplanung*

Vorwort

Die Organisation der Fabriken und der Methoden zu ihrer Gestaltung, Führung und Optimierung ist eine Voraussetzung des Erfolges aller industriell gefertigten Produkte. Sie ist aber auch die Grundlage einer Wirtschaft, die sich im Wettbewerb behaupten muss. Seit mehr als 100 Jahren werden Technik und Organisation in den Unternehmen gleichrangig und simultan entwickelt. Mit neuen Techniken und Verfahren ändert sich vielfach auch die Organisation, so beispielsweise bei der Durchdringung der gesamten technischen Welt mit Elektronik und Informationsverarbeitung. Andererseits ermöglichen und fördern neue Formen und Konzepte der Organisation der Fabriken auch die Anwendung neuer Techniken.

Viele Studierende erlernen die Grundlagen und spezielle Bereiche der Technik, welche für das moderne Ingenieurwesen notwendig sind. Die Grundlagen der Organisation und ein Verständnis industrieller arbeitsteiliger Prozesse werden an den meisten Hochschulen jedoch erst in den Vertiefungsfächern angeboten. Um Studierenden einen Einblick in die industriellen Methoden der Organisation zu verschaffen und um denjenigen, die für ihre Arbeiten ein Grundverständnis der Produktion benötigen, wurde dieses Buch geschrieben. Es ist ein Lehrbuch, das in die Organisation einführen soll und kann dadurch natürlich nicht alle Ansätze spezifischer Bereiche umfassen. Es ist als ein Werk zur Einführung in die Fabrikbetriebslehre, in die Produktionssystematik und in das industrielle Produktionsmanagement gedacht.

Neuere und modernere Ansätze der Organisation, wie zum Beispiel die schnelle Wandelbarkeit und Anpassung von Fabriken und ihrer Organisation sind, soweit sie sich aus den Grundlagen ableiten lassen, enthalten, so dass mit diesem Buch auch denjenigen eine Hilfe gegeben werden kann, die sich schnell ein Grundverständnis verschaffen wollen.

Die Fabrik wird in diesem Buch verstanden als ein ganzheitliches System der Produktion industrieller Erzeugnisse und als Unternehmen oder gar als Netzwerk von Unternehmen, die gemeinschaftlich technische Produkte und Dienstleistungen herstellen. Sie umfasst in diesem Verständnis ganze Produktionsbereiche, einschließlich Zulieferung und Vertrieb in den modernen Netzwerken der Produktion. Der Rahmen reicht von den Prozessen und Arbeitsplätzen zu den Produktionsnetzen und von den operativen Aktionen bis zu langfristigen Strategien der Gestaltung von Unternehmensstrukturen sowie von der Planung bis zum Betrieb von Produktionssystemen.

Den angehenden Managern wird in der Vorlesung eine Ergänzung durch viele industrielle Beispiele geboten. Umfangreiches Filmmaterial und simulierte Prozesse vermitteln einen Eindruck des Geschehens und der methodischen Ansätze.

Diese und einzelne Übungsaufgaben werden in der Zukunft auch über das Internet unter www.iff.uni-stuttgart.de als Ergänzung zum Stoff zu beziehen sein. In diesem Buch war es notwendig, stark zu abstrahieren und zu vereinfachen. Für Vertiefungen steht eine umfangreiche Literatur zur Verfügung. Diese umfasst auch Standardwerke, auf die im Text verwiesen wird.

Das Buch entstand im Zusammenhang mit einer neuen Einführungsvorlesung im ersten Semester für Studierende des Faches Maschinenbau an der Universität Stuttgart. Es ergänzt eine Einführung in die Fertigungslehre, in der die fertigungstechnischen Verfahren vorgestellt werden. Meinen Mitarbeitern, allen voran Herrn Dipl.-Ing. Decker und Herrn Dipl.-Ing. Jendoubi, danke ich besonders für ihr hohes Engagement und die Vorbereitung sowie aktive Mitarbeit an diesem Projekt. Ohne ihre Hilfe wäre es nicht gelungen, dieses Buch zu realisieren.

Dem Springer-Verlag, insbesondere Frau Eva Hestermann-Beyerle und Frau Monika Lempe, sowie der LE-TeX Jelonek, Schmidt & Voeckler Gbr, insbesondere Frau Christina Brückner, danke ich für die gute Zusammenarbeit und die zügige Veröffentlichung dieses Buches.

Stuttgart im Sommer 2005   E. Westkämper

Inhaltsverzeichnis

1 Einführung

Die Lebensweise der Menschen wird in entscheidender Weise durch technische Entwicklungen und technische Produkte geprägt. Herstellung und Konsum technischer Produkte sind zugleich Grundlage des Wohlstandes und Motor der industriell geprägten Volkswirtschaften in der Welt. Als Nutzer technischer Produkte erwarten die Kunden und Verbraucher eine hohe Qualität und Zuverlässigkeit der Produkte bei niedrigen Preisen. Unternehmen erwarten aus der Herstellung Gewinne.

In den Unternehmen, welche Produkte herstellen, finden mehr als 30 % der Menschen in Deutschland eine Beschäftigung. Rechnet man die mit technischen Produkten verbundenen Dienstleistungen bzw. produktionsnahe Dienstleistungen hinzu, so sind es gar mehr als die Hälfte der Beschäftigten. In einem Land, dessen Kern der Wirtschaft auf einer Veredelung von Material und dem Export hochwertiger technischer Güter beruht, muss die technische Erneuerung und die Wettbewerbsfähigkeit der Produktion ein grundlegendes Anliegen sein.

Löhne und Gehälter schaffen Kaufkraft und Märkte für Produkte nicht nur im Inland, sondern auch in anderen Ländern. Die Produkte unterliegen einem harten internationalen Wettbewerb. Aufgrund der heutigen Rand- und Rahmenbedingungen, wie Kosten der Arbeit und soziale Leistungen von Unternehmen und Mitarbeitern, bestehen für deutsche Hersteller Nachteile. Eine Folge ist, dass nur Spitzenleistungen und eine hohe Effizienz den Erhalt von Arbeit und Beschäftigung sichern können.

Auf vielen Gebieten hat Deutschland eine weltweit führende Position, so zum Beispiel bei hochwertigen technischen Produkten. Dies liegt einerseits an dem breiten Angebot zur Ausrüstung von Fabriken mit Produktionstechnik, Maschinen, Einrichtungen sowie Werkzeugen. Diese Technik sichert zugleich auch die Wettbewerbsfähigkeit der hiermit hergestellten Produkte. Andererseits beruht die Stärke der deutschen Produktionstechnik nicht allein auf der großen Bandbreite der dazu benötigten Technologien, sondern auch auf den Methoden und Grundlagen der Organisation der Fabriken sowie einem hohen Ausbildungsstand der Beschäftigten.

Schon zu Beginn der industriellen Fertigung am Anfang des vergangenen Jahrhunderts war das Zusammenwirken von Technik und Organisation Grundlage der sich entwickelnden Massenproduktion. Seit dieser Zeit bestimmen Grundsätze der wissenschaftlichen Betriebsführung und Methoden der Arbeitsteilung, die als Taylorismus bezeichnet wurden, die Organisation und das Management der Fabriken. Heute und noch mehr in der Zukunft ist das Wissen um Technik und Organi-

sation der industriellen Herstellung von Produkten der Schlüssel für die Zukunft
einer produktiven Volkswirtschaft.

1.1   Zum Aufbau und Inhalt des Buches

Dieses Buch ist kein wissenschaftliches Werk, sondern ein Buch, das Studierende
ohne tief greifende Vorkenntnisse schnell in die moderne Organisation von produzierenden Unternehmen einführen soll. Zum Verständnis der Struktur des Buches
wird hier ein Überblick über den Aufbau (Abb. 1.1) gegeben.

Weltbilder der industriellen Produktion		**Kap. 2**
Historie ...	....Heute	....Zukunft
Das Unternehmen **Kap.3**	**Produktentstehung** **Kap. 6**	**Informations-Systeme** **Kap.10**
Ziele Qualität, Zeit, Kosten **Kap. 4**	**Arbeitsvorbereitung** **Kap. 7** **Auftragsmanagement** **Kap. 8**	**Digitale Fabrik** **Kap. 10.3**
Kosten-rechnung **Kap. 5**	**Produktionssysteme** **Kap.9**	Literatur und Fachbücher Stichwort-verzeichnis

Abb. 1.1   Inhalt und Struktur des Buches

Das Buch beginnt mit einer Einführung in historische Entwicklungen und *Weltbil-
der*, welche die jeweiligen Vorstellungen von der Organisation der Fabriken und
somit ihre Strukturen bis in die Gestaltung der Arbeitsplätze bestimmt haben.
Daraus leiten sich entscheidende Methoden der Organisation ab, wie beispielsweise das Prinzip der Arbeitsteiligkeit oder die Rationalisierung, welche bis in die
heutige Zeit ihre Gültigkeit behalten haben. Die Historie zeigt uns ferner die Notwendigkeit der Kombination von Technik und Organisation und die Erweiterung
der Systemgrenzen der Produktion auf den gesamten Lebenslauf der Produkte, um
auch moderne Aufgaben, wie das Recycling einbeziehen zu können.

Der weite Stoffumfang ergibt sich aufgrund der Vielfalt der Fabriken und Betriebe und der in der Praxis auftretenden Lösungen. Deshalb wird zunächst beschrieben, wie *Unternehmen* insgesamt funktionieren, welche *Ziele* sie verfolgen
und wie die *Kostenrechnung* gemacht wird.

Das Buch folgt der Prozesskette von der *Planung* und *Entwicklung* der Produkte, der *Arbeitsvorbereitung*, dem Management der *Aufträge* und den *Produktionssystemen* moderner Prägung. Es wird von vornherein Bezug auf moderne Produk-

tions- und Fertigungstechnologien genommen und deren Integration in eine wirtschaftliche Struktur der Unternehmen berücksichtigt.

Mit dem Verständnis des Funktionierens können dann die in der Produktion eingesetzten Systeme der *Informationsverarbeitung* und speziell der Werkzeuge zur Gestaltung der Produktion, die man heute unter dem Begriff der "*Digitalen Fabrik*" zusammenfasst, erläutert werden.

Insgesamt ist dies ein sehr breiter Rahmen. Denjenigen, die eine Vertiefung in den einzelnen Gebieten erreichen möchten, wird eine Sammlung ergänzender und vertiefender Lehr- und Fachbücher angeboten.

2 Weltbilder der industriellen Produktion

2.1 Ein geschichtlicher Rückblick

Schon in der Frühzeit erfanden Menschen Verfahren, welche ihnen die Herstellung von Werkzeugen und Geräten für den täglichen Gebrauch ermöglichten. Einige der ältesten Verfahren, wie beispielsweise das Schleifen, finden sich noch heute in der industriellen Fertigung und gelten gar als Schlüsseltechnologien.

Von der Steinzeit bis in die heutige Zeit hat es über Jahrtausende hinweg kontinuierliche Verbesserungen bei der Herstellung von Gütern gegeben. Die Prozesse wurden durch die handwerklichen Fertigkeiten der Menschen und durch ihre Kraft bestimmt. Schon sehr früh schufen sich die Menschen Werkzeuge, um sich die Arbeit zu erleichtern und schneller und besser zu werden. Aber erst mit dem Beginn der Mechanisierung also dem Ersatz menschlicher Kraft durch mechanische oder elektrische Energie konnte es zu einer sprunghaften Entwicklung der industriellen Herstellung technischer Güter und zur Massenfertigung heutiger Prägung kommen.

Es waren die technischen Erfindungen, heute würden wir dazu „Innovationen" sagen, welche die industrielle Gesellschaft trieb. Erst in der jüngeren Zeit haben die Elektronik und die mit ihr möglich gewordene Informationsverarbeitung entscheidende Einflüsse auf die Produktion gehabt. Sie haben ein neues Kapitel aufgeschlagen, in dem nicht mehr die Bereitstellung von Energie, sondern von Information entscheidend für die weitere Entwicklung ist.

Die Art des Einsatzes von Ressourcen zur Herstellung von technischen Produkten wie Autos, Flugzeugen, Maschinen und Computern kennzeichnen bis heute die handwerkliche und industrielle Produktion. Merke:

> **Ressourcen = Kapital, Menschen, Material, Energie, Werkzeuge, Maschinen, Informationen, Wissen**

> **Erfindungen**:
> Waffen, Rad, Uhren, Druckmaschinen, Dampfmaschinen, Elektromotoren, Benzin- und Dieselmotoren, Kraftfahrzeuge, Flugzeuge, Raketen, Optische Geräte, Wärme- und Klimaanlagen, Kraftwerke, Elektronik, Computer, Atomic-Force Microscope...

Die Geschichte der industriellen Produktion begann mit der handwerklichen Fertigung einfacher Werkzeuge und Geräte und erreicht heute die durch wissenschaftliche und technische Grundlagen geprägte wissensbasierte Phase. Abb. 2.1 zeigt wesentliche Epochen der Produktionsgeschichte in einer stark vereinfachten Darstellung.

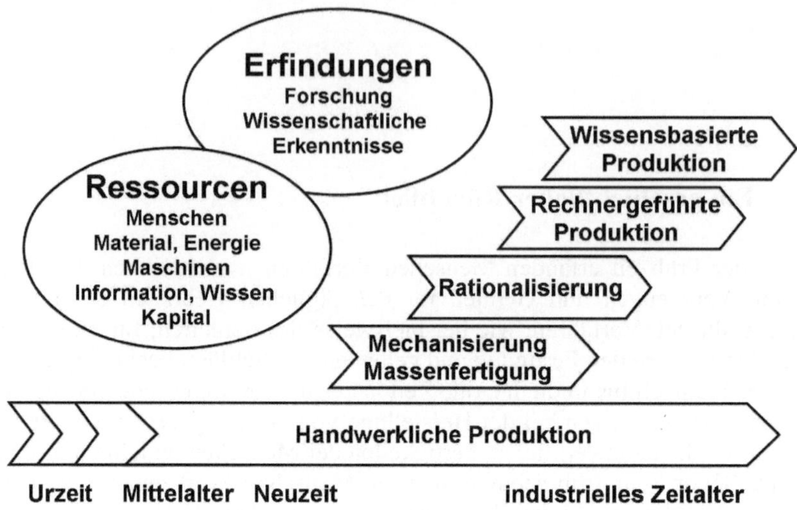

Abb. 2.1   Phasen der Produktionsgeschichte

Jede dieser Epochen hatte zweifellos ein differenzierteres Erscheinungsbild. Neben der Verfügbarkeit technischer Geräte und Werkstoffe war die Arbeit der Menschen in der Produktion seit jeher mit den Lebensweisen und dem Wohlstand der Gesellschaften verbundenen. Strukturelle Veränderungen der Arbeitstechniken, die durch Erfindungen oder die Nutzbarkeit neuer Energie- und Rohstoffquellen, wie beispielsweise der elektrischen Energie oder der Metalle, oder durch wirtschaftliche Bedingungen verursacht wurden, hatten immer gravierende Auswirkungen auf die direkt betroffenen Arbeiter, wie auch auf ganze Gesellschaftsbereiche, Länder und Staaten. Es wurde Kapital zur Finanzierung der Herstellung benötigt. Es gibt zahlreiche Beispiele gravierender struktureller Veränderungen oder gar von Aufständen und Revolutionen, deren Anlass in den Veränderungen der Arbeitsbedingungen lag. Es bedurfte großer gesellschaftlicher Anstrengungen, soziale Standards bei der Arbeit durch Gesetze zu erreichen und Kapital und Arbeit gleich zu stellen.

2.2   Handwerkliche Fertigung

Die Verfügbarkeit von Rohstoffen und den daraus gewonnenen Werkstoffen und die Art der Verarbeitung mit menschlicher Kraft, mit Wärme (Feuer) und schließlich mit mechanischer und elektrischer Energie und Werkzeugen kennzeichnen die Phasen bis zum Beginn der großen Erfindungen im 19. Jahrhundert.

Die frühen Phasen der Produktion galten in erster Linie der Herstellung von Geräten mit Werkzeugen unmittelbar aus den in der Natur vorhandenen oder gefundenen Werkstoffen wie Holz, Stein oder Erze. Durch die Verwendung von Energie (Wasserkraft, Feuer) konnten Werkstoffeigenschaften und Formen verändert werden. Dort, wo die besten Werkstoffe und das Wissen um ihre Verarbeitung und Verwendung zur Verfügung standen, entwickelten sich schnell höhere Kulturen und Zentren wirtschaftlichen Wohlstandes und Macht. Nur wenig ist darüber bekannt, wie die Herstellung organisiert war.

Die Herstellung und der Vertrieb bildeten nach unserem Sprachgebrauch Prozessketten.

> **Prozesskette:** Folge von Prozessen vom Rohstoff bis zum Nutzer oder von dem Auftrag eines Kunden bis zur Auslieferung Beispiel: Rohstoff – Rohstoffveredelung (Halbzeuge) – Herstellung der Produkte – Handel (Vertrieb) – Nutzung – Reparatur

Die handwerkliche Herstellung von Produkten verlangte Geschicklichkeit und Erfahrung und Organisation. So entstand bereits im Mittelalter eine Handwerkskultur mit eigenen Regeln der Qualifizierung und der Organisation (Handwerksinnungen). Auch bildeten sich technologische Zentren, zum Beispiel an Orten, an denen Erze verarbeitet wurden (z.B. im Harz, im Erzgebirge) oder Textilien einen Schwerpunkt bildeten.

2.2.1 Werkstättenprinzip

Die handwerkliche Fertigung ist eine Einzelfertigung. Sie prägte aufgrund ihrer Universalität und Flexibilität sowie der Fähigkeiten der Facharbeiter bis in die heutige Zeit das so genannte Werkstättenprinzip (Siehe Abb. 2.2).

> **Werkstättenprinzip:**
> Die Herstellung wird an einem Ort – der Werkstatt – konzentriert. Die Betriebsmittel können von jedem Mitarbeiter – sofern er dazu befähigt ist – für alle Prozesse eingesetzt werden. Größere Betriebsmittel sind stationär. Menschen und Produkte sind mobil. Der Fluss der Arbeit ist unstrukturiert und folgt den technisch bedingten Arbeitsvorgangsfolgen.

Typisch für die Werkstätten ist eine Zusammenfassung aller zur Fertigstellung eines Bauteils oder Produktes benötigten Ressourcen in einem Raum bzw. an einer Produktionsstätte. Hier haben die Mitarbeiter Zugang zu den Werkzeugen und Maschinen und zu dem zu verarbeitenden Material, das sie zur Durchführung einzelner Prozesse im Arbeitsablauf flexibel nutzen können. Die hohe Flexibilität wird durch universelle Betriebsmittel und durch die Erfahrung und Ausbildung der Mitarbeiter erreicht.

Auch heute noch haben wir handwerkliche Fertigungen in großem Ausmaß. Wir benötigen sie nicht nur im Handwerksbereich, sondern überall dort, wo eine schnelle, individuelle Formgebung gefordert ist. Dies trifft beispielsweise für das

Design von Produkten genauso wie für die Herstellung von Prototypen oder Spezialmaschinen zu. Allerdings setzen die modernen „Handwerker" moderne Werkzeuge und Maschinen ein.

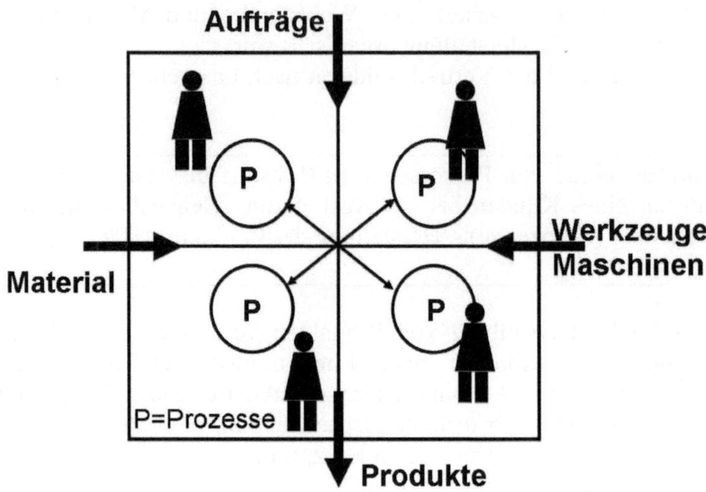

Abb. 2.2   Werkstättenprinzip

Betriebsmittel:
Maschinen, Fahrzeuge (Gabelstapler, etc.) Lagersysteme, Transportsysteme, Werkzeuge, Messmittel, Prüfgeräte, Vorrichtungen
heute auch: Steuerprogramme von Maschinen

Selbst die Mechanisierung und Automatisierung ist nicht erst eine Erfindung der Neuzeit. Die handwerkliche Arbeit mit mechanisierten Webstühlen beispielsweise wurde leichter und ging schneller, was den Verlust von vielen Arbeitsplätzen zur Folge hatte.

Produkte wurden überwiegend über den Handel vertrieben. Vergleichbar zu heutigen Strukturen bildeten sich aber regelrechte logistische Netze aus Herstellung und Vertrieb.

2.2.2 Handwerkliche Produktion und weiträumiger Vertrieb über Handelsnetze

Handel und Vertrieb verfügten über weiträumige Netze (z.B. über die Seidenstrasse, Transport mit Schiffen) mit eigenen Produktionsstätten (Fabriken) und Transportorganisationen, d.h. logistische Systeme. Sie wurden durch die Erzielung großer Gewinne getrieben und fanden selbst in unsicheren politischen Regionen Wege von den Herstellern bis zu den Märkten und Käufern.

> **Logistik:** Bezeichnet das System aus Herstellung, Transport und Lagerung von Gütern und allen mobilen Betriebsmitteln innerhalb und außerhalb der Fabriken in den Prozessketten vom Hersteller bis zum Endkunden

Bekannt ist das System der Fugger, die an ihrem Stammsitz in Augsburg ihr Verwaltungs- und Finanzzentrum konzentrierten. Sie verfügten über eine Vielzahl von Fabriken für Haushaltswaren, Textilien, über ein Transportwesen sowie über ausreichendes Kapital, um dieses Netzwerk mit seinen „hohen Beständen" zu finanzieren. An ihrem Heimatstandort Augsburg errichteten sie für ihre Mitarbeiter ein soziales Zentrum.

Produktion und Vertrieb bildeten so ein weiträumig vernetztes logistisches System. Produziert wurde dort, wo die Rohstoff- und Energiequellen waren; veredelt wurde (im Kundenauftrag der Handelhäuser) in Fabriken. Die serielle Fertigung hat das Ziel der häufigen Reproduktion gleicher Produkte. Sie entstand gleichsam mit dem Beginn des Industriezeitalters.

2.3 Industrielle Fertigung

2.3.1 Mechanisierung

Der Zeitpunkt des Beginns der industriellen Fertigung lässt sich nicht genau ermitteln. Versteht man darunter die *serielle Herstellung* von technischen Produkten, so kommt dafür der Zeitraum in Frage, als es gelang, manuelle und durch Handarbeit geprägte Prozesse mit Maschinen (Werkzeugmaschinen) auszuführen, die ihre Energie aus neuartigen Energiequellen bezogen. Dies trifft in jedem Falle auf die Verwendung von Dampfmaschinen und die damit mögliche Umwandlung von thermischer Energie in mechanische Energie und mechanische Antriebe zu. Fabriken dieser Generation haben ein Energieerzeugungsgebäude, aus denen über Wellen und Transmissionen Werkzeugmaschinen angetrieben wurden.

> **Werkzeugmaschinen:** Mit mechanischen Antrieben versehene Maschinen zum Verändern von Formen und Abtragen von Material mit Werkzeugen.

Serielle Fertigung in größeren Dimensionen setzte aber erst mit weiteren Basiserfindungen ein, für die sich sehr schnell ein wachsender Markt ergab. Dazu zählen insbesondere die zahlreichen Erfindungen in der Elektrotechnik (z.B. Dynamos, elektrisches Licht, elektrische Antriebe, Motoren, Kraftfahrzeuge). Die Produktionstechnik wurde durch die Werkzeugmaschinen und ihre permanente Weiterentwicklung zu höherer Qualität und niedrigeren Kosten vorangetrieben. Mit Hilfe der mechanischen und später der elektrischen Antriebe (Krafterzeugung) sowie der Verwendung immer besserer Werkzeug-Werkstoffe gelang es, die für eine Reproduktion erforderliche Präzision zu erreichen. Die Präzision der Bauteile war

Voraussetzung zur ständigen Verbesserung der Wirkungsgrade und der Leistung vieler technischer Produkte.

Ein Durchbruch in der industriellen Fertigung gelang Henry Ford zu Beginn des 20. Jahrhunderts mit der Einführung des *Fließprinzips* in der Fertigung und Montage von Automobilen. Fließprinzipien unterstellen einen getakteten Fluss der herzustellenden Produkte in arbeitsteiligen Prozessen.

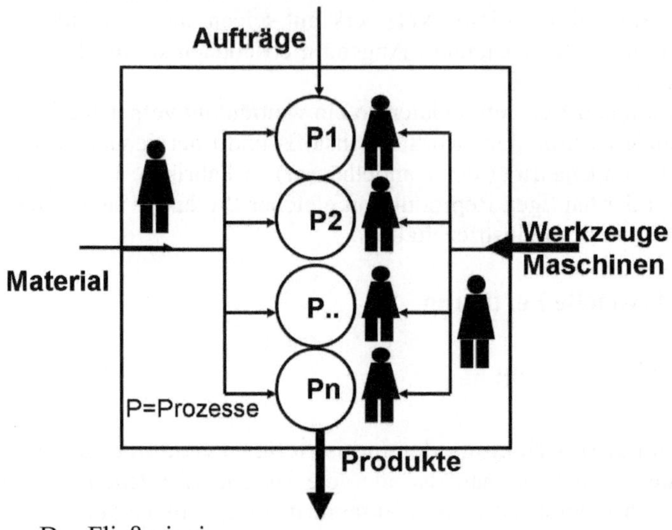

Abb. 2.3   Das Fließprinzip

Die Produkte werden bei der Arbeit bewegt. Die Ressourcen werden zu den bewegten Produkten gebracht. Arbeitsteiligkeit besteht zwischen den in fester Folge ausgeführten Arbeitsschritten.

Fließprinzip: Kontinuierlich oder getaktete Bewegung der Produkte in der Fertigung und Montage, d.h. bewegte Produkte, bewegte Arbeitsplätze und Arbeitsteilung geeignet für Serien und Massenfertigung mit hohem Reproduktionsgrad

---

Das Fließprinzip brach erstmals mit dem bis dahin üblichen Werkstättenprinzip. Fließbänder bestimmten die Geschwindigkeit der Arbeit. Die Arbeiter führten nur Teile der gesamten Arbeit aus und trugen durch eine Spezialisierung zur Leistungssteigerung bei. Von entscheidender Bedeutung war bereits zu Beginn die Sicherung der Qualität der Arbeit durch ein Kontrollprinzip.

Es gelang Henry Ford mit dem Fließprinzip ein einzigartiges neues Paradigma in der Produktion einzuführen, das bis heute Wirkung zeigt und deshalb hier kurz erläutert werden soll. Zunächst einmal kam das Bemühen um die Konstruktion eines einfachen und standardisierten Fahrzeuges, des so genannten Ford T-Modells. Das Fahrzeug sollte robust sein, es sollte einfach und von jedermann zu bedienen sein. Es gab keine Varianten und keine kundenspezifischen Wünsche zu erfüllen. Die Konstruktion wurde erstmals überhaupt nach Prinzipien und Anforderungen für einen Massenmarkt ausgeführt.

2.3.2 Verbesserung und Lernen

Die schnell wachsende Nachfrage nach neuartigen Produkten schuf vollständig neue Formen der industriellen Organisation. Ein immer höherer Kapitaleinsatz und immer höhere Beschäftigung ließen die wachsende Industrie nach Vorteilen und Innovationen suchen. So gab es neben der Anwendung des Fließprinzips erhebliche Bemühungen, die Leistung der Maschinen durch immer bessere Konstruktionen und neue Werkzeug-Werkstoffe zu verbessern. Die spanende (abtragende) und umformende Fertigung wurden Schlüsseltechnologien in der Herstellung der Einzelteile. Es dauerte allerdings noch lange, bis auch hier die Werkstättenprinzipien durch getaktete Fließprinzipien und Transferstraßen ersetzt wurden. „Die Dividende hängt an der Schneide" wurde zum Schlagwort der intensiven Bemühungen um eine Leistungssteigerung und damit Steigerung der Nutzung der eingesetzten Werkzeugmaschinen.

Leistungssteigerung: Erhöhung der Nutzung eingesetzter Ressourcen: Material, Menschen, Maschinen durch neue Formen der Fabrikorganisation sowie technische Entwicklungen

Zusammen mit dem arbeitsteiligen Fliesband gelang es Ford, die Kosten mit der produzierten Menge zu reduzieren und als Preisreduktion an den Markt weiter zu geben. Die folgende Abbildung (Abb. 2.4) zeigt diesen Effekt.

Die Anzahl der produzierten Fahrzeuge stieg von 1909 bis 1914 auf mehr als 500.000 Stück. Der Preis wurde im selben Zeitraum von 1000 $ auf 500 $ gesenkt. Die doppelt logarithmische Darstellung wurde bewusst gewählt, um den Effekt von Preisreduzierung und Erhöhung der Menge in Form eines *Lerneffektes* zu charakterisieren.

Stellt man die Herstellkosten pro Stück als Funktion der kumulierten Menge hergestellter Produkte dar, so ergibt sich eine degressive Kurve. In doppelt logarithmischer Darstellung ist dies eine Gerade. Bei Ford betrug der Lerneffekt jeweils 9% bei jeder Verdoppelung der Stückzahl.

Standardisierung der Produkte (Ford: Nur 1 Typ), Erhöhung der Produktionsmengen, Beherrschung der handwerklichen und der maschinellen Prozesse und Verbesserung der Fabrikorganisation bewirken Lerneffekte, die auch als *Erfahrungskurve* bekannt sind. Die durch einzelne konkrete Maßnahmen erzielten Verbesserungen sind abhängig von der Anzahl hergestellter Produkte. Darin stecken auch, aber nur zu einem geringen Teil, die Lerneffekte der Mitarbeiter. Die hinter dieser Beobachtung – später erst bewiesene Gesetzmäßigkeit – wird als Lerngesetz oder Erfahrungskurve bezeichnet.

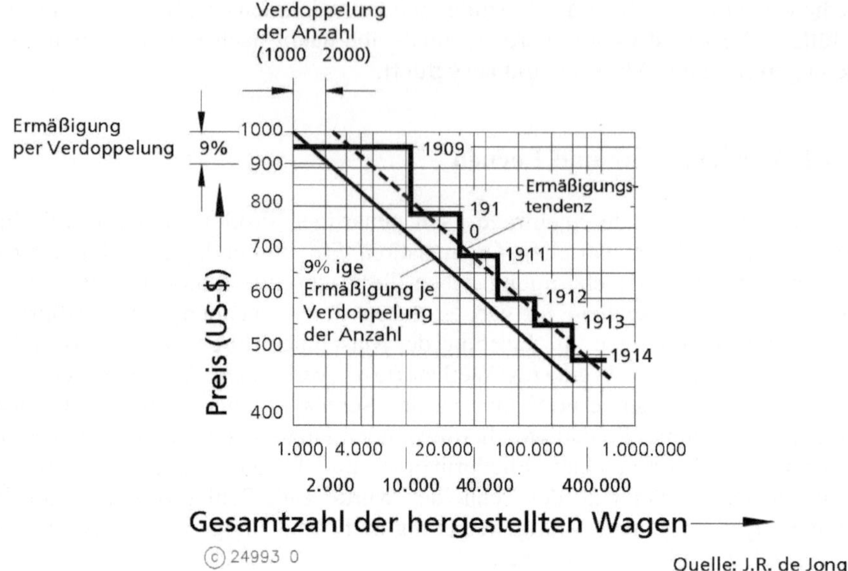

Abb. 2.4   Ermäßigung des Preises beim Ford-Kraftwagen Modell T (doppelt
logarithmisch)

> **Lerngesetz der seriellen Produktion:**
> Mit jeder Verdoppelung der produzierten Menge eines Produktes reduzieren
> sich die Kosten pro Stück infolge stetiger Verbesserungen an Technik und
> Organisation um einen bestimmten Faktor, den Lernfaktor.

Auch heute noch sprechen wir von Lern- und Erfahrungseffekten in der Produktion. Andere bezeichnen die eingesparten Kosten auch umgekehrt als Verluste beim
Anlauf neuer Produktserien, deren Ursachen in der nicht optimierten Konstruktion
und fehlenden Standardisierung, den Unsicherheiten in den technischen und organisatorischen Prozessen, in den fehlenden Methoden (siehe Fließprinzip) sowie in
noch nicht vorhandenen Erfahrungen und Qualifikationen der Mitarbeiter liegen.

Ford jedenfalls gelang es mit diesem Vorgehen, eine vollständige Veränderung
der industriellen Produktion zu erreichen, die sich schnell verbreiten konnte.

2.3.3 Wachstum als industrielles Paradigma

Aber es steckte noch ein anderes Paradigma hinter der Strategie von Ford. Er war
überzeugt, dass die Kostenreduzierung bei gleichzeitig höheren Löhnen für seine
Mitarbeiter möglich und wünschenswert war, denn die Mitarbeiter sollten selbst in
die Lage versetzt werden, Fahrzeuge aus seinem Unternehmen zu kaufen. Dieses
Paradigma sollte bis in die jüngste Zeit hinein hohe Wirkung zeigen.

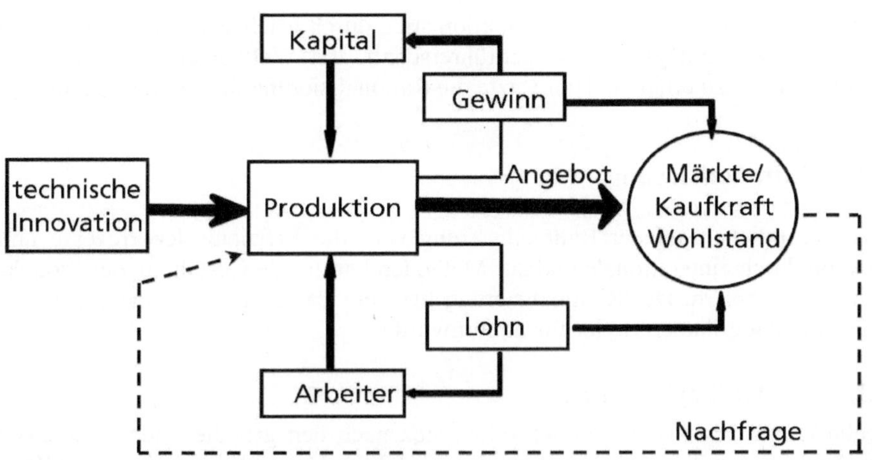

Abb. 2.5   Paradigma des Wachstums – Beginn der industriellen Massenfertigung

Das Unternehmen benötigt Kapital für die Betriebsmittel und Bezahlung der Arbeiter. Die Arbeiter erhalten für ihre Arbeit einen Lohn, der ihnen Anlass zu hoher Leistung gibt (Leistungsfördernde Entlohnung). Aus dem Überschuss erhalten die Kapitalgeber einen Gewinn, der sie veranlasst, das Wachstum des Unternehmens und die Investitionen zu finanzieren. Die Erzielung eines Betriebsgewinns aus der Differenz von Aufwand für die Ressourcen (Material, Energie, Werkzeuge, Maschinen, Arbeiter) und den Erlösen für die Produkte wurde zum Antrieb der wirtschaftlichen Entwicklung. Aus dem Gewinn und aus den Löhnen entsteht eine Kaufkraft im Markt, welche Voraussetzung für den Absatz der Produkte ist. Man nennt dies auch eine *Nachfrage orientierter Wirtschaft.*

> **(Betriebs-)Gewinn** = Erlös für die Produkte ./. Aufwand für die eingesetzten Ressourcen: Material, Maschinen und Menschen (Lohn)

Dieses Paradigma funktioniert dann, wenn die Produkte auf Marktbereiche stoßen, die ein permanentes Wachstum aufweisen. Das Paradigma stößt jedoch an Grenzen, wenn die Märkte besetzt sind und ein Wachstum nur durch Verdrängung anderer erzielt werden kann. Im Bereich der Automobilindustrie hatte es Gültigkeit bis in die 70er Jahre.

Beispiel VW-Käfer: Kennzeichnend waren: Standardisierung der Produkte (nur ein Typ, nur wenige Varianten), standardisierte Massenproduktion, wachsende Märkte, Ziel der Organisation: Volumenproduktion und Effizienz Ressourceneinsatzes. Die Fabrikstrukturen waren durch Fließprinzipien gekennzeichnet. Aufgrund der eigenen Methoden kam es nur zu geringen Fremdvergaben; Konzentration auf einen Standort.

Der Druck auf die Kosten der Produktion stieg durch wachsende Konkurrenz und führte zu der Strategie der Kostenführerschaft, um Wettbewerbsvorteile durch niedrige Preise zu erhalten. Hier setzte die Rationalisierung der Produktion an.

2.3.4 Rationalisierung

Das wesentliche Ziel der Rationalisierung war, die Effizienz der Prozesse und Abläufe durch eine rationale und auf Methoden beruhende Gestaltung der Produktion zu verbessern. Der Rationalisierung liegt ein Paradigma zugrunde, das erstmals vom Amerikaner Taylor formuliert wurde.

2.3.4.1   Der Taylorismus

Technik und Organisation entwickelten sich nach den grundlegenden Gedanken des Amerikaners Taylor seit Anfang des 20. Jahrhunderts bis heute zu einem Konzept der Rationalisierung, das oft auch als *Taylorismus* bezeichnet wurde. Der Taylorismus prägte die Strukturen der Organisation und der Arbeitsteilung und entwickelte die Grundgedanken einer mit wissenschaftlichen Methoden arbeitenden Betriebsorganisation.

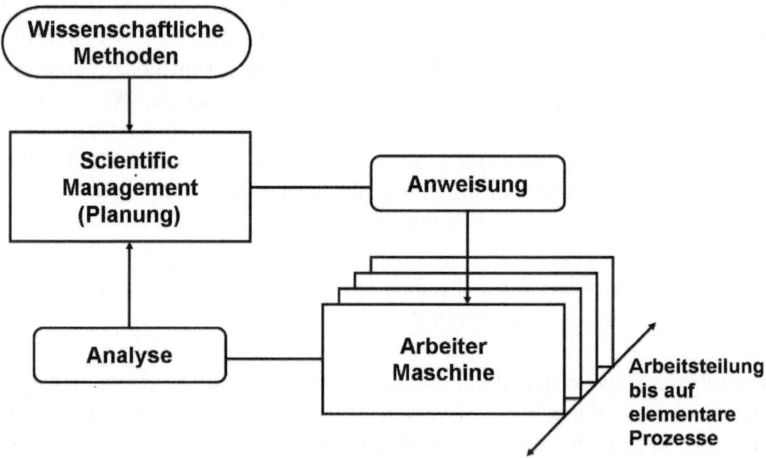

Abb. 2.6   Das Taylorsche Prinzip der wissenschaftlichen Betriebsführung

Taylor formulierte vor nahezu 80 Jahren seine grundlegenden Thesen zur wissenschaftlichen Betriebsführung. Er ging davon aus, dass durch eine wissenschaftlich fundierte Analyse der Arbeit und durch Planung ein hohes Rationalisierungspotenzial erschlossen werden kann. Was zweifellos weltweit gelungen ist. Die Analyse der Arbeit auf der Basis elementarer Arbeitselemente sollte mit Anweisungen an die Mitarbeiter verbunden sein, damit diese ihren individuellen Fähigkeiten entsprechend, eine optimale Leistung erbringen können (Abb. 2.6).

Taylor richtete seine Gedanken insbesondere auf das Management der Produktion und forderte im Grundsatz, eine Planung der Fertigung auf der Basis wissenschaftlicher Methoden und den Ausgleich der Interessen von Arbeitern und Unternehmern: „Das Hauptaugenmerk eines Managements sollte darauf gerichtet sein, gleichzeitig eine hohe Prosperität des Arbeitgebers und des Arbeitnehmers herbeizuführen" und „die größte Prosperität ist das Resultat einer möglichst hohen Ausnutzung des Arbeiters und der Maschinen".

Taylor spricht von „scientific management" und versteht darunter die Anwendung wissenschaftlich gesicherter Erkenntnisse und Methoden zur Optimierung der Arbeit. Er fordert die wissenschaftliche Abstützung der Methoden zur Optimierung der Arbeit in den industriellen Unternehmen. Er sah in der Skalierung, also dem Herunterbrechen der Prozesse bis zu elementaren Operationen, den Schlüssel der Leistungssteigerung. Dieses Ansinnen der wissenschaftlichen Durchdringung hat bis heute seine Gültigkeit. Allerdings steht nicht mehr allein die manuelle Arbeit im Vordergrund, sondern die mit Maschinen und Anlagen durchgeführte Arbeit sowie die Organisation ganzer sogar global verteilter Prozesse der Produktentstehung.

In Deutschland wurden Organisationen wie der Verband REFA gebildet, die sich die Entwicklung von Methoden der Arbeitsorganisation zum Ziel gesetzt haben. Dieser Verband wurde von Arbeitgebern und Gewerkschaften gemeinsam getragen, um, getreu den Taylorschen Gedanken, einen Interessenausgleich bei der Anwendung der Methoden zu sichern.

Mit Hilfe der Methodiken wurde die Rationalisierung in den Abteilungen für Arbeitsplanung manifestiert und Schritt für Schritt perfektioniert. Das System der Vorgabezeiten und Akkordsysteme basierte auf einem detaillierten Studium und Messung sowie Berechnung der Zeiten. Eine Leistungsförderung entstand aus den Akkordsystemen durch Leistungs-Anreize. In vielen Unternehmen ist dies noch heute das gängige Zeit- und Lohnsystem, das jedoch mehr und mehr andere Faktoren der Leistung einbezieht. Der Ausgleich der Interessen von Arbeitgebern und Arbeitnehmern durch methodische Arbeitsorganisationen hat zu hohem Betriebsfrieden geführt

Die industrielle Gesellschaft verdankt der wissenschaftlichen Betriebsführung nicht nur eine rationelle Massenproduktion technischer Produkte, sondern auch den Wohlstand. In der betrieblichen Organisation führte der Taylorismus allerdings zu einer hohen Arbeitsteiligkeit und geplanter Arbeit, die heute den Anforderungen einer markt- und kundenorientierten Produktion aufgrund ihrer starren funktionalen Strukturen und dem hohen Grad an Planung nicht mehr gerecht werden kann.

2.4 Die Flexible Produktion

Grenzen des auf Kostenführerschaft durch Rationalisierung ausgerichteten Systems lagen wiederum in der Sättigung von Märkten und dem Erreichen der Leistungsgrenzen der jeweiligen Technik. Ein Ausweg war die *Differenzierung durch*

Ausweitung der Produktpaletten, breite Variantenprogramme oder Ausstattungs-
vielfalt.

2.4.1 Markt- und Kundenorientierung

Eine Ausweitung der Produktvarianten senkte die Stückzahlen und führte
zu einem Anstieg unproduktiver Rüstvorgänge in den Produktionseinrichtungen
und maschinen und damit zu steigenden Kosten.

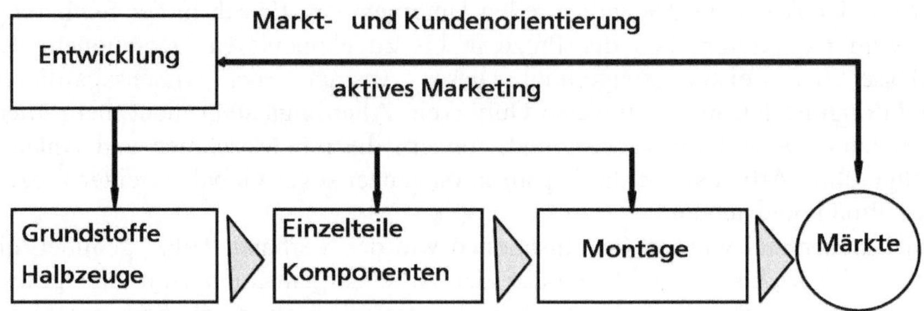

Abb. 2.7   Differenzierung durch Marktorientierung

Die Folgen der Strategien waren eine Ausrichtung der Entwicklung und Konstruktion auf die Erfordernisse und Wünsche der Kunden und damit eine drastische
Zunahme der Teilevielfalt bei gleichzeitigem Rückgang der Produktionsstückzah-
len.

Im Wettbewerb gewinnen diejenigen, welche die passenden Produkte termingerecht liefern. Schon heute bieten Unternehmen Ihren Kunden die Möglichkeit per
Internet das Produkt zu definieren.

Es geht dabei nicht allein um die Kunden in den Haushalten, sondern auch um
das Verhalten industrieller Unternehmen untereinander und miteinander. Die
Kunden der Zulieferer sind die Hersteller der an Haushalte gelieferten Produkte.
Die Zulieferer selbst haben Zulieferer. Innerhalb der Unternehmen stiegen die
Aufwendungen allerdings durch diese Ansätze drastisch an.

> **Kundenorientierte Produktion:**
> Anstieg der Varianten und spezifischen Konstruktionen erhöht die Umrüst-
> und Gemeinkosten, d.h. Kosten, welche nicht unmittelbar einem Produkt zu-
> geordnet werden können oder welche keine unmittelbare Wertschöpfung er-
> zeugen

Die Entwicklungsabteilungen und die Planungsabteilungen der Unternehmen
wuchsen und erforderten neue Organisationsformen. Daraus resultierte vielfach
auch ein starker Anstieg der Gemeinkosten, d.h. der Kosten, die nicht unmittelbar
einem Produkt zugeordnet werden können.

Markt und Kundenorientierung bedeutet, dass Unternehmen sich als Dienstleister für die Kunden verstehen und versuchen, jedem individuellen Kunden maßgeschneiderte Produkte zu liefern. Marktanalysen bestimmen die Produktpolitik. Das Qualitätsverständnis hat sich dahingehend geändert, dass die Qualitätsmaßstäbe durch die Märkte und Kunden gesetzt werden.

Eine Orientierung der Produkte an den Erfordernissen der Märkte und Kunden hatte ein anderes *Qualitätsverständnis* zur Folge. Der Maßstab für Qualität ist nicht das technisch Erreichbare, sondern die Erfüllung der spezifischen Anforderungen der Kunden. Qualität erreichte – neben Kosten und Zeiten – die gleiche strategische Bedeutung als Zielgröße. Das Qualitätsmanagement änderte sich folglich von einer auf Kontrolle ausgerichteten Abteilung zu einer Organisation, die die Ermittlung der Qualitätsanforderungen und eine präventive Qualitätssicherung in den Mittelpunkt stellte.

Qualität und Zuverlässigkeit werden von den Kunden bewertet. Kunden definieren die Erwartungen und Erfordernisse. Aus diesem Gedankengut entwickelte sich ein neuartiges Qualitätsmanagement, welches die Vermeidung von Fehlern und Abweichungen von den Kundenerwartungen und konkreten Anforderungen in den Mittelpunkt stellt.

> **Qualität** ist die Gesamtheit von Merkmalen (und Merkmalswerten) eines Produktes, einer Dienstleistung oder eines Prozesses bezüglich ihrer Eignung zur Erfüllung festgelegter oder vorausgesetzter Erfordernisse.
> **Zuverlässigkeit** ist eine Beschreibung der Leistung eines Produktes, einer Dienstleistung oder eines Prozesses bezüglich Verfügbarkeit und Ihrer Einflussfaktoren:
> Leistung bezüglich Funktionsfähigkeit, Instandhaltbarkeit und Instandhaltungsunterstützung. Zuverlässigkeit ist einer der zeitbezogenen Aspekte der Qualität

Die Zunahme kundenspezifischer Anforderungen reduzierte die Stückzahlen der Produkte. Dies führte zu der Forderung nach mehr Flexibilität der Unternehmen bezüglich Umstellung der Produktion auf individuellere Aufträge.

2.5 Rechnerunterstützte Produktion

Die Beherrschung der Vielfalt der Produktion schien mit der Einführung der Elektronik in die Produktionsanlagen und in die Entwicklung der Produkte möglich. Technikern und Ingenieuren in der amerikanischen Wissenschaft und in der Luft- und Raumfahrtindustrie gelangen als Erste in den 50er Jahren die Automatisierung von Bearbeitungsabläufen in der Produktion mit so genannten numerisch gesteuerten Maschinen / NC-Maschinen.

2.5.1 Flexible Automatisierung

Auf diesen Maschinen ließen sich durch einen Wechsel der Programme unterschiedliche Bauteile automatisch herstellen. Daraus entwickelten sich neue Produktionskonzepte, die letztendlich zu der Vorstellung einer vollständig rechnerunterstützten Produktion führten.

> **Numerisch gesteuerte Maschinen** (NC-Maschinen) sind automatisierte Werkzeugmaschinen mit einem internen numerischen Koordinatensystem und unabhängig voneinander verfahrbaren Antriebssystemen, deren Programme als Steuerbefehle in einem Informationsträger enthalten sind (siehe Kapitel 9)

Die folgende Abbildung (Abb. 2.8) zeigt den Weg der Entwicklung von den NC-Maschinen bis zur vollständig rechnergeführten Fabrik (Migrationsweg). Aus der NC-Technik entwickelten sich die grafische Datenverarbeitung und das CAD. Ferner gelang die Entwicklung von Robotern. Die zur Planung und Steuerung der Produktion (PPS) eingesetzten Systeme ließen eine Integration der Logistik zu. Und schließlich wurden auch noch die Qualitätssysteme integriert. CIM – „Computer-Integrated Manufacturing" wurde zur technisch orientierten Strategie der Produktion.

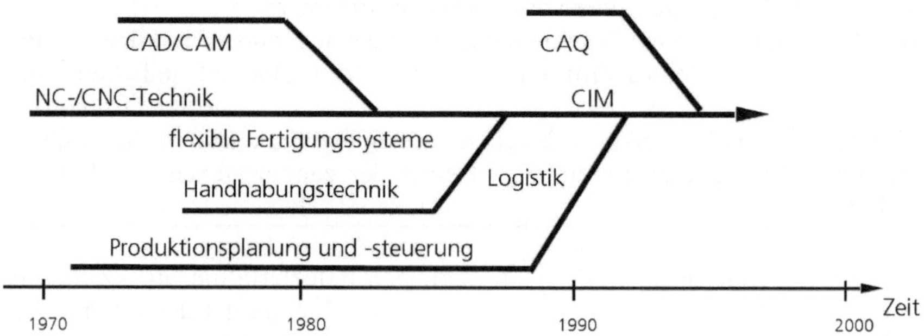

Abb. 2.8   Computer-Integrated Manufacturing

NC-Technik und Flexible Fertigungssysteme sollten die Nutzung der Maschinen maximieren. Dazu wurden die Bearbeitungsprozesse automatisiert und zu Systemen integriert. Prozessrechner steuerten die Abläufe nach Maßgabe von Programmen. Später verbreitete sich die Automatisierungstechnik mit der Erfindung der so genannten Industrieroboter und Handhabungsgeräte. Diese erwiesen sich als ein hervorragendes Konzept zur Automatisierung der Materialhandhabung und der Montagen.

Als einen *Automaten* bezeichnen wir eine Maschine, die einen Prozess mehrfach nach einem festen Programm wiederholt. Das Programm kann in Form eines mechanischen Systems ablaufen.

> **Automatisierung:** Selbständige Wiederholung eines Prozesses nach Maßgabe eines Programms mit gespeicherten Informationen (Speicherung mechanisch z.B. Nockenwelle, elektrisch, elektronisch oder in einem Softwareprogramm (NC-Programm)
> **Integration:** Zusammenführung vom materiellen oder immateriellen Bausteinen wie Maschinen, Transportgeräten oder Planungssoftware zu einem System vgl. Kap. 10.

Parallel verlief der Einsatz der Informationsverarbeitung in der Produktionsplanung und der administrativen Steuerung der Aufträge durch die Fabriken. Hier ging es um die Bewältigung der explosionsartigen Zunahme der Kundenaufträge und um die Terminierung der Prozesse und Abläufe in der Fabrik.

2.5.2 CIM - Computer Integrated Manufacturing

Ende der achtziger Jahre wurde die vollständige Integration aller Informationsverarbeitenden Prozesse der Unternehmen zum herausragenden Ziel der technisch und organisatorisch orientierten Entwicklung der Unternehmen:

- CAE: Computer Aided Engineering
- CAD/CAM: Computer Aided Design, Computer Aided Manufacturing
- CAQ: Computer Aided Quality (Management)
- CIM: Computer Integrated Manufacturing

Das Computer Aided steht für rechnerunterstützt und rechnergeführt. Es kennzeichnet die Entwicklung zur vollständigen Durchdringung der Produktion mit Informationsverarbeitung.

Aus informationstechnischer Sicht war es die grafische Datenverarbeitung, welche den Durchbruch in den Konstruktions- und Planungsabteilungen bewirkte. Damit erhielten die Ingenieure und Techniker Werkzeuge für eine Rationalisierung der Entwicklungs- und Planungsprozesse mit gravierenden Verbesserungen:

- Verkürzung der Entwicklungszeiten
- Beherrschung und Ausweitung der Variantenvielfalt
- Rationalisierung des Auftragsmanagements und der Terminierung

Auf die Unternehmensorganisation hatten diese Technologien zunächst keinen so grundlegenden Einfluss, denn man folgte im Grundsatz weiterhin den arbeitsteiligen Prinzipien. Für die Programmierung mussten neue Abteilungen eingerichtet werden. Der Anteil der direkten zu den indirekten Mitarbeitern veränderte sich weiter zugunsten der Indirekten. Man benötigte zunehmend mehr spezialisierte Dienstleister, wie z.B. Programmierer für die NC-Maschinen. So entstand ein stark expandierender Bereich der produktionsnahen Dienstleistungen in und außerhalb der Unternehmen. Die Rationalisierungswirkung hielt sich zunächst aufgrund der hohen Komplexität der technischen Systeme, ihrer Störanfälligkeit und ihrer Kapitalintensität sowie der schnellen Innovationszyklen in Grenzen.

2.5.3 Informationsverarbeitung in der Produktion

Der Einsatz der Elektronik wurde zur strategischen Technologie der Produktion. Sie wurde durch die Zielvorstellung der vollständigen informationstechnischen Integration aller Geschäftsprozesse ergänzt. Mit dieser wollte man der steigenden Vielfalt an Produkten, Varianten und kundenspezifischen Leistungen gerecht werden.

In Deutschland wurden die Auswirkungen und Folgen dieser Technologien sehr intensiv unter soziologischen und technischen Experten diskutiert. Die einen befürchteten den Verlust von Arbeit sowie eine Abhängigkeit von den programmierten Abläufen, die anderen sahen in der Technikzentrierung und in der Ausnutzung der zeitlichen Reserven der Maschinen die einzige Chance, in einem Hochlohnland im internationalen Wettbewerb zu bestehen.

Man kann heute feststellen, dass die Technikzentrierung in den Bereichen der Investitionsgüter (Maschinenbau) durchaus zu einer Behauptung im Weltmarkt geführt hat. Deutschland mit seiner breit gefächerten Struktur des Maschinenbaus ist in vielen Bereichen Weltmarktführer. In anderen industriellen Bereichen, wie z.B. in der Fotoindustrie oder der technischen Konsumgüterindustrie gingen jedoch, trotz der enormen Anstrengungen, ganze Industrien verloren.

Es hat sich auch gezeigt, dass die Technikzentrierung allein nicht erfolgsversprechend ist. Da sie die humanen Faktoren nicht einbezog, blieben wesentliche Optimierungspotentiale in der sich schnell ändernden Umgebung ungenutzt.

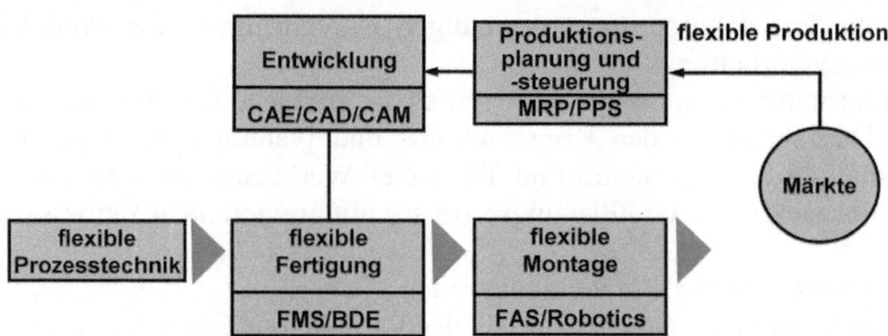

Abb. 2.9   Entwicklungsstufe Rechnerintegrierte Produktion

Die *Logistik*, d.h. die termingerechte Ver- und Entsorgung mit Material, erwies sich als ein zukunftsträchtiges Arbeitsgebiet mit Dienstleistungscharakter. Es schien möglich, Material über viele Prozessstufen „just in time" mit minimalen Beständen zu liefern. Zulieferer, Speditionen und Abnehmer entwickelten neue Partnerschaften. Es entstanden vernetzte Produktionen mit der Logistik und Just-In-Time-Versorgung über die großflächigen Transportwege (Strasse, Schiene, Wasser, Luft). Diese Strukturen nennt man auch Produktionsnetze.

Auch diese Entwicklung kann nicht als abgeschlossen betrachtet werden. Netzwerke erwiesen sich als wenig wandlungsfähig oder träge, wenn sie zentralistisch geführt werden. Ferner kann ein eng geknüpftes Netzwerk nur dann reibungslos funktionieren, wenn jede beteiligte Organisation in Qualität und Termin absolut zuverlässig ist. Folglich haben die Kriterien „Qualität und Termine" eine alles überragende Bedeutung erlangt.

Heute zeichnet sich ein erneuter Strukturwandel ab, der durch das Vordringen der modernen Kommunikationstechnik in alle Bereiche vorangetrieben wird.

2.6   Information und Wissen als Ressourcen der Produktion

Neben materiellen und humanen Ressourcen (Arbeitskräfte) treten jetzt Information und Wissen als weiter Ressourcen auf. Information und Wissen ist nicht allein implizit, d.h. in den Köpfen der Mitarbeiter, sondern explizit über Netzwerke von beliebigen Quellen extern wie intern zu beziehen. Es findet eine weitere Konzentration der Arbeit auf die wertschöpfenden Aufgaben statt, für die die jeweils besten Voraussetzungen vorhanden sind. Die Arbeitsteiligkeit in den Produktionsnetzen nimmt mit neuartigen Kooperationen in den Entstehungsprozessen der Produkte wie in den logistischen Prozessen zu. Der physische Materialfluss wird online mit dem Informationsfluss und dem Fluss des Geldes verknüpft.

2.7   Fabriken heute und in der Zukunft

Heutige Fabriken sind das Resultat des Handelns in der Vergangenheit. Alte Strukturen und Methoden werden überprüft, erneuert und ergänzt. Folglich finden wir in den Unternehmen sowohl bewährte alte Strukturen früherer Epochen wie beispielsweise aus der Rationalisierung und der Automatisierung, aber auch viele neue Entwicklungen.

2.7.1   Vernetzte Produktion

Informations- und Kommunikationstechnik beschleunigen die Arbeitsteilung zwischen Unternehmen. Auf der Suche nach den besten konstruktiven Lösungen und den wirtschaftlichsten Standorten verteilt sich die Produktion auf eine Vielzahl von Unternehmen. Die Beherrschung der Kooperationen zwischen den Unternehmen und in den Prozessketten gelingt infolge eines weit ausgebauten Wirtschaftsbereiches der Logistik und Spedition. Die Zusammenarbeit der Ingenieure und Techniker erfolgt ebenfalls verteilt und vernetzt durch den Austausch von Daten über Netzwerke.

Unter dem Druck des internationalen Wettbewerbs ist es vielen Unternehmen nicht mehr möglich, allein durch die Herstellung und den Verkauf von Gütern zu überleben. Viele verlagern die Wertschöpfung immer stärker in den Bereich der Gestaltung von Produkten, der Montage und den produktbegleitenden Service. Die vor geschalteten Bereiche der Verarbeitung von Grundstoffen oder der Herstellung von Teilen, Komponenten und Ausrüstungen wird zu den Zulieferern ausgelagert. Diese werden aber unter Nutzung der Informations- und Kommunikationssysteme in die Entwicklung der Produkte einbezogen.

Die Auswahl der Zulieferer erfolgt nach den Gesichtspunkten der Kompetenz und Systemtechnik sowie ihrer Wirtschaftlichkeit. Ihre Wertschöpfung und ihre Verantwortung bezüglich der Qualität und der Einhaltung von Lieferverpflichtungen von Konstruktion, Fertigung und Montage steigen weiter an. Dennoch verbleibt die so genannte „Systemführung" bei den Produzenten der Stufe, welche unmittelbar mit dem Endverbraucher operieren. Man nennt dies die vernetzte und verteilte Produktion.

Vernetzte und verteilte Produktion: Nutzung der günstigsten Produktionsstandorte und der Synergien zwischen Unternehmen, d.h. jedes Unternehmen macht das, was es am besten kann. Verbindende Elemente: Logistik und Informationstechnik.

Die Fabrik wird auf diese Weise zur „*virtuellen*" Fabrik. Sie arbeitet mit den für die Erledigung von Entwicklungen und Kundenaufträgen benötigten Ressourcen. Je nach Entwicklung der Nachfrage werden die Kapazitäten und Strukturen kurzfristig beauftragt. Die virtuelle Fabrik ist also ein Netzwerk bzw. ein *wandlungsfähiges Unternehmen*, das sich permanent verändert. Um erfolgreich zu sein, muß ein Unternehmen dieses Netz der Produktion beherrschen und sich stets richtig an die Entwicklung der Nachfrage bzw. der Märkte anpassen.

Von entscheidender Bedeutung für diese Form der virtuellen Unternehmen ist zweifellos das Management der Aufträge, die beim Kunden beginnen und mit der Lieferung der geforderten Produkte enden. Neue Formen des Auftragsmanagements und neue Methoden auf der Grundlage der modernen Informations- und Kommunikationstechnik vermögen dies zu leisten. Abbildung 2.10 zeigt beispielhaft und stark vereinfacht diese Art der Kooperation vernetzter und verteilter Unternehmen.

Jeder Teilnehmer in diesem Netzwerk erhält den konkreten Auftrag von seinen jeweiligen Abnehmern. In der Planung seiner Ressourcen und in der Gestaltung der Technik und Organisation ist er autonom. Alle Elemente sind informationstechnisch im Netzwerk mit definierten Schnittstellen verknüpft. Die Produktentwicklung, Teilefertigung, Komponentenfertigung und Montage werden als autonome Organisationseinheiten in ein Netzwerk integriert.

Zur temporären Adaption der Kapazitäten an die Nachfrage werden externe Unternehmen bei Bedarf als virtuelle Elemente zugeschaltet (Virtuell: Scheinbar, anscheinend vorhanden). Schon frühzeitig müssen Unternehmen deshalb klären, welche Zulieferer netzwerkfähig sind. Im Rahmen eines strategischen Marketings lässt sich anhand von Kriterien herausfinden, welches Unternehmen die notwendige Qualifikation und Kompetenz besitzt.

Das „manufacturing on demand" in Produktionsnetzwerken verändert die Unternehmensorganisation nachhaltig. Es beinhaltet eine Produktion nur im Kundenauftrag und setzt flexible und agile Organisationen voraus. Die Ressourcen werden kurzfristig angepasst. Der Auftragsdurchlauf vom Kunden zum Kunden wird extrem beschleunigt. Im Automobilbau spricht man zum Beispiel von den 5-Tages-Auto als Vision der Zukunft, d.h. in fünf Tage wird ein individuell ausgestattetes Auto hergestellt und ausgeliefert.

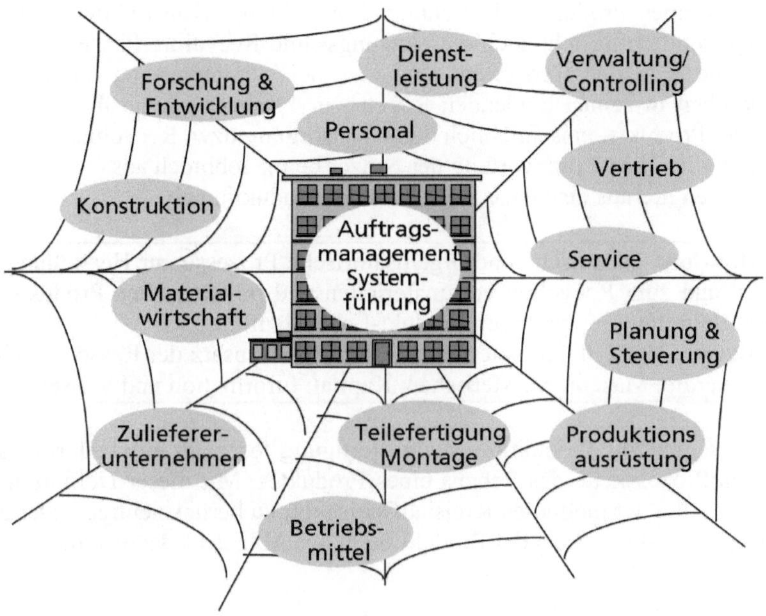

Abb. 2.10   Vernetzte, virtuelle Produktion

Verstärkt nutzen Unternehmen heute die Chancen des „global sourcing", d.h. Produkte und Komponenten von dort, wo sie zu niedrigen Kosten mit ausreichender Qualität und Kapazität zu beziehen sind. Beschaffungsmärkte werden einer ständigen Beobachtung ebenso unterworfen wie die eigenen Absatzmärkte.

2.8   Die Produktion in der Kreislaufwirtschaft

Die industrielle Produktion und der Konsum technischer Produkte führten zu einem drastischen Anstieg des Verbrauchs natürlicher Ressourcen sowie einer zunehmenden Belastung der Umwelt durch Emissionen. Das in der deutschen Gesellschaft besonders ausgeprägte Verständnis für Umweltprobleme blieb nicht ohne Wirkung. Unternehmen verpflichteten sich öffentlich für den Umweltschutz. Gesetze und Auflagen hatten eine Veränderung der Bewirtschaftung der Ressourcen zur Folge. Viele Unternehmen erkannten, dass eine Kapselung kritischer technischer Prozesse und ein sparsamerer Umgang mit Problemstoffen auch zu Kosteneinsparungen führen können. Diese Entwicklung führte zu einer Wiederentdeckung des Kreislaufes der Produkte.

2.8.1 Neue Definition der Produktion

Als Produktion werden die Prozesse der Herstellung und der Betreuung von materiellen und immateriellen Gütern im gesamten Lebenslauf der Produkte verstanden. Produktion ist in diesem Sinne nicht allein auf die Anfangsphasen des Lebenslaufes eines Produktes: Forschung, Entwicklung, Konstruktion, Herstellung begrenzt, sondern bezieht auch die Nutzungs- und Recycling-Phasen mit ein. Der Gesetzgeber gibt den Herstellern ein Stück der Verantwortung für das gesamte Produktleben in seinen bindenden Regeln zur Produkthaftung über das gesamte Leben der Produkte, einschließlich deren Entsorgung bzw. Recycling, und schließt dabei lediglich die Verantwortung der Nutzer beim Gebrauch aus.

Wir leiten hieraus eine neue Definition der Produktion ab.

> **Produktion:** Technische und organisatorische Prozesse zur Herstellung, zum Erhalt und zum Recycling von materiellen und immateriellen Produkten und deren Betreuung im gesamten Produkt-Lebenslauf.
>
> **Fertigung:** Herstellung materieller Güter unter Einsatz der Ressourcen Material, Energie, Maschinen, Menschen, Kapital, Information und Wissen.

Im Unterschied zur Produktion ist die Fertigung lediglich ein Teilprozess in der gesamten Prozesskette des Lebens eines Produktes. Mit dieser Definition gelingt es, die Aspekte der modernen Kreislaufwirtschaft zu berücksichtigen. Der gesamte Lebenszyklus ist aus Sicht der Produktion in der Abb. 2.11 dargestellt.

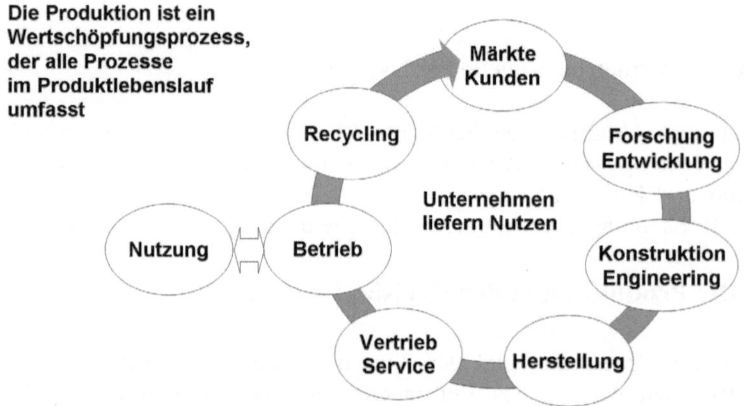

Abb. 2.11   Prozesse im Produktlebenszyklus

> **Kreislaufwirtschaft:** Umfasst alle Stadien des Produktlebens und folgt dem Ziel der maximalen Nutzung der Produkte bei minimalem Einsatz natürlicher Ressourcen (Material, Energie), deren wiederholte Verwendung und der minimalen Beeinträchtigung der Umwelt durch Produktion und Nutzung technischer Produkte

Im Mittelpunkt der Produktion steht dabei die Frage, welche Wertschöpfung insgesamt mit einem Produkt über dessen gesamten Lebenslauf unter Berücksichtigung der Kreislaufwirtschaft erzielt werden kann. In der Konsequenz stärkt diese Entwicklung die auch von Politik und Gesellschaft angestrebte Nachhaltigkeit verantwortlichen Handelns der Gesellschaft.

Nachhaltigkeit des Wirtschaftens bedeutet, dass alles Handeln auf den Erhalt aller Ressourcen ausgerichtet sein sollte.

2.8.2 Verpflichtung auf den Schutz der Umwelt

Schon in der Entwicklung und Konstruktion werden die Weichen in Bezug auf die Nachhaltigkeit gestellt. Nicht allein die Befriedigung der Anforderungen der Märkte und Kunden, sondern auch die Berücksichtigung von Umweltschutz und Rückführbarkeit der Werkstoffe in den Produktkreislauf sind Anforderungen an die moderne Konstruktion. Mehr und mehr fließen methodische Ansätze aus dem Umweltschutz in die Konstruktion ein. So sollen zum Beispiel nur Materialien verwendet werden, deren Recycling vollständig gesichert ist. Ebenso wird der Einfluss auf die Umwelt durch Studien und Öko-Bilanzen analysiert. Öko-Bilanzen bewerten den Stoffstrom und Energiestrom der Herstellungsprozesse und der Anwendungen unter den jeweiligen Nutzungsbedingungen.

> **Die EG-Öko-Audit** Verordnung von 1993 und das deutsche Umweltauditgesetz von 1995 stellen Unternehmen und Behörden einen transparenten und anspruchsvollen Rahmen zur Verfügung, um besondere Leistungen im betrieblichen Umweltschutz öffentlich zu dokumentieren. Gefordert wird von den Teilnehmern insbesondere die Durchführung einer Umweltbetriebsprüfung und die Einführung eines Umweltmanagement-Systems. Die Teilnehmer setzen sich darüber hinaus konkrete Ziele zur kontinuierlichen Verbesserung ihrer Umweltleistungen.

Durch die Analyse der Prozesse im gesamten Produktleben lassen sich neue Lösungen finden und Verfahren so gestalten, dass eine rationelle Herstellung erzielt werden kann. Oftmals verbinden sich dabei ökonomische und ökologische Ziele. Ein Beispiel ist die Gewichtsreduzierung im Fahrzeugbau: Geringeres Gewicht senkt den Treibstoffverbrauch und den Materialverbrauch. Leichtbauweisen als Ergebnis optimierter Konstruktionen können mit geeigneten Verfahren rationeller und Kosten sparender hergestellt werden als herkömmliche.

Aber auch Fertigungsprozesse können nach Gesichtspunkten der Nachhaltigkeit gestaltet werden. So finden sich zahlreiche industrielle Beispiele im Bereich der Kühl- und Schmierstoffe, der Reduzierung des Abfalls in den Produktionsprozessen oder in Anlagen mit niedrigem Energiebedarf.

2.8.3 Produktion und Deproduktion

Abbildung Abb. 2.12 zeigt den gesamten Kreislauf technischer Produkt von der
Grundstoffverarbeitung bis zur Montage (Produktion). Am Ende der Montage
erreichen die Produkte den Zustand, der von den Kunden gefordert wird. Die
Nutzungsphase ist durch den Ge- und Verbrauch der Produkte gekennzeichnet.
Produkte verschleißen mehr oder weniger systematisch und durch die Instandhaltung kann der Nutzwert erhalten bzw. die Nutzung verlängert werden. Das Ende
der Nutzung wird einerseits durch Verschleiß und Verbrauch und andererseits
durch Änderung der Anwendungen und Bedürfnisse bestimmt. Ein Produktersatz
kann auch aus wirtschaftlichen Gründen erfolgen.

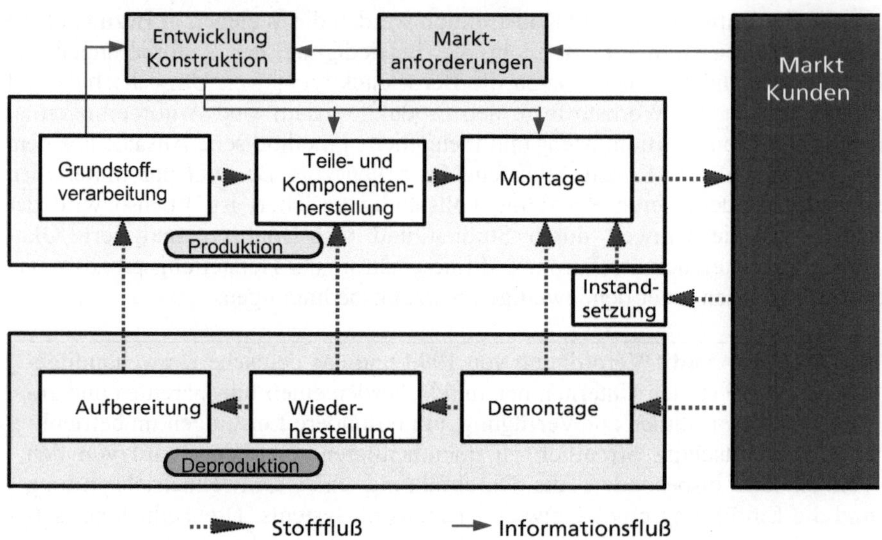

Abb. 2.12   Produktion und Deproduktion in der Kreislaufwirtschaft

Nach der Nutzung besitzen Produkte Restwerte. Je nach Zustand lassen sich diese
in unterschiedlichen Stufen reaktivieren. Durch eine Demontage und Zustandsbe-
wertung können Restwerte ermittelt und einer Wiederherstellung (Remanufacturing) für eine Wieder- oder Mehrfachverwendung zugeführt werden. Heute betreiben zahlreiche Unternehmen bereits Demontagen und ein Remanufacturing mit
industriell hoch entwickelten Technologien. Beispiele: Kopiergeräte, Tauschmoto-
ren, runderneuerte und modernisierte Gebrauchtmaschinen etc. Die Wiederverwendung von Komponenten ist ein wachsender industrieller Bereich.

   Zum Teil sind Unternehmen gesetzlich verpflichtet, Produkte vom Markt zu-
rückzunehmen und ein systematisches und professionelles Recycling durchzuführen. Viele erkennen das Wertschöpfungspotential. Am Ende des Produktlebens
übernehmen sie deren Entsorgung und das komplette Recycling bis in die letzte
Stufe der Aufbereitung oder der thermischen Verwertung. Die Deproduktion wird

industrialisiert, d.h. es entstehen neue Fabriken zur Demontage, Wiederherstellung von Gebrauchseigenschaften oder zur Materialaufbereitung mit modernsten Technologien.

Bei der Optimierung der gesamten Wertschöpfung von technischen Produkten treten neue grundlegende Fragestellungen auf. So ist zum Beispiel die Frage der optimalen Lebensdauer der Produkte neu zu beantworten (vgl. Kapitel 2.8.4). In der traditionellen Wirtschaft versuchen Hersteller, den Lebenslauf der Produkte eher zu verkürzen und damit die Nachfrage nach neuen Produkten zu fördern oder durch technische Neuerungen den Produktabsatz zu steigern. Unter dem Gesichtspunkt der maximalen Nutzung der Produkte geht es eher um höhere Qualität und Lebensdauer. Auch die Qualität im gesamten Produktleben wird anders zu bewerten sein als es in der Vergangenheit bei Ausrichtung auf die Erfüllung der Lieferverpflichtungen üblich war, und es wird die Entsorgung sichergestellt werden müssen.

2.8.4 Optimierung der Produktlebenszyklen

Allein die Betrachtung der Lebensdauer und der effektiven Nutzung technischer Produkte ist eine Thematik von hoher gesellschaftlicher Relevanz. Eine lange Lebensdauer senkt den Verbrauch natürlicher Ressourcen, aber auch den Bedarf an neuen Produkten. Das Ziel einer wirtschaftlichen Nutzung jedes einzelnen Produktes verlangt ein Management des gesamten Produktlebenslaufes. Wie die Abb. 2.13 zeigt können dabei auch gegenläufige Interessen auftreten. Möglicherweise widersprechen sich Umweltverträglichkeit und niedrige Herstellkosten. Höhere Nutzung senkt Betriebskosten, längere Lebensdauer steht im Widerspruch zu Herstellkosten und erfordert eine höhere Qualität. Ein höherer Grad an Wiederverwendung und längere Nutzung reduzieren die Nachfrage.

Die umweltverträgliche Entsorgung der Produkte durch den Hersteller wird zur neuen unternehmerischen Aufgabe. Die Rücknahme von Altprodukten, die Demontage und die Deproduktion erfordern neue Techniken und Arbeitsweisen.

Über den gesamten Lebenslauf von Produkten lassen sich Kosten und Erfolgsrechnungen vornehmen. Das *Life-Cycle-Costing* verfolgt das Ziel, bereits in der Produktentwicklung Aussagen über den wirtschaftlichen Nutzen eines Produktes bis zu seinem Lebensende machen zu können.

Life Cycle:
Stufen im Leben eines Produktes von der Herstellung bis zu seiner Entsorgung bzw. Recycling
Life Cycle Costing:
Kosten- und Erfolgsrechnung über das gesamte Leben eines Produktes

---

Aus den Berechnungen der Lebenszykluskosten erwarten Unternehmen, die Vorteilhaftigkeit höherer Aufwendungen in der Produktherstellung, wie z. B. durch höherwertige Bauteile oder robustere technische Lösungen, nachweisen zu können. Dazu müssen die Betriebskosten der Nutzung sowie die mit den Produkten erzielten Erlöse miteinander verglichen werden. Vor dem Hintergrund langer Lebensdauer und unsicherer Einsatzbedingungen kommt der Prognose des Verhaltens im Einsatz der Produkte bereits eine extrem hohe und weiter steigende Bedeutung zu.

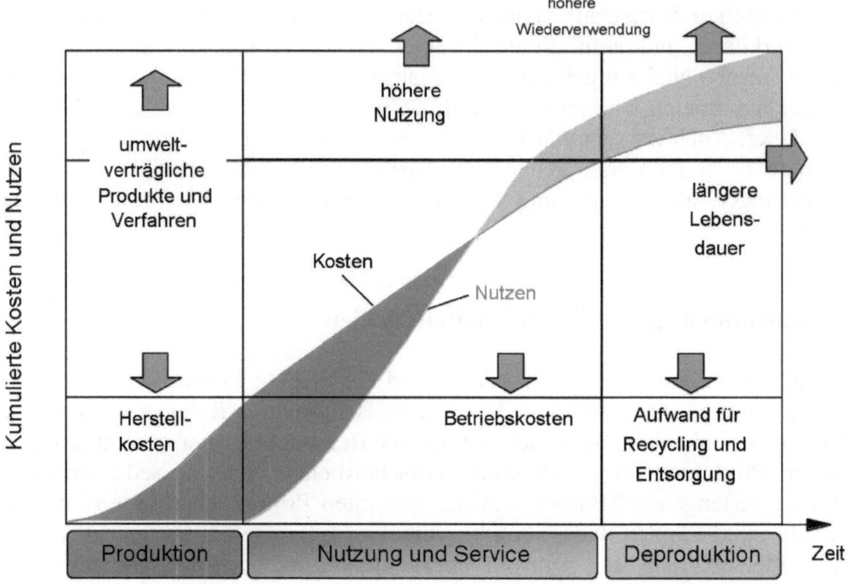

Abb. 2.13   Kosten und Nutzen im Produktlebenslauf

2.9   Schließung von Leistungslücken durch Innovation

Die industrielle Produktion hat eine hohe Zukunftsperspektive und zugleich eine hohe Verantwortung für die Wirtschaft. Auch unter den hier im Lande extremen Randbedingungen wird es gelingen, die Produktion selbst in einigen Bereichen der Low-Technologies hier zu halten, wenn Neuerungen in Technik und Organisation konsequent genutzt werden. Neuerungen werden Innovationen genannt.

Es liegt auf der Hand, die entstehenden Lücken an Umsatz durch neue Entwicklungen und Innovationen zu kompensieren und Wachstum zu erzeugen. Dabei werden zwei Strategien verfolgt (siehe Abb. 2.14).

> **Innovation:** Die Durchsetzung einer technischen oder organisatorischen Neuerung, nicht allein ihre Erfindung /Joseph Schumpeter 1963/. In einer allgemeinen Definition von Everett M. Rogers ist eine *Innovation* eine Idee oder eine Objekt, das von den Übernehmern als neu angesehen wird.

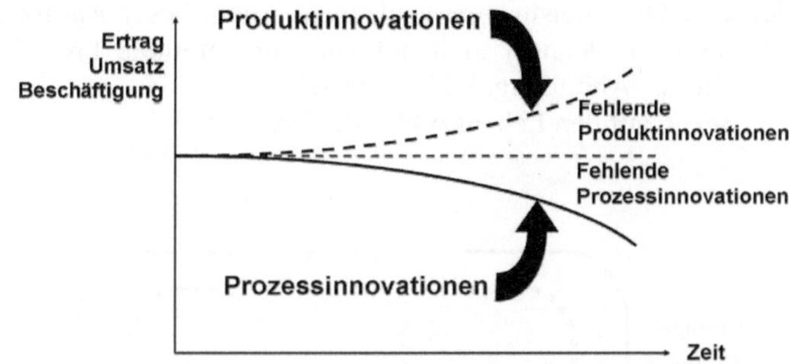

Abb. 2.14   Schließen der Leistungslücken

Bei Produktinnovationen, werden Neuerungen an materiellen und immateriellen Produkten verfolgen und den Prozessinnovationen, welche die Art und Weise der Herstellung der Produkte betreffen. Fehlende Produkt und Prozessinnovationen führen automatisch im Laufe der Zeit zu Umsatzeinbußen, weil die Herstellung im Vergleich zur Konkurrenz nicht mehr wirtschaftlich ist oder weil die Kunden durch Produkte von Wettbewerbern mehr überzeugt sind. Unternehmen benötigen also eine ständige Erneuerung auf beiden Gebieten.

Eine Schließung der Leistungslücken setzt also eine permanente Innovation in den Prozessen der Herstellung (Technik und Organisation) sowie in der Weiterentwicklung und Erneuerung der Produkte voraus. Treibende Kräfte der Innovation finden sich vor allem in der Werkstofftechnik, der Informationstechnik und in der Weiterentwicklung der technischen Prozesse.

2.9.1 Produktinnovationen

2.9.1.1 Produkte mit technischer Intelligenz

Innovative Produkte zeichnen sich heute durch eine „integrierte technische Intelligenz" aus. Unter technischer Intelligenz wird die Fähigkeit technischer Produkte verstanden, selbständig auf Veränderungen der Umgebung situationsgerecht zu reagieren oder sich zu adaptieren. In den modernen technischen Produkten finden sich derartige Funktionen, wie z.B. Sicherheitssysteme im Fahrzeugbau, Fehlerkompensation in Maschinen etc. Technisch wird dies durch die Integration von Mechanik, Elektrik, Elektronik und Informationsverarbeitung erreicht. Bereits heute entfällt ein Anteil von rund 30% der Entstehungskosten von Produkten auf deren innere Informationsverarbeitung und die Steuerungstechnik.

Es sind also verschiedene Fachgebiete an modernen Produkten beteiligt. Interdisziplinarische Arbeit kennzeichnet die Entwicklungsprozesse.

2.9.1.2 Immaterielle Produkte und Dienstleistungen

Die Geschäftsprozesse der Produktion lassen sich auf den Lebenszyklus und Produkt begleitende Dienstleistungen ausdehnen. Auch dieser Ansatz gehört zu den Produktinnovationen, denn er zielt auf neue immaterielle Produkte ab. Daraus entsteht, wie in der Abbildung 3.15 dargestellt, ein neuartiges Modell einer Produktion mit Bezug auf den Lebenszyklus der Produkte.

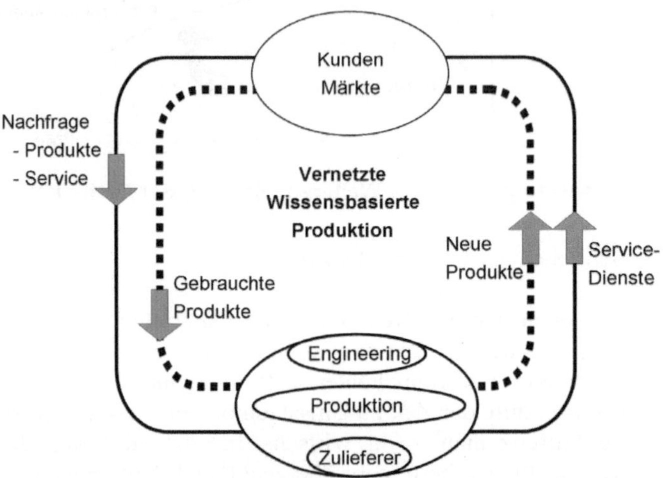

Abb. 2.15   Modell einer Produktion im Lebenslauf von Produkten

Während der Produktentwicklung können Produkt begleitende Dienstleistungen definiert und regelrecht konstruiert werden. Beispiele sind: Beratung, Optimierung des Einsatzes, Planung von Einsatz und Veränderungen, Programmierung, Versorgung mit Betriebsstoffen, Service, Training, Finanzierung. Produkte und Dienstleistungen werden am Markt angeboten und bilden ein gesamtes Leistungspaket.

Durch eine Anbindung der Produkte an weltweite Kommunikationssysteme erhalten die Hersteller technischer Produkte einen (sofern gewünscht) permanenten Zugriff auf die Nutzung und können ihre Dienste und Dienstleistungen anbieten. Neuartige Geschäftsmodelle bis hin zu den so genannten Betreibermodellen werden durch Vernetzung möglich.

Nach diesem Modell werden nicht mehr die Produkte, sondern lediglich ihre Nutzung verkauft. Die Hersteller werden in diesen Konzepten selbst zum Betreiber. Der Auftraggeber bezahlt lediglich die tatsächliche Nutzung, ohne die Risiken der Investitionen zu übernehmen. Diese Modelle sind nicht neu. Neu ist jedoch die konsequente Anwendung im Bereich der Investitionsgüterindustrie, welche sich abzuzeichnen beginnt. Da werden die Hersteller von Werkzeugmaschinen zu Lieferanten von Fabriken, die sie selbst umrüsten, wenn neue Aufgaben zu bearbeiten sind.

> **Betreibermodelle:**
> Nur der effektive Nutzen eines Produktes wird verkauft. Der Hersteller oder ein Betreiber übernehmen alle Leistungen und sichern die Verfügbarkeit. Bezahlt wird nur die effektive Nutzung.

Die Produkte können heute im Informationsnetz der Hersteller verbleiben, indem sie an entsprechende Kommunikationssysteme angeschlossen werden. Selbst über große Entfernungen lassen sich so zusätzliche Wertschöpfungspotentiale für Dienstleistungen im Produktlebenslauf erschließen.

Im Hintergrund dieser Entwicklung steckt ein weltweit operierendes Informations- und Kommunikationssystem (Internet) mit standardisierten Betriebssystemen, Betriebsweisen und Schnittstellen. Multimediale Systeme können für die verschiedenartigsten Dienste eingesetzt werden, wobei Internet basierte Dienste als e-Service bezeichnet werden.

Die Hersteller erhalten über multimediale Dienste ein permanentes Zustandsbild der im Einsatz befindlichen Maschine – die auch als virtuelle (nicht reale) Maschine bezeichnet werden kann. Sie stehen den Anwendern bzw. Nutzern als Experten mit ihrem spezifischen Wissen als so genannte virtuelle Experten zur Verfügung.

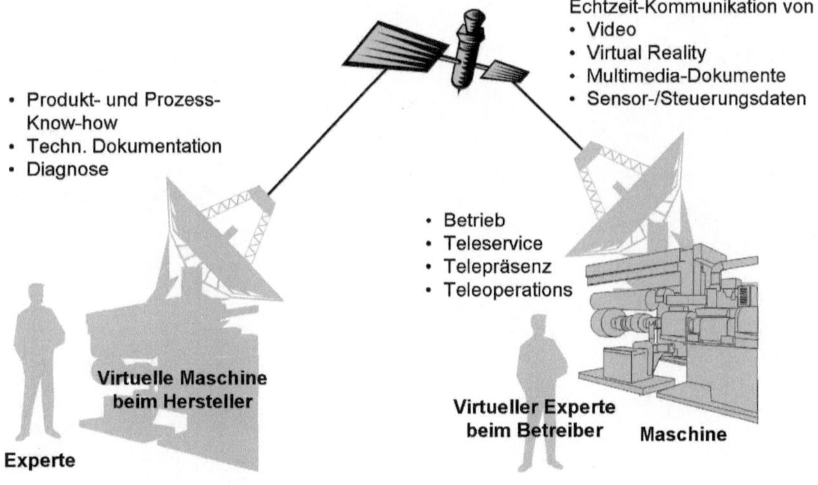

Abb. 2.16   E-Service im Zeitalter des Internet

Die Netzwerke der Kommunikation überschreiten Grenzen und haben weltweite Standards. Sie fördern die Geschwindigkeit des Austausches von Informationen Kapital und Waren. Ein weites Anwendungsgebiet liegt zweifellos im Bereich der industriellen Produktion.

2.9.2 Prozessinnovationen

Prozessinnovationen zielen auf die Rationalität und Effektivität der technischen und organisatorischen Prozesse.

Unternehmen benötigen also eine Innovationskultur, die sie offen macht für ständige Veränderungen und Verbesserungen. Diesbezüglich unterscheiden sich Unternehmen gravierend. Die Mittel für die Entwicklung neuer Produkte müssen aus den Überschüssen der laufenden Produktion oder über Fremdkapital bereitgestellt werden. Sind die Überschüsse gering, so verlieren Unternehmen ihre Zukunftsfähigkeit. Werden die Überschüsse abgezogen, so entstehen ebenfalls Leistungslücken.

3 Das Unternehmen

Die Kenntnis der Organisation und Funktion von Unternehmen ist eine Voraussetzung für die Gestaltung, den Betrieb und die permanente Optimierung der Produktion. Im folgenden Kapitel werden deshalb zunächst einige grundlegende Kenntnisse vermittelt und ein Unternehmensmodell vorgestellt, das Elemente der permanenten Anpassung und Optimierung enthält. Dieses Modell entstand im Zuge jüngerer Forschungsarbeiten einer Arbeitsgruppe der Universität Stuttgart unter Mitwirkung von Wissenschaftlern aus dem Maschinenbau, den Betriebswissenschaften und der Informatik.

3.1　　　Transformation und Wertschöpfung

Unternehmen kann man als soziale und technische Systeme verstehen, deren zentrale Aufgabe darin besteht, Werte in Form von Produkten zu erzeugen. In Unternehmen arbeiten Menschen, die ihre Arbeit einbringen, um damit Produkte herzustellen. Menschen bilden ein soziales System. Sie benutzen in den Unternehmen Technik in Form von Maschinen und Werkzeugen, die sie dabei unterstützen, ihre Arbeit zu erleichtern, die Arbeit zu rationalisieren und die Leistungen mit hoher Effizienz zu erbringen. Die eingesetzte Technik zur Produktion ist nicht Selbstzweck, sondern zur Ausführung notwendig. Unter betriebswirtschaftlichen Gesichtspunkten geht es dabei auch um eine maximale Nutzung der eingesetzten Ressourcen (Kapital, Material, Menschen, Maschinen). In der Arbeit wirken Technik und Menschen zusammen.

Das Unternehmen als System benötigt einen Input und erzeugt einen Output bzw. Produkte oder Leistungen. Leistungen von Unternehmen müssen nicht materielle Produkte sein, es können auch immaterielle Produkte und Leistungen sein. Heute werden vielfach mit den Produkten verbundene Dienstleistungen vermarktet werden, wie beispielsweise der Service oder die Schulung von Personal oder Finanzdienste zur Finanzierung von Investitionen oder Software u.a. Im betriebswirtschaftlichen Sinne handelt es sich bei dem Prozess der Herstellung um eine Veredlung des Inputs bzw. um eine Wertschöpfung der als ein Transformationsprozess verstanden werden kann.

Die Abb. 3.1 veranschaulicht diese als Transformation verstandene Grundfunktion von Unternehmen. Die Wertschöpfung beginnt mit der Beschaffung des Inputs bzw. der Vorleistungen und endet mit der Auslieferung der Produkte an die Kunden. Vorleistungen sind dadurch gekennzeichnet, dass sie von anderen Unternehmen bzw. von Märkten bezogen werden. Dazu zählen z.B. von Lieferanten gekaufte Roh-, Hilfs- und Betriebsstoffe oder Komponenten. Die Wertschöpfung verkörpert also jenen Beitrag, den ein Unternehmen dem Wert der bezogenen Güter hinzufügt („value added").

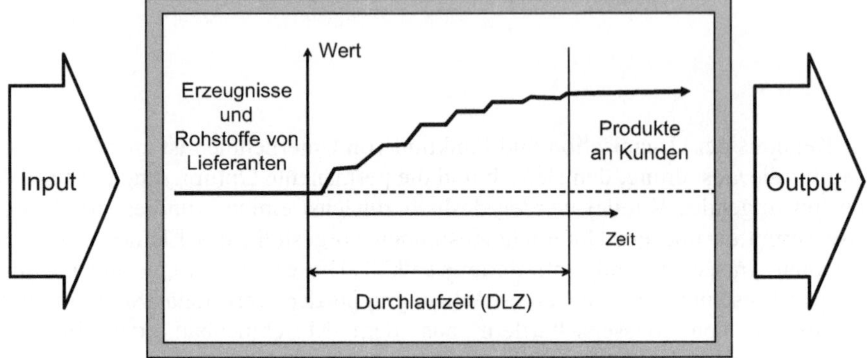

Abb. 3.1   Erzeugung von Werten als Transformationsprozess

Die **Wertschöpfung** ist definiert als:
Wertschöpfung(W) =Output – Input = Erlös - Vorleistungen
W = f(t) Die Wertschöpfung ist eine Funktion der Zeit

Theoretisch kann ein Unternehmen die gesamte Wertschöpfung im Lebenslauf des Produktes mit eigenen Fabriken selbst erbringen. In der Realität spezialisieren sich viele Unternehmen immer stärker auf bestimmte Abschnitte der Wertschöpfungskette und der Eigenleistungsanteil der produzierenden Unternehmen sinkt tendenziell durch Fremdvergabe. Wertschöpfungsprozesse finden zunehmend in einem Netzwerk miteinander kooperierender interner und externer Bereiche und Werke statt.

Der Prozess der Wertschöpfung vollzieht sich in den Stufen der Produktion; er ist also eine Funktion der Zeit (t). Die Dauer des Durchlaufs bzw. der Transformation wird als Durchlaufzeit verstanden. Die Durchlaufzeit entspricht der gesamten Zeitspanne von der Erteilung eines Auftrages bis zur Auslieferung des Produktes an den (die) Kunden.

Für diesen Prozess werden Mittel und Ressourcen benötigt, die in der Regel als Produktionsfaktoren bezeichnet werden, da sie vom Unternehmen nicht selbst erzeugt werden, sondern zugekauft (Input) werden müssen. Hierfür bezahlen Unternehmen. Infolgedessen kann der gesamte Input auch monetär bewertet werden.

Die Erzeugung eines verkaufsfähigen Outputs ist die zentrale Aufgabe der Unternehmen. Für die Produkte erzielen sie Erlöse – auch eine monetäre Größe. Die Summe der Erlöse über einen festen Zeitraum wird als Umsatz definiert. Demnach kann auch die Wertschöpfung als eine in Geld bewertbare Größe definiert werden.

Die innerbetriebliche Wertschöpfung hat also unmittelbar mit der Schaffung monetärer Werte zu tun. Bei detaillierter Betrachtung von Input und Output stellt man jedoch fest, dass es sich um eine Vielzahl an Faktoren (Ressourcen) handelt, welche Unternehmen zukaufen müssen. Sie beziehen diese Produktionsfaktoren aus den so genannten Beschaffungsmärkten.

Wenn ein Unternehmen technische Güter herstellen will, so beschafft es seine zur Herstellung benötigten Inputs aus den diversen Märkten. Als solche können identifiziert werden:

- Rohstoffmärkte
- Zuliefermärkte für Teile, Komponenten, Verbrauchsmaterial,
- Gebäude, Anlagen, Maschinen, Betriebsmittel (Investitionsgüter)
- Kapitalmärkte,
- Arbeitsmärkte
- Dienstleistungen (Beratung, Planung, soziale Dienste etc.)

Moderne Produkte durchlaufen eine Reihe von Wertschöpfungsstufen im Unternehmen selbst, aber auch bei den Zulieferunternehmen. Deren Kunden sind auch produzierende Unternehmen. Es entstehen dabei so genannte Prozessketten der Beschaffung oder „Supply Chains". Das Management dieser Supply Chains nennt man Beschaffungslogistik.

Ebenso durchlaufen fertige Produkte verschiedene Stufen in die Lieferketten bis zum Kunden und nach der Nutzung zurück zum Recycling. In diesem Zusammenhang spricht man von den so genannten Distributionslogistik und entsprechend von „Customer-Distribution-Chains" oder „Customer Relation Management". Der Vertrieb der Produkte kann auf folgende Weise erfolgen:

- Direktvertrieb vom Unternehmen zum Kunden
- Vertrieb über eigene Händler
- Vertrieb über Zwischenhändler

Während der Nutzung fallen logistische Prozesse im Ersatzteilbereich und zur Versorgung der Produkte mit Verbrauchsstoffen an. Die Rückführung gebrauchter Produkte nennt man „Rückführlogistik".

In die Prozessketten vom Kunden bis zum Kunden und zurück zum Recycling sind viele Unternehmen mit ihren Transformationsprozessen eingebunden. Da Kunden und Produzenten variieren, verändert sich das gesamte Netzwerk der Produktion permanent. Den End-Kunden interessiert dies letztlich nicht, da für ihn der End-Produkthersteller (OEM-Overall Equipment Manufacturer) die Verantwortung für die Produkte, ihre vertragsgemäße Funktion, ihre pünktliche Lieferung und die Einhaltung der vereinbarten Preise trägt.

3.2   Deutsche Rechtsformen produzierender Unternehmen

Neben der Unterscheidung in die unterschiedlichen Wirtschafts- und Betriebs-
zweige können Unternehmen auch nach ihrer Rechtsform eingeteilt werden. Als
Rechtsform wird die rechtliche Organisation, der rechtliche Rahmen oder das
Rechtskleid eines Unternehmens bezeichnet. Durch die Rechtsform wird ein Teil
der rechtlichen Beziehungen innerhalb des Unternehmens (z.B. zwischen Gesellschaftern) und zwischen Unternehmen und Umwelt (z.B. Publizitätsvorschriften)
geregelt. Rein juristisch ist nicht ein Unternehmen, sondern nur sein Eigentümer
rechtsfähig. Durch die Schaffung verschiedener Rechtformen legt die Rechtsord-
nung der Bundesrepublik Deutschland den Rahmen für die Ausgestaltung aller
Rechten und Pflichten der einzelnen Unternehmungen fest.

Jede Rechtsform lässt sich durch eine Reihe charakteristischer Merkmale kennzeichnen:

- Zahl und Haftung der Teilhaber
- Finanzierungsmöglichkeiten (Eigen- oder Fremdkapitalbeschaffung),
- Leitungsbefugnis,
- Gewinn- und Verlustbeteiligung,
- Rechnungslegung und Publizität,
- Steuerbelastung,
- Rechtsformabhängige Aufwendungen,
- Unternehmenskontinuität (Gesellschafterwechsel)
- Publikationspflicht

Die Rechtsform stellt ein wichtiges Merkmal einer Unternehmung dar. Sie muss
vor der Gründung eines Unternehmens geklärt und festgelegt werden. Zum einen,
ist dies aus juristischen Gründen notwendig, zum anderen hat sie einen erheblichen Einfluss auf die Außen- und Innenverhältnisse eines Unternehmens. Die
richtige Wahl, also die Frage nach einer zweckmäßigen Rechtsform, stellt sich
aber nicht nur bei der Gründung eines Unternehmens, sondern diese muss an sich
ändernde wirtschaftliche Verhältnisse und Rahmenbedingungen angepasst werden.
Unter Abwägung der oben aufgeführten Gesichtspunkte kann zwischen Einzelunternehmung, Personen-, Kapitalgesellschaften sowie Mischformen unterschieden
werden.
Die Rechtsformen Einzelunternehmung und Personengesellschaft werden auf
Grund vieler rechtlicher und wirtschaftlicher Gemeinsamkeiten oft unter dem
Begriff „Personenunternehmung" zusammengefasst.

3.2.1 Personenunternehmen

Personenunternehmung: Eine oder mehrere natürliche Personen haften unbe-
schränkt, d.h. sie haften nicht nur mit dem Unternehmens-, sondern auch mit ih-

rem kompletten Privatvermögen. Ebenso kann von privaten Gläubigern auf das Unternehmensvermögen zurückgegriffen werden. Bei der Gründung ist kein Mindestkapital vorgeschrieben. Der Eigner bringt das Kapital in die Unternehmung. Ihm allein steht sowohl der Gewinn zu, als haftet er auch für Verluste. Der Firmenname besteht aus dem Familiennamen und mindestens einem ausgeschriebenen Vornamen des Eigners.

Die wichtigsten zwei Vertreter der Personenunternehmung sind die Kommanditgesellschaft (KG) und die Offene Handelsgesellschaft (OHG).

3.2.2 Kapitalgesellschaften

Rein juristisch können sich mehrere Personen zu einer „juristischen Person" zusammenschließen. Juristisch entsteht so eine neue Person, an die alle Rechte und Pflichten gebunden sind. Die natürlichen Einzelpersonen innerhalb der Kapitalgesellschaft haben nur Rechte und Pflichten gegenüber der juristischen Person und nicht unmittelbar gegenüber den Geschäftspartnern der Gemeinschaft. Eine Kapitalgesellschaft haftet nur mit dem Vermögen der Gemeinschaft und nicht mit dem Privatvermögen der einzelnen Gesellschafter. Aus diesem Grund ist in der Regel zur Gründung einer Kapitalgesellschaft ein Mindestkapital (Startkapital zwischen 25.000 bei GmbHs und 50.000 € bei AGs) vorgeschrieben. Kapitalgesellschaften sind verpflichtet, jährlich ihre Bilanz, Gewinne und Verluste sowie wirtschaftlich relevante Unternehmensdaten zu veröffentlichen. Die beiden bedeutendsten Formen der Kapitalgesellschaften sind die Gesellschaft mit beschränkter Haftung (GmbH) und die Aktiengesellschaft (AG).

Abb. 3.2 gibt einen Überblick über die Einteilung der deutschen Rechtsformen und deren bedeutendsten Vertreter.

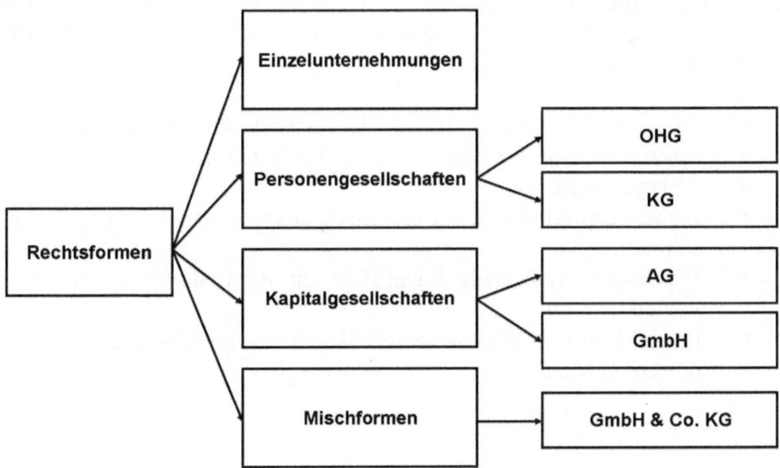

Abb. 3.2   Einteilung der deutschen Rechtsformen [Quelle: Eversheim]

Für das Management der Unternehmen hat die Rechtsform eine unmittelbare Bedeutung. Denn hieraus ergeben sich unterschiedliche Verantwortungen und Be-
richtswege. Kapitalgesellschaften haben andere Berichtspflichten als Personenge-
sellschaften. Kapitalgesellschaften sind verpflichtet, ihren Anteilseignern regelmäßig Bericht über die Veränderungen im Vermögen (Bilanz), über Gewinne und
Verluste (GuV) sowie über die Geschäftsentwicklung zu erstatten. Im Falle der
Aktiengesellschaften müssen die Berichte veröffentlicht werden. Im Falle der
GmbHs wird der Bericht den Gesellschaftern und dem Finanzamt erstattet.

Aufgrund der Empfindlichkeit der internationalen Kapitalmärkte sind einige
Aktiengesellschaften dazu übergegangen, vierteljährlich zu berichten und wesentliche Veränderungen gegenüber dem geplanten Geschäftsverlauf kurzfristig zu
publizieren.

3.3   Betriebe und Haushalte

Betriebe allgemein betrachtet lassen sich in produzierende (Unternehmen) und
konsumierende (Haushalte) Betriebe einteilen. Innerhalb der produzierenden Unternehmen werden weiter Sach- und Dienstleistungsbetriebe unterschieden. Abb.
3.3 zeigt die Systematik eines Unternehmens im gesamtwirtschaftlichen Leistungszusammenhang.

Im Allgemeinen wird unter einem Betrieb eine technische, soziale, wirtschaftliche und umweltbezogene Leistungseinheit verstanden, deren Aufgabe darin besteht, den Bedarf des Marktes zu bedienen. Die zur Erreichung dieses Ziels notwendigen Strategien und Entscheidungen werden innerhalb des Betriebes selbstständig und auf eigenes Risiko getroffen. Ein Industriebetrieb hat nach [20] weiter
das Ziel der Fremdbedarfsdeckung und der Sachgüterproduktion, einschließlich
der Einbringung industrieller Dienstleistungen innerhalb eines Fabriksystems. Die
Fabrik ist heute die vorherrschende industrielle Betriebsform. Im täglichen
Sprachgebrauch impliziert sie den Industriebetrieb schlechthin. Eine Fabrik lässt
sich durch die folgenden Punkte charakterisieren:

- Arbeitsteilung und Zerlegung der ausführenden Tätigkeiten,
- Spezialisierung für einzelne Aufgabenbereiche,
- Anlagenintensität,
- Hoher Kapitaleinsatz für technisch anspruchsvolle Anlagen und Ma-
  schinen,
- Wachsende Unternehmensgrößen zur Realisierung niedriger Stück-
  kosten,
- Produktion und Absatz materieller Güter für einen großen, meist a-
  nonymen Markt.

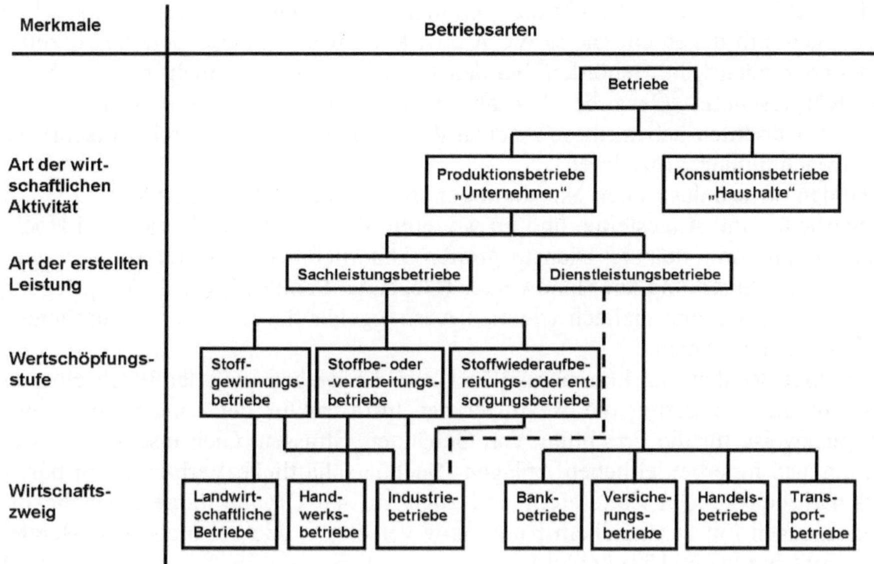

Abb. 3.3   Unternehmen im gesamtwirtschaftlichen Leistungszusammenhang [Quelle: Zahn]

In diesem Sinne wird im Folgenden auch von der Fabrik, dem Fabrikbetrieb gesprochen oder dem produzierenden Unternehmen gesprochen. Der Fabrikbetrieb umfasst die gesamte Organisation bzw. das Management der Fabrik.

Fabriken haben eine hohe Wechselwirkung mit ihren lokalen Nachbarn. Sie benötigen ein hoch entwickeltes Umfeld, um ihre Wertschöpfung zu erbringen. Die Abb. 3.4 zeigt eine Auswahl der wichtigsten Nachbarn.

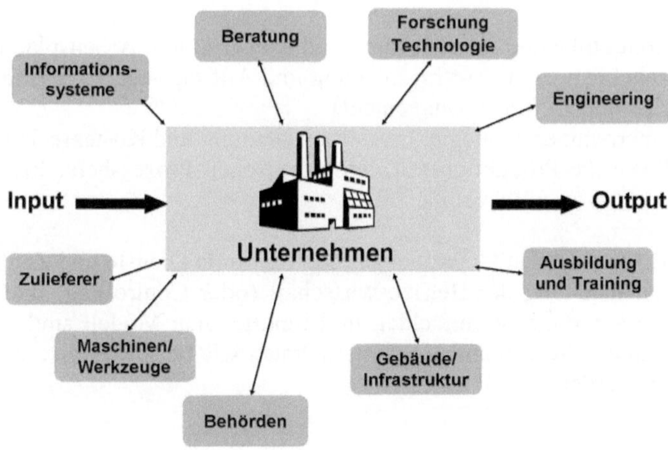

Abb. 3.4   Das Unternehmen und seine „Nachbarn"

Mit „Nachbarn" sind hier nicht die Anrainer an den Standorten gemeint, sondern diejenigen, mit denen eine hohe Wechselwirkung besteht. Besonders hervorzuheben sind zunächst die Behörden, bei denen die Unternehmen nicht nur ihre Steuern (Körperschafts-, Gewerbe-, Umsatzsteuer) und Gebühren für Wasser, Energie usw. zu entrichten haben; diese machen ihnen auch Auflagen durch Vorschriften und Genehmigungsprozeduren.

Zu den nicht industriellen Nachbarn gehören ferner Ausbildungsstätten, z.B. für Facharbeiter und Angestellte, und im weiteren Sinne auch Akademien und Hochschulen. Für unmittelbare Dienste greifen Unternehmen gern auf ortsansässige Kleinunternehmen und auf Handwerker (Gebäude, Sanitär, Elektrik, Verpflegung etc.) zurück. Sie sind vielfach wichtige Auftraggeber für eine Vielzahl umliegender Kleinunternehmen.

Im industriellen und kommerziellen Umfeld bestehen vielerlei Wechselbeziehungen; diese betreffen die Ausrüster der Infrastruktur der Unternehmen, wie beispielsweise für die Errichtung von Gebäuden, Strassen, Gleisanschlüssen oder die eigenen innerbetrieblichen Anlagen. Nachbarschaftliche Verbindungen bestehen natürlich zu den Zulieferern und auch zu den Organisationen, welche die Unternehmen mit zusätzlichem Know-how versorgen, wie beispielsweise Berater oder Forschungs- und Technologielabors.

All diese Organisationen haben nicht nur ein Geschäftsinteresse bezüglich des Verkaufs eigener Produkte und Leistungen, sondern auch ein hohes Interesse an den wirtschaftlichen Entwicklungen der Fabriken, von denen sie stark abhängig sind.

3.4   Struktur produzierender Unternehmen bzw. der „Fabrik"

Ein Unternehmen kann in vier verschiedene Funktionsbereiche eingeteilt werden (Abb. 3.5):

1. Produktplanung, -entwicklung und Konstruktion, Arbeitsplanung
2. Angebotswesen, Auftragsplanung und Auftragssteuerung (Marketing, Vertrieb und Auftragsmanagement)
3. Unternehmensstrategie, Investitionsplanung und Kostenrechnung
4. Physische Produktion mit den technischen Prozessbereichen vom Grundstoff bis zum Recycling

Daneben gibt es in den Unternehmen noch zentrale Dienste und Zentralstellen der Unternehmensleitung der Betriebswirtschaft (oder Controlling) und Personalwesen. In diesem stark vereinfachten und funktionalen Modell sind natürlich auch Teile enthalten, die von anderen Unternehmen wie beispielsweise von Zulieferern ausgeführt werden.

Abb. 3.5   Funktionale Struktur von produzierenden Unternehmen

Innerhalb der Funktionsbereiche gibt es Prozesse, die sequentiell bzw. nacheinander auszuführen sind. Prozesse sind im Allgemeinen:

- Technische Prozesse wie beispielsweise das Herstellen von Einzelteilen durch spanende Bearbeitung wie Drehen, Fräsen Bohren oder
- Organisatorische Prozesse wie beispielsweise die Erstellung von Zeichnungen, das Bearbeiten eines Angebotes oder die Planung einer Fabrik.

Die Prozesse werden von Mitarbeitern unter Verwendung von Hilfsmitteln wie beispielsweise Maschinen, Computersystemen ausgeführt. Die Folge der Prozesse nennt man auch Prozessketten. Die einzelnen Funktionsbereiche haben die im Folgenden beschriebenen Aufgaben.

3.4.1 Unternehmensstrategie, Investitionsplanung und Kostenrechnung

Unternehmen verfolgen das Ziel der Erwirtschaftung von Erträgen und Gewinnen. Um dieses erfolgreich tun zu können, werden in den Unternehmen Strategien entwickelt, auf welchen Märkten welche Produkte angeboten und vertrieben werden sollen. Hieraus leiten sich Linien der Produktentwicklung und der Gestaltung der einzusetzenden Ressourcen ab. So enthalten strategische Unternehmenspläne beispielsweise Angaben darüber, in welchem Markt welche Typen und Leistungsklassen von Produkten abgesetzt werden sollen. Die notwendigen Voraussetzungen an technologischen Entwicklungen oder die zur Herstellung notwendige Mitarbeiterzahl (Beschäftigung) kann daraus ebenso abgeleitet werden, wie die Anzahl der Maschinen und Fabriken einschließlich der Standorte, an denen die Produktion erfolgen soll.

Strategische Planungen haben einen langfristigen Zeithorizont von mehr als 5 Jahren und manchmal sogar von 15 Jahren. Sie werden durch Geschäftsplanungen für ca. zwei Jahre konkretisiert. Geschäftsplanungen enthalten die aus dem Verkauf zu erwartetenden Erlöse (Umsatz) und die Kosten der Produktentwicklung, der Herstellung und des Vertriebs der Produkte.

Aus diesen Planungen ergibt sich der Bedarf an Maschinen und Einrichtungen, die in der Investitionsplanung definiert werden. Hier werden Untersuchungen über die rationellsten Produktionsweisen und die technische Gestaltung der Fabrik durchgeführt. Die Investitionsplanung liefert der Geschäftsleitung die Vorschläge für die zu treffenden Investitionsentscheidungen.

Für die Investitionen wird Kapital benötigt. Dies kann aus vorhandenem Eigenkapital oder von Kapitalmärkten beschafft werden. In jedem Falle besteht ein hohes Interesse der Kapitalgeber an einem Rückfluss und an einer Verzinsung bzw. an der Rendite der Kapitalanlagen.

Für die Planung und Steuerung der betriebswirtschaftlichen Ergebnisse benötigen Unternehmen eine Kostenrechnung. Diese schafft die notwendige Transparenz über Kosten und deren Verursacher. Damit können gezielte Verbesserungen im Unternehmen erreicht werden. Die Kostenrechnung hat darüber hinaus die Aufgabe, Kalkulationsgrundlagen zum Beispiel für die Preisgestaltung oder die Erfolgsrechnung einzelner Produkte zu liefern oder die Berechnung der Wirtschaftlichkeit zu ermöglichen.

Es wird versucht, dass Geschehen in der Produktion (allgemein: im Unternehmen) mit Hilfe von *Kennzahlen* abzubilden. Viele Kennzahlen sind nur für einen Sachbearbeiter an einer ganz bestimmten Stelle der Produktion von Bedeutung; andere haben strategische Bedeutung und entscheiden über den Erfolg des Unternehmens in der Zukunft. Kennzahlen sind Teil eines Regelkreises, mit dem Aktivitäten im Unternehmen gesteuert werden (siehe hierzu auch [27-29, 32, 33, 35].

Kennzahlen sind hoch verdichtete Messgrößen, die als Verhältnis- oder absolute Zahlen in einer konzentrierten Form über einen zahlenmäßig erfassbaren Sachverhalt berichten. Es handelt sich um Informationen, die die Struktur eines Unternehmens oder Teile davon sowie die sich in diesem Unternehmen vollziehenden wirtschaftlichen Prozesse und Entwicklungen beschreiben.

3.4.2 Produktplanung, Produktentwicklung, Konstruktion, Arbeitsplanung

In diesem Funktionsbereich werden die Produkte entwickelt und definiert. Ausgangspunkt sind meist die technischen Ergebnisse der Forschung, Ideen und Erfindungen. Darüber hinaus müssen die Anforderungen der Märkte und der Kunden berücksichtigt werden. Unternehmen machen dazu sorgfältige Marktanalysen, um heraus zu finden, welche Erwartungen die Kunden an die Funktionen, wie beispielsweise den Automatisierungsgrad, oder an die Leistung der Produkte, wie beispielsweise den Verbrauch an Treibstoffen, oder den Komfort und das Design und an die Qualität haben. Marktstudien stellen auch die Menge der verkaufbaren Produkte in einem Marktsegment, z.B. in einer Region (beispielsweise Westeuropa oder USA) und die erzielbaren Preise fest.

Die Entwicklung und Konstruktion hat dann die Aufgabe, das Produkt zu definieren und zu detaillieren. In der Entwicklung werden die Lösungen und Konzepte erarbeitet und prototypisch erprobt und verbessert. Als Konstruktion bezeichnet man im Allgemeinen das Entwerfen der Produkte, das Design und Finden von Formen, das Gestalten der technischen Lösungen und Berechnen der Bauteile und Baugruppen sowie der gesamten Produkte und deren Beschreibung in technischen Zeichnungen und Stücklisten.

Anschließend folgen die Festlegung der Herstellprozesse in der Arbeitsvorbereitung und die Planung der von den Werkern oder von Maschinen auszuführenden Arbeiten. Dazu sind oft produktspezifische Hilfsmittel und Einrichtungen zu konstruieren. Ferner erfolgt in diesem Bereich die Planung der Fertigungszeiten und die Erstellung der zur Herstellung erforderlichen Arbeitsanweisungen in Form von Arbeitsplänen.

3.4.3 Vertrieb, Angebotswesen und Auftragsmanagement

Für die Produkte müssen Kunden gewonnen werden. Dies geschieht über ein Marketing und über Vertriebsorganisationen. Kunden fragen nach Produkten (Anfragen), Leistungen, Terminen und Preisen und erhalten ein Angebot, das sie zur Entscheidung über einen Kauf benötigen. Treffen sie die Entscheidung über den Kauf, dann erteilen sie dem Unternehmen einen Auftrag. Nun obliegt es dem Auftragsmanagement, dafür zu sorgen, dass das bestellte Produkt auch tatsächlich zum gewünschten Termin zur Verfügung steht.

Die *Auftragsplanung* ermittelt durch die Zusammenfassung aller Kundenaufträge einer Zeitperiode, wie z.B. einer Woche das Produktionsprogramm. Das Produktionsprogramm enthält die Art und Menge der Produkte, die in einer Zeitperiode herzustellen und zu liefern sind. Es ergänzt dies durch Prognosen der Marktnachfrage und Berücksichtigung der Lagerbestände.

Die Bewirtschaftung der Lagerbestände in den verschiedenen Stufen der Produktion ist eine besondere Aufgabenstellung, da in den Lagern Kapital gebunden wird, mit dem keine Wertschöpfung erzielt wird. Lagerbestände müssen auch bewirtschaftet werden, um sicherzustellen, dass die produzierenden Abteilungen jederzeit arbeitsfähig sind. Deshalb arbeiten in diesem Bereich Disponenten und Einkäufer für Material eng zusammen.

Im Unterschied zur Auftragsplanung wirkt das Auftragsmanagement nach innen in das Unternehmen. Es hat die Aufgabe dafür Sorge zu tragen, dass die Kapazitäten des Betriebes ausgelastet werden und eine Terminierung der einzelnen

Operationen zur Herstellung vorgenommen wird. Dazu erteilt das Auftragsmanagement interne Fertigungsaufträge. Da an der Herstellung auch fremde Unternehmen beteiligt sind, erteilt das Auftragsmanagement Aufträge an Fremdfirmen und überwacht deren Lieferung. Diese Aufgaben nennt man auch Disposition.

Die *Auftragssteuerung* hat die Aufgabe, die innerbetriebliche Terminierung und Arbeitszuteilung durchzuführen und die notwendigen Ressourcen bereit zu stellen. Dazu gehört die Beschaffung von Betriebsstoffen, Rohmaterial, fremd gefertigter Teile sowie das Management der Lagerbestände.

3.4.4 Physische Produktion

Dieser Funktionsbereich umfasst alle technischen und organisatorischen Prozesse, die unmittelbar mit der Herstellung der Produkte und dem Erhalt der Einsatzfähigkeit sowie dem Recycling verknüpft sind. In der Regel verteilen sich diese Prozesse auf eine Vielzahl von beteiligten Unternehmen. Diese arbeiten arbeitsteilig und im Verbund. Abb. 3.6 zeigt beispielhaft die Darstellung eines Verbundes von Werken, die an einem Produkt beteiligt sind.

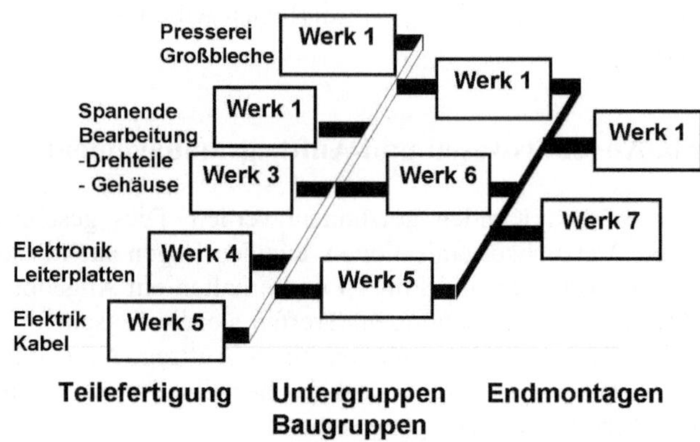

Abb. 3.6   Struktur eines Verbundes produzierender Werke

Ein Werk ist eine eigenständige Organisation eines Unternehmens, welche für die physische Herstellung von Bauteilen wie geformten Blechen oder Komponenten, wie beispielsweise Getrieben oder ganze Produkten, zuständig ist. Die Zuständigkeit ergibt sich aus den technischen Fähigkeiten der einzelnen Werke und aus ihrer Größe. Ein Werk kann für mehrere Abschnitte einer Produktion zuständig sein. Die Grundbedingung für die Zuordnung von Fertigungsaufgaben zu einzelnen Werken bzw. zu Standorten ist, dass diese geprüfte Bauteile und einbaufähige Komponenten zu niedrigen Kosten liefern können.

Die Unternehmen des Automobilbaus kennen beispielsweise Hauptprozessketten, an der mehrere Werksbereiche beteiligt sind: Presswerk für große Bleche, Karosseriebau (Werk), Lackierbereich (Werk), Endmontage (Werk). Alle haben eine gewisse Eigenständigkeit und sind zugleich durch den Materialfluss eng miteinander verbunden.

Die einzelnen Werke können eigenständige Unternehmen sein, die auch noch andere Unternehmen beliefern oder eigene Zulieferbetriebe einsetzen. Die Aufteilung folgt nach Gesichtspunkten von Technologien, verfügbaren Kapazitäten und den Kosten. Um die Prozessketten der Fertigung schnell zu machen, haben einzelne Unternehmen ihre Strukturen auch nach Produktbereichen gegliedert.

Die einzelnen Fabriken und Werke eines Verbundes erhalten die Aufträge aus dem Auftragsmanagement. Sie sind für die Herstellung der ihnen zugewiesenen Aufträge und für ihre termingerechte Auslieferung an das nachfolgende Werk oder an den Endkunden verantwortlich. Die Produkte der Werke können auch Einzelteile, die an ein Montagewerk geliefert werden.

Die Sicherung der Qualität der Herstellung in den einzelnen Stufen ist eine besondere Herausforderung. Fehler stören die Produktion im Netzwerk. Deshalb hat jedes Werk eine eigene Qualitätssicherung und führt die Prüfung der Qualität am Ende seiner Prozesse durch. Die Werke müssen die Lieferung von Produkten ohne Fehler garantieren.

3.5   Organisation der Fabriken

Fabriken und vernetzte Produktionen benötigen eine leistungsfähige Organisation, denn die Aufgaben und Abläufe aber auch ihre Strukturen verändern sich permanent. Die Organisation kann prinzipiell in eine Aufbauorganisation und eine Ablauforganisation gegliedert werden (siehe auch [1, 24, 25]).

3.5.1 Aufbauorganisation

Als Aufbauorganisation wird die Strukturierung der Verantwortungsbereiche der Unternehmen verstanden. Sie beginnt in der Unternehmensleitung und endet bei den einzelnen Arbeitsgruppen. In der Regel werden die Verantwortungsbereiche der Unternehmensleitung nach Fachgebieten strukturiert. Eine typische Struktur ist folgende:

- Vorsitzender des Vorstandes (bei AGs) oder der Geschäftsführung (bei GmbHs)

- Funktionsbereiche der Vorstände oder Geschäftsführer wie beispielsweise

    - Forschung, Entwicklung und Konstruktion
    - Produktion
    - Vertrieb und Marketing
    - Wirtschaft und Controlling
    - Personal

Die Anzahl der Vorstände und Geschäftsführer richtet sich nach der Größe der Unternehmen. Rein juristisch brauchen GmbHs nur einen Geschäftsführer. In den Aktiengesellschaften hat der für Personal zuständige Vorstand besondere im Gesetz festgelegte Aufgaben (siehe Betriebsverfassungsgesetz).

3.5.1.1 Hierarchische Aufbauorganisation

Die Aufgaben und Verantwortungsbereiche werden von den Aufsichtsräten im Rahmen von Geschäftsverteilungsplänen festgelegt. Den Leitern dieser Vorstands- und Geschäftsbereiche werden Abteilungen nach funktionalen Gesichtspunkten zugeordnet. Beispielsweise dem Leiter der Produktion:

- Arbeitsvorbereitung
- Auftragsmanagement
- Teilefertigung
- Montage
- Betriebsmittelbau

In der weiteren Untergliederung hierarchischer Aufbauorganisationen, die beispielhaft in Abb. 3.7 dargestellt ist, finden sich Unterabteilungen und Gruppen. An diesem Beispiel zeigt sich eine konventionelle hierarchische Struktur der Aufbauorganisation. Entscheidungsprozesse verlaufen von oben nach unten und von unten nach oben über mehrere Stufen der Hierarchie. Entscheidungsprozesse kosten Zeit und verzögern sich mit der Anzahl der Hierarchiestufen. Andererseits haben derartige Strukturen eine klare Abgrenzung der Zuständigkeiten und erlauben eine Regelung der Arbeitsinhalte und -beziehungen. Sie neigen aber zum Bürokratismus.

Da die Anforderungen an Entscheidungswege in den vergangenen Jahrzehnten ständig gestiegen sind, stoßen die vielstufigen klassischen hierarchischen Strukturen, wie sie in Abb. 3.7 dargestellt sind, immer schneller an Grenzen. Man versucht deshalb, die Hierarchiestufen niedrig zu halten (Flache Hierarchie) und stößt dort an Grenzen, wo die Zahl der zugeordneten Abteilungen zu hoch wird. Ebenso wird versucht, durch Zusammenfassung von Abteilungen kürzere Wege in der Kommunikation und Entscheidung zu erreichen. Ein Beispiel hierfür ist die Abstimmung der Operationen zwischen einer Konstruktionsabteilung und der Arbeitsvorbereitung oder der Fertigung und Montage. Veränderungen an Produkten oder festgestellte Fehler müssen sofort umgesetzt werden. Ein Entscheidungsweg über die hierarchischen Strukturen bis in den Vorstand ist umständlich und würde zu hohen Verzögerungen beitragen.

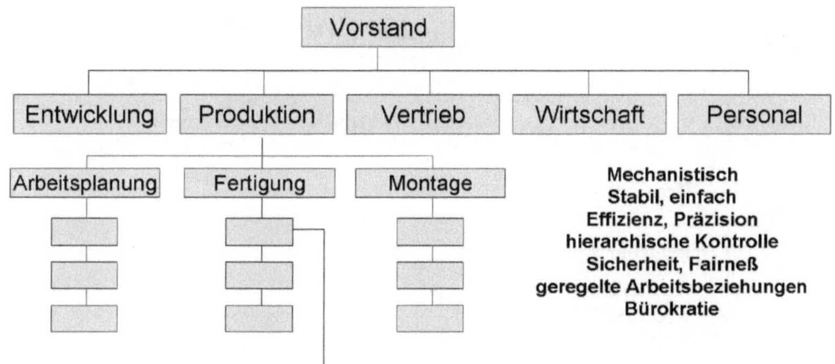

Abb. 3.7   Hierarchische Aufbauorganisation

3.5.1.2   Matrixorganisation

Eine Abhilfe zur Verkürzung der Entscheidungswege bietet sich mit der so genannten Matrixorganisation. Darin werden, wie in Abb. 3.8 dargestellt, der hierarchischen Struktur horizontale und Strukturen überlagert. In der Regel bestimmen Produktbereiche die Grundstruktur der Organisation. Innerhalb der Produktbereiche gibt es dann die klassischen funktionalen Bereiche. Durch die Einrichtung so genannter Produktmanager, welchen die Verantwortung für Entwicklung, Produktion und Vertrieb einzelner Produktgruppen übertragen werden, können kunden- und marktspezifische Abläufe beschleunigt werden. Nachteilig an dieser Organisation ist die Tatsache, dass Mitarbeiter einzelner Funktionsbereiche mehrere Vorgesetzte haben können und sich ein neues Konfliktpotential bildet.

 Ein besonderes Beispiel einer Matrixorganisation findet sich in der Luftfahrtindustrie. Hier hat man die Grundorganisation nach funktionalen und hierarchischen Gesichtspunkten strukturiert. Aufgrund der Komplexität der Produkte und der Vielzahl der allein in Europa beteiligten Organisationen wurden so genannte Programm-Leitungen eingeführt. Programme sind einzelne Flugzeugtypen, wie beispielsweise ein AIRBUS A 340. Die Programm-Leitungen haben die Verantwortung für die Koordination aller Vorgänge in allen Funktionsbereichen von der Entwicklung bis zur Auslieferung einzelner Flugzeuge. Sie legen die Terminpläne an und verfolgen deren Einhaltung. Sie sind für die Planung des Budgets und dessen Einhaltung verantwortlich. Sie sind verpflichtet, die Aktionen mit den Fachabteilungen zu beraten und erhalten von diesen auch die Rückmeldungen zum Stand der Arbeiten. Im Falle von Abweichungen haben sie einen ungehinderten Informations- und Berichtsweg zum Vorstand.

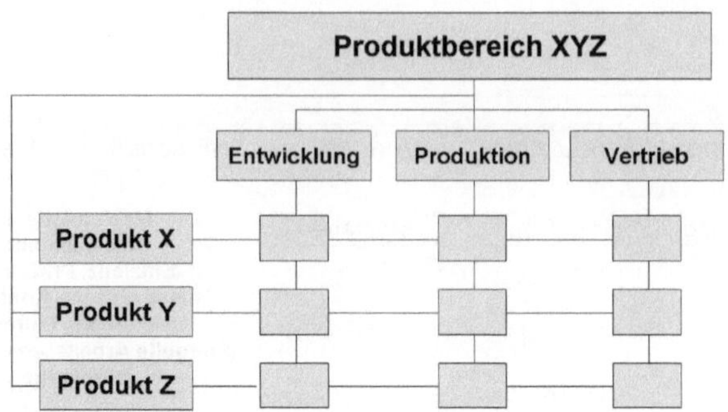

Abb. 3.8   Matrixorganisation

Vernetzte Strukturen mit flachen Hierarchien, wie sie in Abb. 3.9 dargestellt sind, stellen eine moderne Alternative dar. Immer mehr suchen die Gestalter der Aufbauorganisation nach Vorbildern in der Natur. Sie fragen sich z.B., wie komplexe Lebewesen organisiert sind und möchten deren Vorbilder auch für die Aufbauorganisation veränderungsfähiger und schneller Unternehmen anwenden.

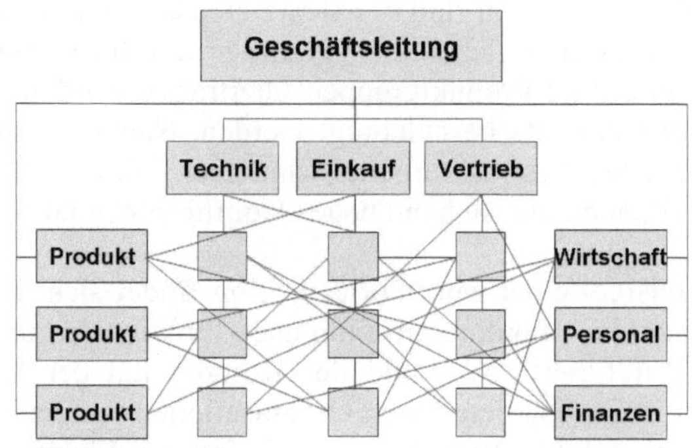

Abb. 3.9   Organische Organisation

3.5.1.3   Organische Aufbauorganisation

Die Natur kennt sowohl eine hohe Eigenständigkeit einzelner Organe, sie kennt Hierarchien und hat schnelle innere Informationswege. Wir kennen aber auch Redundanzen in Organen, die lebenswichtig sind und bei deren Teilverlust das komplexe System weiter handlungsfähig bleibt. Andere Beispiele zeigen, wie schnell sich Lebewesen an veränderte Umgebungen anpassen können und gegenüber Turbulenzen eine Robustheit entwickeln. Lebewesen, wie die Menschen, haben darüber hinaus eine Intelligenz, die es ihnen erlaubt zu kommunizieren, zu lernen und Wissen zu speichern.

Überträgt man derartige Prinzipien auf die Organisation der Fabriken, so wird deutlich, dass wir eigenständige und auf Unternehmensziele verpflichtete „Organe" benötigen, die je nach Aufgabenstellung flexibel mit Anderen kommunizieren können. Dem Ganzen wird ein Informationssystem überlagert, das in seiner Spitze die strategischen Entscheidungen im Konsens mit anderen Organen trifft.

Die Grundprinzipien derartiger Aufbauorganisationen lassen sich wie folgt zusammenfassen:

- Selbstorganisation und Eigenverantwortung der einzelnen Organe,
- Einbettung in ein Ziel- und Kontrollsystem (vertikal),
- Lernfähigkeit und Wissensorientierung,
- Kooperationsfähigkeit in der Hierarchie (nach oben und unten) wie auch horizontal in den Prozessketten.

Wenn man das auf ganze Produktionsnetze überträgt, dann wird deutlich, dass diese nur mit den genannten Prinzipien arbeitsfähig sind. Fabriken im Netz sind eigenständig und sollten den Zielen der führenden Unternehmen im gemeinsamen Produktgebiet verpflichtet sein. Sie müssen horizontal wie vertikal kooperationsfähig sein.

Von elementarer Bedeutung sind die Schnittstellen zwischen den Organen. Diese müssen aufeinander abgestimmt sein. In der Praxis sind dies die Schnittstellen im Auftragsmanagement, in den Informations- und Kommunikationssystemen sowie im physischen Materialfluss.

3.5.2 Die Ablauforganisation

Die Ablauforganisation legt das Zusammenwirken der einzelnen Prozesse des Unternehmens fest. Grundlage hierfür sind Modelle der Prozesse und ihrer Kooperation. Die Ablauforganisation legt zunächst die Aufgaben und Tätigkeiten einzelner Organe fest und beschäftigt sich mit dem Fluss der Erstellung und Herstellung der Produkte und innerbetrieblichen Leistungen. Dazu zunächst ein einfaches Beispiel (siehe Abb. 3.10).

In der Konstruktionsabteilung eines Unternehmens werden Zeichnungen erstellt. Zeichnungen definieren den Endzustand eines Bauteils in einer normierten Darstellung, in einer „Sprache" und Symbolik, die es anderen erlaubt, den Inhalt vollständig und umfassend zu verstehen. Neben den Zeichnungen entstehen Stücklisten, das sind die Verzeichnisse aller Einzelteile eines Produktes.

Die Zeichnungen gehen an die Abteilung Arbeitsplanung, die diese für eine Festlegung der Herstellungsvorgänge und Herstellungsprozesse benötigt. Die Arbeitsplanung erstellt dazu einen Arbeitsplan, in dem die auszuführenden Vorgänge und die Maschinen, auf denen die Fertigung stattfinden soll, beschrieben sind. Ferner enthält der Arbeitsplan die Zeiten für die Ausführung der Arbeitsvorgänge.

Die Stücklisten und die Arbeitspläne benötigt die Auftragsplanung des Betriebes. Hier werden die aktuellen Herstellmengen (Auftragsstückzahl) und Termine festgelegt und geprüft, welche Materialien zu beschaffen sind. Die Auftragsplanung vergibt dann Aufträge an die Fertigung.

Die Fertigung erhält demnach Zeichnungen, Stücklisten, Arbeitspläne und Fertigungsaufträge. Sie steht in der Verantwortung, die Teile innerhalb der zulässigen Toleranz der Konstruktion herzustellen. Bis hierher handelt es sich um einen formal geregelten Arbeitsablauf. Ein ungeregelter Ablauf entsteht bei Störungen, zum Beispiel dann, wenn die Teile in der geforderten Toleranz nicht hergestellt werden können oder wenn die Termine nicht einhaltbar sind. Eine systematisierte Ablauforganisation regelt auch diese Fälle.

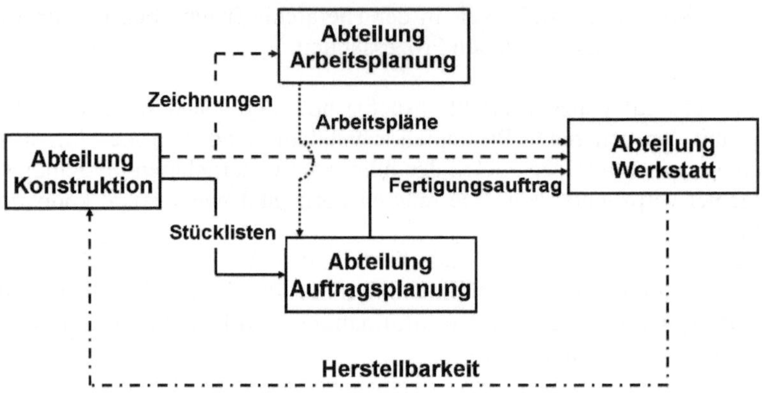

Abb. 3.10   Beispiel einer Ablauforganisation

Das Beispiel aus Abbildung 3.10 zeigt die Bedeutung der Ablauforganisation für das reibungsfreie Funktionieren der Produktion. Sie beinhaltet den Fluss der Arbeiten und die Abstimmung der Prozesse untereinander in einer arbeitsteiligen Organisation. Verschiedene Aspekte gibt es dabei zu berücksichtigen:

1.   Der Grad der Arbeitsteilung ist variabel. So kann zum Beispiel durch eine Zusammenlegung von Arbeits- und Auftragsplanung eine Verkürzung der Wege erreicht werden.
2.   Die innerbetriebliche Kommunikation braucht verbindliche Standards, wie beispielsweise die Zeichnungen oder Arbeitspläne
3.   Man unterscheidet die formelle und die informelle Kommunikation. Die formelle ist an Standards gebunden. Die informelle geschieht über Besprechungen, Teamarbeit oder andere Formen.

Heute stehen sogar formelle Methoden zur Darstellung der Ablauforganisation zur Verfügung. Es handelt sich dabei um Werkzeuge, mit denen sich die Prozesse und die Relationen zwischen diesen formal beschreiben lassen.

Aufgrund der hohen Bedeutung schneller Prozesse und Entscheidungen und der notwendigen Veränderbarkeit wurde in Stuttgart ein Unternehmensmodell der Organisation entwickelt, dessen Grundlagen im folgenden Abschnitt 3.6 beschrieben werden.

3.6 Das Stuttgarter Unternehmensmodell

3.6.1 Systemtheorie

Das Stuttgarter Modell versteht das Unternehmen als ein komplexes System, in dem Transformationen verschiedener Inputfaktoren in verschiedene Outputfaktoren stattfinden. Zunächst also zu den Grundlagen der hier anzuwendenden Systemtheorie (siehe Abb. 3.11).

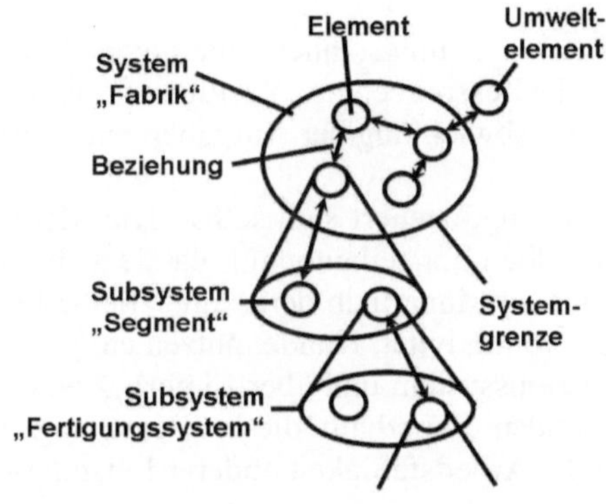

Abb. 3.11   Das System „Fabrik"

Das System der Fabrik wird durch die Aufbau- und Ablauforganisation geprägt. Elemente sind die technischen oder organisatorischen Prozesse, wie beispielsweise die Bearbeitungsstationen oder Arbeitsplätze. Beziehungen zwischen diesen entstehen durch den Arbeitsablauf und die aus den Fertigungsaufgaben resultierenden Arbeitsfolgen. So beispielsweise aus der Folge der Prozesse Vorbearbeitung, Feinbearbeitung oder der Konstruktion und Arbeitsvorbereitung. Prozess, Elemente und Beziehungen stehen in einer Wechselwirkung und beeinflussen sich gegeneinander. Beispielsweise beeinflusst die Qualität der Arbeiten eines vor geschalteten Prozesses unmittelbar den nachfolgenden Prozess.
Die Systeme haben willkürlich festlegbare Systemgrenzen. Üblicherweise werden Systemgrenzen nach organisatorischen Gesichtspunkten festgelegt. So beispielsweise nach Gesichtspunkten der vergleichbaren Arbeitsinhalte oder nach wirtschaftlichen Gesichtspunkten. Eine gängige Festlegung erfolgt durch die Bildung von Kapazitätseinheiten gleicher Verfahren oder nach Gesichtspunkten der Kostenverantwortung und Kostenverursachung. Systeme sind offen für Veränderun-

gen, denn sie müssen permanent an die Aufgaben und Aufträge angepasst werden, um eine hohe Effizienz zu erreichen.

3.6.2 Leistungseinheiten

Im Stuttgarter Unternehmensmodell werden die Systeme als Leistungseinheiten bezeichnet.

> **Eine Leistungseinheit** ist ein System, welches über eigene Ressourcen verfügt, welches Führungs- und Leitungsaufgaben hat und welches eine gewisse Selbständigkeit hat, um die Aufgaben möglichst effizient zu lösen. Eine Leistungseinheit ist also ein offenes veränderbares System, das selbst einen Transformationsprozess durchführt und einen eigenständigen Beitrag zur Wertschöpfung leistet.

Um ihre Aufgaben durchzuführen, besitzt jede Leistungseinheit eine eigene Führung (Management), darüber hinaus stehen ihr Ressourcen zur Verfügung, die mit dem Ziel einer wirtschaftlichen und rentablen Abwicklung der Aufgaben einzusetzen sind (Leistungspotential).

Eine Leistungseinheit organisiert, optimiert und steuert sich selbst. Die Merkmale sind in Abb. 3.12 dargestellt. Sie ist jedoch nur teilautonom, da sie sich an den Zielen des übergeordneten Systems orientiert, innerhalb derer eine Hierarchie definiert wird (Umsatz, Ergebnis, Leistung, Produktivität, Kundennutzen etc.).

Die Leistungseinheit ist über ein Informationssystem und über Lieferbeziehungen mit anderen Leistungseinheiten verbunden. Innerhalb dieser Beziehungen muss Fehlerfreiheit gewährleistet sein, um die Arbeitsfähigkeit anderer Leistungseinheiten nicht zu gefährden.

Die Leistungseinheiten kooperieren im jeweiligen System mit anderen. Sie erhalten die Aufgaben und Ziele von den hierarchisch höheren und vergeben Aufträge und Ziele an Subsysteme, die wiederum eigenständige Leistungseinheiten sind. Vertikal erteilen sie an vorgelagerte Systeme Lieferaufträge und erhalten die Lieferungen gemäß Auftrag. Ebenso sind sie als Glied in den Prozessketten selbst Zulieferer nachfolgender Leistungseinheiten. Dies entspricht einem Kunden-Lieferanten-Verhältnis.

Besondere Merkmale der Leistungseinheiten sind, neben der Kooperationsfähigkeit, die Freiheit zur Selbstorganisation und die Verpflichtung zur Selbstoptimierung. Sie müssen sich im Sinne einer hohen Eigenverantwortung selbst kontrollieren und können ihre innere Systemstruktur selbst festlegen. Dies nennt man auch Selbstkonfiguration. Sofern es sich um technische Systeme handelt, benötigen diese auch Fähigkeiten zum Lernen und zur Wissensverarbeitung mit technischen Systemen.

Abb. 3.12   Grundmodell einer Leistungseinheit

Beispiel der Arbeitsweise einer Leistungseinheit
Eine mechanische Werkstatt betreibt mit mehreren Mitarbeitern einige Maschinen.
Die Leistungseinheit erhält Aufträge, die in einer vorgegeben Zeit und zu minimalen Kosten zu erledigen sind. Die Werkstatt kann nun selbständig festlegen, welcher Mitarbeiter welche Arbeitsschritte auszuführen hat und welche Maschinen
sich dafür am besten eignen. Die Arbeitsgruppe stellt nun fest, dass ihr zur Durchführung Werkzeuge fehlen und bestellt diese selbst bei einem Werkzeuglieferan-
ten. Ein der Gruppe angehörender Arbeitsvorbereiter legt die rationellste Arbeitsweise fest und stimmt diese mit den Gegebenheiten des Betriebes ab. Arbeitsfolgen und Zeiten, einschließlich der täglichen Arbeitszeit, werden selbständig von
der Gruppe festgelegt. Die Werkstatt verfügt über ein eigenes Programm zur Ermittlung der Kosten und sorgt selbst für die Einhaltung der Kostenziele. Verbesserungen inneralb der Arbeit schlagen sich unmittelbar in Lohnanreizen nieder.
Ebenso gibt es Prämien für die Erreichung anderer Ziele. Eine Leistungseinheit
benötigt also ein inneres Managementsystem.

3.6.3 Inneres Managementsystem von Leistungseinheiten

Das Managementsystem der Leistungseinheiten wurde der Natur entnommen. Es
besteht, wie in Abb. 3.13 dargestellt, aus verschiedenen Stufen, auf denen Entscheidungen unterschiedlicher Tragweite getroffen werden. Mit diesem Managementsystem müssen einerseits die täglichen Aufgaben gesteuert und verbessert
werden, andererseits die zukünftige Leistungsfähigkeit der Leistungseinheit gesichert werden.

Das innere Management einer Leistungseinheit ist auf eine maximale Effizienz und Erreichung von Leistungszielen ausgerichtet. Im Kern stehen die Prozesse, welche die eigentliche Wertschöpfung erzeugen. Im Beispiel der mechanischen Werkstatt waren das die Maschinen und die Maschinenbediener. Die Maschinenbediener führen die eigentlichen Kernprozesse aus, indem sie die Maschinen einrichten und steuern. Mehrere Maschinen bilden zusammen ein Fertigungssystem, das in der Lage ist, alle geforderten Operationen auszuführen. Das Fertigungssystem braucht dazu eine eigene Systemsteuerung. Die Funktion des Systemmanagements übernimmt im Beispiel der Arbeitsvorbereiter. Er kann die Operationen den Maschinen zuordnen und die Folgen festlegen. Da dies situationsbezogen erfolgen muss, kann er nur auf die verfügbaren Maschinen zugreifen.

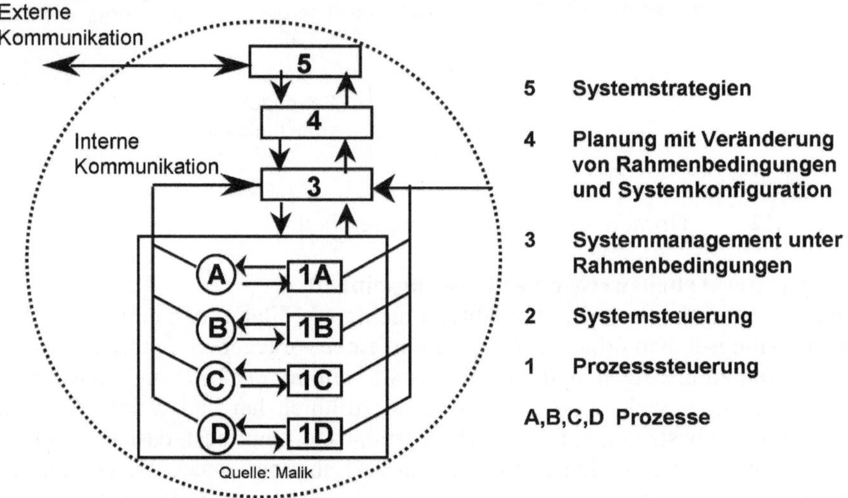

Abb. 3.13   Das innere Managementsystem einer Leistungseinheit

Die Leitung der Werkstatt ist für die vorausschauende Planung und das Controlling zuständig - in der Regel eine Aufgabe der Betriebsingenieure und Meister. Sie planen die Arbeitszeiten und regeln beispielsweise die Urlaubsvertretungen. Sie stimmen die Arbeitszeiten nach flexiblen Modellen ab. Sie können Einfluss auf die Rahmenbedingungen der Werkstatt nehmen. In der obersten Ebene gibt es außerdem die strategische Perspektive. Diese Aufgabe umfasst das Erkennen und Beseitigen von Ineffizienzen, die Planung von Neuerungen und technischen Entwicklungen. Zusammengefasst ergibt sich als inneres Managementsystem:

- Auf der ersten Ebene werden die kurzfristigen Aufgaben gesteuert.
- Auf der zweiten Ebene werden die Synergien innerhalb der Leistungseinheit abgeglichen.

- Auf der dritten Ebene wird die Optimierung unter den herrschenden Rahmenbedingungen (z.B. Verfügbarkeit von Ressourcen) vorgenommen.
- Auf der vierten Ebene wird optimiert, indem Rahmenbedingungen und Systemkonfiguration als veränderlich angesehen werden.
- Auf der obersten Ebene wird vorausschauend und strategisch geplant, um festzustellen, ob die richtige Richtung eingeschlagen wurde bzw. ob die Richtung geändert werden muss.

Das beschriebene Managementsystem ist ebenso wie das Modell der Leistungseinheit auf allen Ebenen eines Unternehmens vom Topmanagement bis hinunter zu den technischen Prozessen anwendbar.

3.6.4 Hierarchie der Systeme

Mehrere Leistungseinheiten können horizontal und vertikal miteinander verknüpft werden und bilden dadurch Leistungseinheiten höherer Ordnung bzw. Netzwerke. Die Art und Weise der Verknüpfung ist standardisiert, aber lose. Aus der horizontalen Sicht ergeben sich die Prozessketten wie z.B. "Angebot – Auftrag – Planung – Herstellung – Versand – Anlieferung".

Vertikal ergibt sich ein hierarchisches Konzept mit den in Abb. 3.14 dargestellten Ebenen. Die Ebenen kann mann auch als Systemebenen bezeichnen, wobei die niedrigere Ebene jeweils ein Subsystem der höheren ist.

Die einzelnen Ebenen werden im Folgenden kurz definiert. Eine ausführliche Darstellung findet sich im Kapitel 9 Produktionssysteme.

3.6.4.1   Produktionsnetzwerk

Als ein Produktionsnetzwerk wird die Gesamtheit der an der Herstellung eines Produktes beteiligten Werke und Fabriken verstanden. In der Regel haben die Montagewerke eine Führungsfunktion, da bei ihnen die Fertigstellung der Produkte nach dem Kundenauftrag erfolgt. Die Montagewerke beziehen Teile und Komponenten von den Zulieferwerken.

Produktionsnetze umfassen alle Vorgänge vom Kundenauftrag bis zur Auslieferung des einzelnen Produktes an den Kunden oder an den Einzelhandel. Sie schließen im Sinne des Stuttgarter Unternehmensmodells sowohl den gesamten Zulieferbereich als auch die Warenflüsse über Logistik-Unternehmen und Spediteure mit ein. Für das Management dieser umfassenden Leistungseinheit können die zuvor am Beispiel einer Werkstatt dargestellten Prinzipien voll angewendet werden.

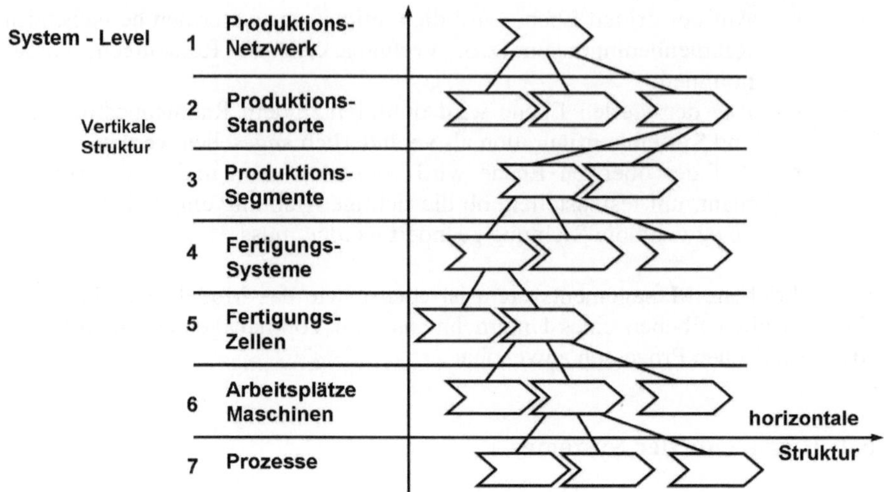

Abb. 3.14   Systemebenen der Produktion

3.6.4.2   Produktionsstandorte

Produktionsstandorte sind die lokalen Standorte mit Produktionsprozessen. Sie verfügen über die peripheren Dienste für die Produktion, wie beispielsweise die Werksplanung, Instandhaltung, Werkzeugbau, aber auch den Sicherheitsdienst, die sozialen Einrichtungen wie Kantinen, Gesundheitsschutz und die örtliche Verwaltung.

Produktionsstandorte nehmen die Rolle als lokaler Arbeitgeber gegenüber den Kommunen und Behörden wahr.

Produktionsstandorte können mehrere so genannte Produktionssegmente umfassen.

3.6.4.3   Produktionssegmente

Die Segmentierung, d.h. Aufteilung eines Standortes in eigenständige Produktionsbereiche, ist eine Methode zur Abgrenzung der Systeme. Segmente sind eigenständige Produktionsbereiche, die beispielsweise als Profitcenter mit eigener Kostenrechnung geführt werden. Man unterscheidet dabei die Segmentierung nach Technologien wie

- Mechanische Fertigung,
- Oberflächenbehandlung,
- Elektrik-Elektronik Fertigung,
- Baugruppenmontage oder Vormontage,
- Endmontage

oder nach Produktgruppen und Märkten, wie beispielsweise nach

- Universalmaschinen, Standardmaschinen,
- Spezialmaschinen

oder nach der Funktion für die Produktion:

- Herstellung,
- Werkzeug- und Formenbau,
- Hilfs- und Versorgungsbetriebe,
- Spedition, Transport und Lager.

Die Segmentierung zeigt sich in der Struktur der Standorte durch abgegrenzte Flächen und Gebäude und eigene Leitungs- und Verwaltungsfunktionen. Vielfach sind periphere Segmente, wie beispielsweise die eigene Spedition, ausgegliedert und Dienstleistern übertragen.

3.6.4.4 Fertigungs- und Montagesysteme

Die Begriffe „Fertigungs- und Montagesysteme" stehen für technische Konzepte der Herstellung. Sie umfassen sowohl die Maschinen und Anlagen als auch die Ver- und Entsorgungssysteme. Fertigungs- und Montagesysteme haben in der Regel einen hohen Automatisierungsgrad. Die Maschinen und Arbeitsplätze sind miteinander durch Lager- und Transporteinrichtungen verkettet. Ferner haben sie ein eigenes Leitsystem. (Siehe Kapitel 9 Produktionssysteme)

3.6.4.5 Fertigungs- und Montagezellen

Dies sind zu einer lokalen Einheit zusammengefasste und meist von einer Arbeitsgruppe betriebene Maschinen und Arbeitsplätze. Die Zusammenstellung dient der Verkürzung der Transportwege und Durchlaufzeiten sowie der Realisierung eines Mehrmaschinenbetriebes bei höherem Automatisierungsgrad. Fertigungs- und Montagezellen sind eigenständige Leistungseinheiten.

3.6.4.6 Arbeitsplätze und Maschinen

Auch Maschinen zur Herstellung und zur Ver- und Entsorgung der Fabriken mit Medien, wie z.B. Gas, Wasser, Druckluft und Information, können als autonome Teilsysteme bzw. Leistungseinheiten betrachtet werden. Kapitalintensive Maschinen werden in der Kostenrechnung gesondert betrachtet. Arbeitsplätze sind die Verrichtungsstellen für manuelle Arbeit oder für die Arbeit mit handgeführten Werkzeugen.

3.6.4.7 Prozesse

Als Prozesse werden die wertschöpfenden und nicht wertschöpfenden Vorgänge bezeichnet. Man unterscheidet dabei zwischen den technischen Prozessen, wie beispielsweise dem Fügen oder Beschichten, und den organisationalen Prozessen, wie beispielsweise dem Planen oder Bestellen von Waren oder dem Konstruieren.

Wird das Konzept der flexibel verknüpften, teilautonomen Leistungseinheiten auf ein Produktionsunternehmen übertragen, entsteht ein temporäres, offenes Produktionsnetzwerk. Dieses hat eine dynamische, auf den individuellen Leistungsprozess bezogene Struktur, deren Konfiguration nur noch von den konkret herzustellenden Produkten abhängt.

3.6.5 Vernetzung und Gesetzmäßigkeiten der Systeme in der Produktion

Der Systemansatz impliziert ein Zusammenwirken aller an den Prozessen beteiligten Elemente. Dabei ist festzuhalten, dass in der physischen Produktion grundlegende Beziehungen zwischen den beteiligten Prozessen bestehen, Dies wird anhand der Abb. 3.15 am Beispiel einer Teilefertigung dargestellt.

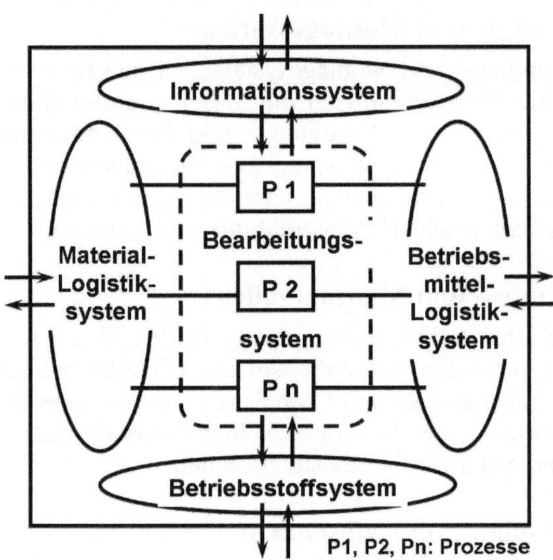

Abb. 3.15   Das Betriebssystem einer Teilefertigung

3.6.5.1   Betriebssystem der Teilefertigung

Kern der Teilefertigung sind die wertschöpfenden Prozesse, die heute mit Werkzeugmaschinen ausgeführt werden. In der Darstellung sind diese als Prozesse P1, P2 bis Pn symbolisch enthalten. Die Maschinen werden von Mitarbeitern betrieben, welche Aufgaben die Bedienung übernehmen. Dazu gehören die Einstellung der Prozessparameter, das Umrüsten bei Auftragswechsel und die Führung und Überwachung der Arbeitsvorgänge. Das Zusammenwirken von automatisch arbeitenden Maschinen und Mitarbeiter wird auch als eine Mensch–Maschine–Schnittstelle bezeichnet.

Mitarbeiter und Maschinen bilden ein „Bearbeitungssystem", das als ein Subsystem bezeichnet werden kann. Das Bearbeitungssystem benötigt Werkstücke (Material), Werkzeuge wie z.B. Fräser, Bohrer, etc. und Vorrichtungen zum Aufspannen der Werkstücke auf den Maschinen. Ferner benötigt es Informationen, wie beispielsweise Zeichnungen, Programme für die Maschinen, Arbeitspläne mit den Arbeitsvorgängen und Anweisungen für die Ausführung der Prozesse, Aufträge mit den herzustellenden Stückzahlen, Fertigungsstellungsterminen und ggf. auch Lohnscheine, wenn der Lohn an die Leistung gekoppelt ist. Die Durchführung der Prozesse erfordert Energie und Betriebsstoffe, wie beispielsweise Kühlschmierstoffe. Es werden Einzelteile erzeugt. Dabei fallen Späne und Abfälle an, die über das System zu entsorgen sind. Es gibt also um das Bearbeitungssystem herum mehrere weitere Subsysteme:

- Informationssystem
- Materialsystem
- Betriebsmittelsystem
- Betriebsstoffsystem
- Energiesystem
- Abfallsystem

Das Material wird durch ein Transport- und Lagersystem bereitgestellt und nach der Bearbeitung in das Lager zurückgeführt. Die einzelnen Teile durchlaufen diesen Prozess so oft, bis alle Arbeitsvorgänge ausgeführt sind. Rohmaterial kommt von außerhalb des Systems. Fertigteile werden nach extern geliefert. Es handelt sich also hier um einen Kreislauf.

Ebenso werden Betriebsmittel häufiger verwendet. Auch diese durchlaufen das Betriebsmittelsystem (Kreislauf) mehrfach und werden im Kreislauf wiederaufbereitet. Wir stellen fest, dass auch im Informationssystem ein Kreislauf durch Zuführen und Rückführen bzw. Rückmelden entsteht. Betriebsstoffe werden ebenfalls mehrfach eingesetzt und im Kreislauf wieder aufbereitet. Lediglich die Energieversorgung und die Abfallentsorgung sind nicht in die Kreisläufe der Werkstatt eingebunden.

3.6.5.2   Gesetzmäßigkeiten des Systems

Dieses System gilt es nun permanent zu optimieren. Wir stellen dabei einige Gesetzmäßigkeiten fest. Zunächst geht es um den Wirkungsgrad des Systems. Der Wirkungsgrad wird an der technischen und zeitlichen Ausnutzung der eingesetzten Ressourcen, also der Menschen, dem Material, den Maschinen, den Betriebsmitteln der Energie etc. gemessen.

1.   Die Teilsysteme und die Elemente des Systems bilden ein komplexes und sich permanent veränderndes Netzwerk.

Das Netzwerk und seine Teilsysteme, sowie deren Komplexität wurden oben beschrieben. Die Veränderungen des Systems ergeben sich durch eine ständige

Veränderung der betrieblichen Aufträge, durch Änderung der Verfügbarkeit einzelner Elemente, wie beispielsweise Abwesenheit von Mitarbeitern, Instandhaltung, Verschleiß von Betriebsmitteln, Veränderung der Lagerbestände und vielen anderen mehr.

2. Der Wirkungsgrad des Gesamtsystems ist eine Funktion des Wirkungsgrades der Teilsysteme

Fallen einzelne Teilsysteme oder Elemente des Systems aus, so sinkt der Wirkungsgrad des Gesamtsystems. Der Wirkungsgrad des Gesamtsystems ist deshalb eine Funktion der Wirkungsgrade der Teilsysteme. Je nach Art der Koppelung kann ein Ausfall eines Elementes das gesamte System stilllegen. Dies würde beispielsweise in einer Transferstrasse beim Ausfall des Transportsystems erfolgen. Andere Teilsysteme sind zeitlich entkoppelt wie beispielsweise die Aufbereitung von Schmierstoffen. Ein Ausfall der entkoppelten Systeme legt nicht gleich das ganze System lahm.

3. Überschüssige Ressourcen senken den Wirkungsgrad

Würde man den Betrieb mit Ressourcen überfüllen, so sänke der Wirkungsgrad. Beispielsweise würde zuviel Material in der Werkstatt zwar helfen, Störungen durch Mängel zu überbrücken, insgesamt ließe sich damit aber keine wesentliche Verbesserung der Auslastung erzielen. Mehr Personal in der Werkstatt als zur Fertigung benötigt wird, steigert die Personalkosten und senkt den ökonomischen Wirkungsgrad. Mehr Werkzeuge im Betrieb als momentan benötigt werden, führen ebenfalls zu einer Verschlechterung des Wirkungsgrades.

Hieraus leitet sich die Forderung nach einer schlanken Produktion ab (siehe Kapitel 9 Produktionssysteme, Lean Manufacturing). Das Ziel ist, Verschwendung von Ressourcen wo immer möglich zu vermeiden. Verschwendung tritt überall dort auf, wo der unmittelbare Nutzen für die Erzeugung von Werten – in unserem Falle die Herstellung der Teile durch die Prozesse – nicht gegeben ist.

4. Fehlende Ressourcen senken den Wirkungsgrad (Gesetz des Minimums)

Das Fehlen von Material oder von Information oder von einzelnen Betriebsmitteln oder Werkzeugen senkt den Wirkungsgrad. Bei der Befolgung der Gesetzmäßigkeit 3, die Überschüsse an Ressourcen permanent zu minimieren, um den Wirkungsgrad zu verbessern, stößt man auf eine Grenze. Zur Durchführung einer geplanten Arbeit müssen alle notwendigen Ressourcen verfügbar sein, aber nur zu diesem Zeitpunkt. Würde etwas fehlen, träte unmittelbar eine Verzögerung und eine Verschwendung ein. Dies nennt man auch das Gesetz des Minimums, das in der Biologie bestens bekannt ist. Das Wachstum einer Pflanze wird durch das Fehlen eines einzigen Stoffes gehemmt. Deshalb der ausgewogene Dünger. Zuviel schadet ebenfalls

Die betriebliche Organisation ist deshalb darauf ausgerichtet, stets nur das zur Verfügung zu halten, was unmittelbar zur Durchführung von Fertigungs- und

Montageaufgaben benötigt wird. Hieraus resultieren die Ansätze der Just-In-Time-Lieferung oder des Lean Manufacturing, aber auch Methoden des Auftragsmanagements und der Kosten- und Wirtschaftlichkeitsrechnung.

In diesem Kapitel wurden die Unternehmen sozusagen aus der Vogelperspektive beschrieben. Es wurden die Wechselwirkungen mit der Umwelt und Vernetzungen dargestellt. Ferner wurden die systemtheoretischen Grundlagen der Organisation der industriellen Produktion mit dem aus der Systemtheorie abgeleiteten Stuttgarter Modell erläutert. Bevor auf die einzelnen Teilbereiche eingegangen wird, sollen zunächst die Ziele und Bewertungssysteme der Organisation vorgestellt werden.

4 Ziele der Organisation der Produktion

Unternehmen setzen sich Ziele und geben diese über die Organisation an alle Bereiche, Abteilungen und Mitarbeiter weiter. Sie richten Organisationen, wie z.B. das Qualitätsmanagement oder das Contolling ein, um die Zielerreichung zu steuern und die Zielerfüllung zu überwachen. Sie richten Stäbe ein, um besonderen Zielen Rechnung zu tragen, wie beispielsweise dem Energie- und Umweltmanagement. Woher kommen die Ziele und welches sind die zentralen Ziele der Leistungsentwicklung?

4.1 Rechtliche Verpflichtungen

Unternehmen sind Körperschaften des öffentlichen Rechts und unterliegen in allen ihren Aktivitäten den Gesetzen und Vorschriften des Staates. Deren Einhaltung und Erfüllung und teilweise Übererfüllung ist die erste Verpflichtung, aus der sich Ziele und Handlungsweisen ableiten lassen. Beispiele dieser Verpflichtungen sind z.B. die Altauto-Rücknahme oder die Einhaltung der vom Gesetz vorgegebenen Arbeitsverordnungen bezüglich Arbeitszeiten und Arbeitssicherheit. Hier sei auf die wesentlichen Gesetze wie das Betriebsverfassungsgesetz, die Gesetze zur Produkthaftung oder auch die Gesetze zur Einhaltung von Grenzwerten für Emissionen verwiesen.

Eine weitere Verpflichtung ergibt sich aus den technischen Regelwerken und Richtlinien, wie beispielsweise Normen oder Zulassungsbedingungen für den Betrieb von Anlagen. Auch hier sei auf die umfangreichen Regelwerke verwiesen.

Unternehmen stehen im internationalen und globalen Wettbewerb. Deutsche Unternehmen können sich in diesem Wettbewerb unter den bekannten schlechten Rahmenbedingungen, wie beispielsweise hohen Personalkosten und hohen sozialen Standards nicht allein mit innovativen Produkten behaupten, sondern sie sind auch gezwungen, permanent hohe Leistung und Effizienz in der Produktion zu erreichen.

4.2 Ziele aus Interessenlagen

Bei der Formulierung von Zielsetzungen, aus denen sich konkrete Handlungsweisen ableiten lassen, stoßen Unternehmen jedoch unmittelbar auf Interessengruppen mit direktem Einfluss auf die Ziele. Die wichtigsten Interessengruppen sind:

- Die Kapitalgeber, die eine Rendite ihrer Kapitalanlagen erwarten
- Die Kunden, welche hohe Qualität zu niedrigen Kosten erwarten
- Die Mitarbeiter, welche, neben einer Sicherung der Beschäftigung, auch hohe Löhne und Gehälter sowie die Einhaltung sozialer Standards erwarten
- Die Öffentlichkeit, die nicht nur die Einhaltung der Gesetze, sondern auch Steuern und ein Engagement für die öffentlichen Belange erwarten.

Abb. 4.1 zeigt die wesentlichen Einzelziele, die sich aus den verschiedenartigen Interessen ergeben.

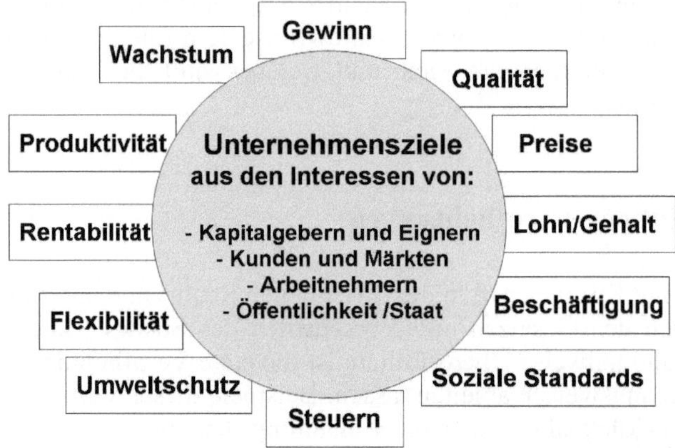

Abb. 4.1   Aus Interessen an den Unternehmen resultierende Ziele

Das Management, das bemüht sein muss, operative und strategische Ziele für das Unternehmen zu verfolgen, muss die Ziele vorgeben und diese in der Organisation verfolgen und verankern. Dabei zeigen sich schnell Zielkonflikte. Die einzelnen Ziele sollen nun näher erläutert oder definiert werden.

4.2.1 Aus dem Kapitaleinsatz resultierende Ziele

Die Kapitalgeber stellen dem Unternehmen Mittel in Form von Eigenkapital oder von Krediten (Fremdkapital) zur Finanzierung von Investitionen und Vermögenswerten zur Verfügung. Sie erwarten einen *Gewinn* und eine ausreichende *Rendite* – mindestens in der Höhe marktüblicher Zinsen – aus den Betriebsgewinnen und eine Rückführung der Kredite im vereinbarten Zeitraum. Sie suchen nach einfachen Kennwerten, aus denen sich die Leistungsentwicklung des Unternehmens ableiten lässt.

Ein moderner Begriff ist der des „Shareholder Value". Wörtlich übersetzt bedeutet er nichts anderes als „Aktionärswert". Er konzentriert die vielen Facetten des Unternehmenserfolgs aus Sicht von Investoren, wie von Managern, auf eine einzige Messgröße: Die Aktienrendite. Mit dem Shareholder-Value-Ansatz wird untersucht, ob es dem Management eines Unternehmens gelingt, unter Berücksichtigung des bestehenden Geschäftes und unter Beachtung der zur Erhaltung der Marktposition notwendigen Investitionen, neben einer angemessenen Verzinsung seines Kapitaleinsatzes, auch den Unternehmenswert von einer zur nächsten Periode zu erhöhen.

Zur Bewertung der Risiken und Ertragsfähigkeit sowie der Investitionen wird als Kennwert die *Rentabilität* benutzt.

Die *Rentabilität* drückt das Verhältnis einer Gewinngröße zu anderen betrieblichen Größen aus, die diesen Gewinn miterwirtschaftet haben. So misst z.B. die Umsatzrentabilität den Anteil des Gewinns am Umsatz vor Abzug von Ertragsteuern und Zinsen und gibt an, wie viel an jeder umgesetzten Geldeinheit "verdient" wurde.

Konkret heißt dies zum Beispiel: Gewinnanteil durch die Investition oder bezogen auf die Höhe der Investition. In dieser Größe kommt das betriebswirtschaftliche Interesse an Kapitalanlagen in Unternehmen zum Ausdruck.

Die *Produktivität* knüpft an das Transformationsmodell an. Sie ist definiert als Output zu Input und kann anhand quantifizierbarer Faktoren gemessen werden (Abb. 4.2)

$$\text{Gewinn} = \text{Output} - \text{Input} = \text{Faktormenge Output} - \text{Faktormenge Input}$$

$$\text{Produktivität} = \frac{\text{Output}}{\text{Input}} = \frac{\text{Faktormenge Output}}{\text{Faktormenge Input}}$$

Beispiele:

$$\text{Arbeitsproduktivität einer Produktart} = \frac{\text{Produzierte Mengeneinheit einer Produktart pro Periode (Output)}}{\text{Anzahl der eingesetzten Arbeitsstunden für eine Produktart pro Periode (Input)}}$$

$$\text{Betriebsmittelproduktivität einer Produktart} = \frac{\text{Produzierte Menge einer Produktart pro Periode (Output)}}{\text{Anzahl der eingesetzten Maschinenstunden für eine Produktart pro Periode (Input)}}$$

Faktormenge Output: Stückzahl, Gewicht, Erlöse
Faktormenge Input: Material Geld, Gewicht, Maschinen Anzahl, Stunden,
                     Energie, Fläche, Kapital
                     Mitarbeiter Anzahl, Stunden

Abb. 4.2   Definitionen zu Gewinn und Produktivität

Abb. 4.2 zeigt die Definitionen und nennt einige Beispiele der Anwendung des Begriffs Produktivität. Viele andere Kombinationen sind möglich, um die Gesamtleistung eines Unternehmens oder von Teilen des Unternehmens zu bewerten. Im

Stuttgarter Unternehmensmodell (Kapitel 3.6) wurden Leistungseinheiten definiert. Auf diese lässt sich die Zielgröße ebenfalls anwenden. Die Zielgröße Produktivität kann deshalb individuell an die spezifischen Merkmale der Unternehmen angepasst werden. Unternehmen erhalten damit eine Zielgröße, die ihnen eine
sachorientierte Vorgabe von quantifizierbaren Leistungszielen ermöglicht.

4.2.2 Ziele aus Kunden- und Marktinteressen

Ist die Nachfrage nach bestimmten Produkten größer als das Angebot, es gibt also
mehr Käufer als Produkte, so wird von einem *Verkäufermarkt* gesprochen. In
einem Verkäufermarkt legt der Hersteller den Preis auf Basis der ihm entstehenden Kosten zuzüglich seinem Gewinn für dieses Produkt fest. In den heutzutage
globalen Märkten kann in den meisten Bereichen der westlichen Volkwirtschaften
von einem gesättigten Markt ausgegangen werden. In diesem Fall ist von einem
Käufermarkt die Rede. In einem Käufermarkt bestimmt die Anspruchsklasse des
Kunden den Preis, den er für ein bestimmtes Produkt für angemessen hält.

Das Interesse der Kunden besteht nicht nur an dem Kauf eines Produktes, sondern auch an dessen Qualität und Zuverlässigkeit sowie an niedrigen Preisen. Die
Kunden üben damit einen erheblichen Druck auf die Unternehmen und ihre internen Ziele aus. Aus den Kundenforderungen ergibt sich die Notwendigkeit zur
Erreichung der geforderten Qualität:

Qualität ist nicht die technisch erzeugbare Qualität, sondern die vom Kunden
erwartete Qualität eines Produktes.

Preise legt der Markt fest. Die Preisgestaltung orientiert sich an den Kosten der
Herstellung, wird aber über den Markt definiert, d.h. es kann also große Abweichungen zwischen Kosten und Preisen geben. Um Produkte erfolgreich und ohne
Verluste zu verkaufen, müssen die Kosten unterhalb der Preise liegen. In einem
hart umkämpften Markt führt dies zu einem ständigen Druck auf die Kosten. Andererseits versuchen Unternehmen sehr früh herauszufinden, welche Preise für ein
Produkt die Kunden bereit sind zu bezahlen, um daraus Zielvorgaben für die Konstruktion und die Herstellkosten zu gewinnen.

In vielen Bereichen der Wirtschaft sind darüber hinaus auch die *Lieferfristen*
und *Liefertermine* von herausragender Bedeutung. Es ist bekannt, dass eine verspätete Markteinführung eines Produktes oft zu Verlusten am Markt führt. Im
Maschinen- und Anlagenbau sind verspätete Auslieferungen in der Regel mit
Vertragsstrafen und Abschlägen am Kaufpreis verbunden. Bei Verzügen in der
vereinbarten Just-In-Time-Lieferung sind ebenfalls Vertragsstrafen fällig. Kommt
es zum so genannten Bandabriss, d.h. zum Stillstand einer Montage, droht der
Verlust des Kunden. Die Einhaltung der Liefertermine wird zum entscheidenden
Ziel der Operationen der Produktion.

Da die Bedarfe der Kunden nach Art, Menge und Qualität der Produkte nicht
vorhersehbar sind, müssen Unternehmen sich auf eine schnelle Anpassung an
Veränderungen der Nachfrage einstellen. Die hieraus resultierende Zielgröße heißt

„Flexibilität". Mit Flexibilität wird die Geschwindigkeit und der Aufwand zur Umstellung einer Produktion bezeichnet. Dieser Aufwand ist in der Fertigung an den Umrüstungen der Maschinen und Anlagen messbar. Es gibt aber auch eine Kapazitätsflexibilität. Darunter versteht man die Veränderung der Nutzungszeiten von Maschinen und Anlagen.

4.2.3 Ziele aus Mitarbeiterinteressen

Mitarbeiter beziehen für ihre Arbeit einen Lohn oder ein Gehalt. Lohn erhalten die in der Produktion unmittelbar an der Herstellung beteiligten Mitarbeiter in der Regel entsprechend der gültigen Tarife. Gehalt beziehen die Mitarbeiter im Angestelltenverhältnis. Beide Gruppen haben ein Interesse an steigenden und außergewöhnlichen Leistungen. Die Arbeitgeber werden dann bereit sein, höhere Löhne und Gehälter zu zahlen, wenn dafür eine höhere Leistung erbracht wird. Deshalb werden in den Unternehmen leistungsfördernde Entlohnungssysteme eingesetzt oder Prämien für besondere Leistungen, wie beispielsweise für Verbesserungen vergeben. Forderungen nach höheren Löhnen und kürzeren Arbeitszeiten treiben die Produktionskosten in die Höhe und müssen durch Leistungssteigerungen kompensiert werden, wenn sie nicht an die Kunden durch Preiserhöhung weitergegeben werden können.

Die *Lohn- und Gehaltskosten* haben den höchsten Anteil an den Kosten der Produktion. Aus diesem Grunde wird ein Ersatz manueller Arbeit durch Automaten immer dann vollzogen werden, wenn die Kosten der Automaten unterhalb der Personalkosten liegen.

Der Arbeitsmarkt, der Staat und die Gesellschaft sind gleichermaßen an einer Ausweitung der Anzahl der in den Unternehmen beschäftigten Mitarbeiter (*Beschäftigung*) interessiert. Dies kann nur gelingen, wenn sich ein nachhaltiges Wachstum mit insgesamt profitablen Ergebnissen einstellt.

Soziale Standards der Arbeit sind zum Teil durch den Gesetzgeber definiert. Sie müssen erfüllt werden. Es können jedoch Leistungssteigerungen durch eine ergonomische Gestaltung der Arbeitsplätze erreicht werden. Ferner tragen Maßnahmen zum Gesundheitsschutz oder zur Reduzierung der Unfälle zur Verbesserung der Ergebnisse bei. Hier stimmen Interessen von Mitarbeitern und Unternehmen überein. Deshalb zählt die leistungsförderliche Gestaltung der Arbeitsplätze zu den grundlegenden Zielen der Unternehmen.

4.2.4 Ziele aus dem öffentlichen Interesse

Dass der Staat ein Interesse an den Steuereinnahmen der Betriebe hat, ist wohl bekannt. Es gibt aber darüber hinaus noch zahlreiche Aspekte des öffentlichen oder gesellschaftlichen Interesses an den konkreten Zielen der Unternehmen. Ein derartiger Bereich ist der Umweltschutz. Hier wirken zahlreiche Verordnungen und Gesetze bereits regulierend. Dennoch bleibt ein großer Handlungsspielraum in Bezug auf die Höhe der Erfüllung der Mindestauflagen der Gesetze. Im Bewusstsein der hohen gesellschaftlichen Relevanz haben viele Unternehmen sich selbst verpflichtet, ihre Möglichkeiten zum Schutz der Umwelt voll zu nutzen und haben dies in den internen Zielen auch für ihre Mitarbeiter verankert.

 In erster Linie ist die Findung konkreter Unternehmensziele eine Frage der Bewertung der einzelnen Ziele, der Organisation und der eingesetzten Methoden. Für die Operationen benötigen Mitarbeiter des Unternehmens konkrete Leistungsziele, die sie dann bei ihrem Handeln berücksichtigen können. Welche Leistungs-Ziele aber muss ein Unternehmen verfolgen, um sich im Wettbewerb behaupten zu können?

   Aus den oben angeführten Interessen und daraus abgeleiteten Zielen kann eindeutig der Schluss gezogen werden, dass

- Qualität,
- Zeit und
- Kosten

die wichtigsten Kriterien für Leistungsziele sind. Sie beeinflussen alle quantifizierbaren Ziele und Bewertungsmaßstäbe und haben daher eine zentrale Bedeutung. Bei der Verfolgung dieser Ziele zeigt sich gleichzeitig ein Zielkonflikt.

4.3   Leistungsziele der Produktion

Unternehmen folgen langfristig dem Ziel, Gewinne zu erwirtschaften. Der Gewinn ergibt sich aus der Differenz von Output zu Input oder in Geld bewertet:

Gewinn = Erlös – Aufwand   oder auf einen Zeitraum bezogen
Gewinn = Umsatz – Kosten im Zeitraum

Eine Steigerung des Erlöses ist nur möglich, wenn die Kunden und Märkte größere Mengen abnehmen, was mit der Leistungsfähigkeit und Qualität der Produkte und den Preisen im Verhältnis steht. Lässt sich der Umsatz bei gleichen Kosten nicht steigern, so bleibt die Zielsetzung: Senkung der Kosten.

Aber auch die anderen Interessen und Einflussfaktoren bestimmen die wesentlichen Leistungsziele. Sie stellen das Dreieck aus *Kosten, Qualität* und *Zeit* dar (Abb. 4.3). Natürlich ist es in Bezug auf Rentabilität und Gewinn des Unternehmens extrem wichtig, die Kosten zu senken, aber insbesondere in den letzten Jahren wurden die Faktoren Qualität und Zeit immer wichtiger für die langfristige Erfolgssicherung des Unternehmens.

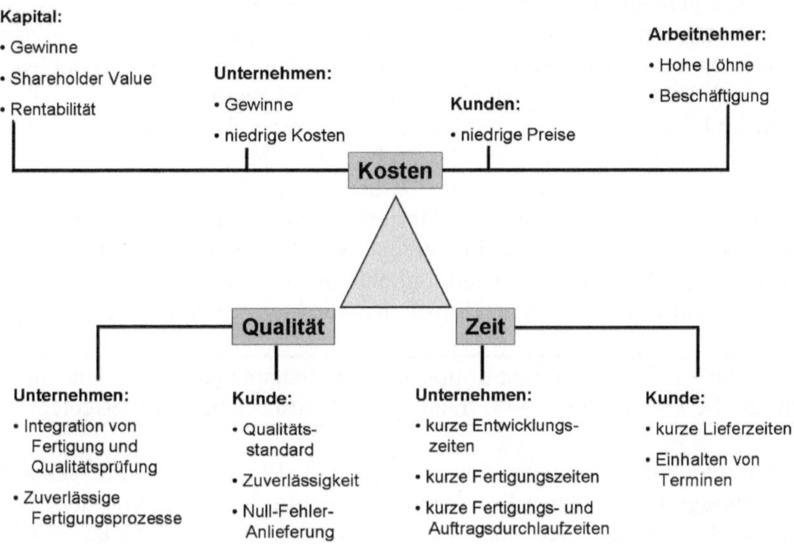

Abb. 4.3   Leistungsziele: Qualität, Zeit und Kosten

Seit Mitte der achtziger Jahre gab es im Bereich der Qualitätssicherung bzw. des Qualitätsmanagements viele strukturelle Veränderungen. Zuverlässige Fertigungsprozesse und die Vermeidung von Fehlern durch geeignete Konstruktion und durch eine Optimierung der Produktionsprozesse bis hin zu „Null-Fehlern" und minimalem Ausschuss haben zu einem sehr hohen Qualitätsniveau geführt.

Eine ähnliche Entwicklung ergibt sich heute bei den „Zeitzielen". Die dynamischen Märkte verlangen immer kürzere Zeiten für die Entwicklung, die Fertigung und Auslieferung, eine Just-in-Time-Lieferung und minimale Ressourcen und Umlaufbestände an Material im Unternehmen, ist ohne ein exaktes Einhalten der Liefertermine nicht denkbar.

Die Zeitziele betreffen nicht allein die Durchlaufzeiten der Aufträge durch die Fabriken, sondern auch die Zeiten der Ausführung einzelner Vorgänge. Zeiten und Kosten verhalten sich hier nahezu proportional. Je kürzer die Bearbeitungszeiten, umso geringer sind Lohn- und Maschinenkosten.

Mit einer Verkürzung der Zeiten sinken die Kosten. Gleichzeitig besteht aber die Gefahr höherer Qualitätsverluste. Es ist sicher auch so, dass eine höhere Qualität im Grundsatz auch zu längeren Zeiten und zu höheren Kosten führt.

4.3.1 Qualität

Qualität wird ein immer entscheidenderer Faktor für den langfristigen Markterfolg und somit den Fortbestand eines Unternehmens. Vereinfacht lässt sich Qualität als Erfüllung der Anforderungen von Kunden, Markt, Unternehmensleitung, Gesetzen und Normen definieren. Um diese Qualitätsziele zu erreichen, ist ein gezieltes

Qualitätsmanagement erforderlich. Grundlage eines effektiven Qualitätsmanagements sind stets Daten und Informationen, die in den operativen und administrativen Prozessen eines Unternehmens erfasst, verwaltet und ausgewertet werden müssen. Auf diese Weise lassen sich Probleme frühzeitig erkennen und deren Ursachen und Folgen schnell analysieren. Nach einer Bewertung können dann Maßnahmen generiert werden, um die Probleme zu beseitigen und zukünftig zu verhindern. Es steht eine Vielzahl an Methoden zur Verfügung, die helfen, ein Qualitätsmanagement gezielt und strukturiert in einem Unternehmen umzusetzen und zu leben. Die Statistische Prozessüberwachung (SPC), Quality Function Deployment (QFD) und die Fehlermöglichkeits- und Einflussanalyse (FMEA) sind nur drei von vielen möglichen Beispielen, die hier genannt werden sollen.

Die Aufbau- und Ablauforganisation des Qualitätsmanagements sind in der Normfamilie DIN EN ISO 9000 ff. ausführlich beschrieben und festgelegt.

Qualität bezieht sich nicht nur auf das zu fertigende Produkt, sondern auch auf die zur Herstellung erforderlichen Prozesse und Abläufe. Sie reicht von der Prozessfähigkeit und -sicherheit der einzelnen Prozesse bis hin zur Arbeitsqualität und ergonomische Gegebenheiten für den Mitarbeiter. Qualität bedeutet somit Transparenz in der Fertigung, Sicherheit in den Prozessen und die Wahrung der Qualitätsstandards. Qualität ist somit kein abstrakter Begriff und wird nicht „erprüft", sondern muss produziert werden. Mittels eines gelebten Qualitätsbewusstseins wird eine permanente Verbesserung mit dem Idealziel einer Null-Fehler-Produktion angestrebt. Die vier wichtigsten Unterziele des Unternehmensziels Qualität sind:

- Geringe Ausfallraten
- Niedrige Fehlerquoten
- Eine hohe Produktqualität und
- wenig Nacharbeit.

4.3.2 Zeiten

Zeit spielt für produzierende Betriebe in zweierlei Hinsicht eine wichtige Rolle. Zum einen ist in der heute sehr schnelllebigen Zeit eine schnelle Umsetzung von neuen Technologien und Innovationen in die Produktion und die Produkte einer der entscheidenden Faktoren für den Erfolg eines Unternehmens. Es ist hier auch vom *time to market* die Rede. Auf der anderen Seite muss der Markt schnell und zuverlässig bedient werden. Eine termingerechte und reibungslose Auslieferung der Produkte an den Kunden sind überlebenswichtig für jede produzierende Unternehmung (*time to costumer*). Jede Verzögerung in der Fertigung und Auslieferung eines Produktes verärgert nicht nur den Kunden, sondern bindet auch Kapital für das Material im Umlauf; für unfertige Produkte; Kosten von Maschinen und Personal.

Die komplette Zeit, die vom Auftragseingang im Vertrieb, über die Herstellung in der Produktion, bis zur Auslieferung durch den Versand verstreicht, wird als Gesamtdurchlaufzeit bezeichnet. Sie setzt sich aus der Durchlaufzeit der einzelnen Teile in der Fertigung und aus der Montage zusammen. Die Durchlaufzeit einzelner Teile ist in Abb. 4.4 schematisch dargestellt.

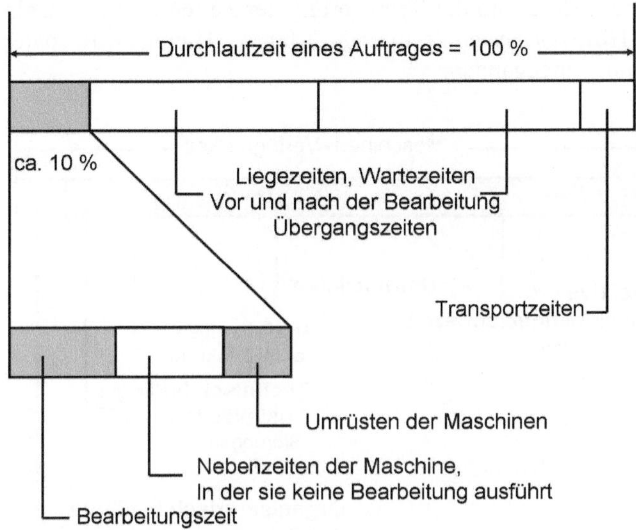

Abb. 4.4   Durchlaufzeit eines Fertigungsauftrages

> Die Durchlaufzeit von Einzelteilen setzt sich aus verschiedenen Einzelzeiten zusammen und ist die Summe aus Vorbereitungs- und Organisationszeiten, Rüstzeiten, Prozesszeiten, Prüfzeiten, Transport- und Liegezeiten sowie Nebenzeiten, wie z.B. zum Verpacken, Beschriften, Etikettieren, usw.

Die Durchlaufzeit ist in erster Linie von der Organisation der Abläufe im Unternehmen und von Kapazitäten und Auslastungen der betroffenen Bereiche im Unternehmen abhängig. Es wird deutlich, dass nur während eines Bruchteils der Durchlaufzeit ein tatsächlicher Wertzuwachs erzielt wird.

Eine andere wichtige Zeitgröße ist die Nutzungszeit der Maschinen, welche sich von der Verfügbarkeitszeit unterscheidet. Die Maschinen sind im Grundsatz an allen Tagen des Jahres über 24 Stunden verfügbar. Aufgrund gesetzlicher und betrieblicher Regularien wird diese Zeit jedoch auf die Betriebszeiten, die betrieblichen Arbeitstage und die täglichen Arbeitsstunden (je nach Schichtbetrieb und 8 Stunden/Schicht) bewusst eingegrenzt. Innerhalb der Verfügbarkeitszeit kommt es wie in Abb. 4.5 dargestellt zu Nutzungsverlusten.

Zeitliche Nutzungsverluste entstehen durch Wartezeiten, weil keine Aufträge vorhanden sind, oder durch technischen Ausfall und Störungen. Eine Fehlproduktion, d.h. Herstellung fehlerhafter Teile, reduziert die effektive Nutzung genauso wie Umrüstungen und Einstellungen. Erst der Rest der Verfügbarkeit kann für die

Arbeit genutzt werden. Allerdings verlieren Maschinen Nutzungszeiten durch Vorgänge, wie den Wechsel von Werkzeugen oder Werkstücken und Bewegungen. Diese maschinenbedingten Zeiten werden Nebenzeiten genannt.. Der Rest steht erst für die wertschöpfende Arbeit als so genannte Hauptzeit zur Verfügung.

Eine dritte Zeitbetrachtung betrifft die Arbeits- und Prozesszeiten der Werkstücke. Auch dabei geht es um die Reduzierung der Zeiten für die einzelnen Arbeitsvorgänge mit Hilfe der besten Fertigungsverfahren. Hierauf wird später im Kapitel 7 Arbeitsplanung eingegangen.

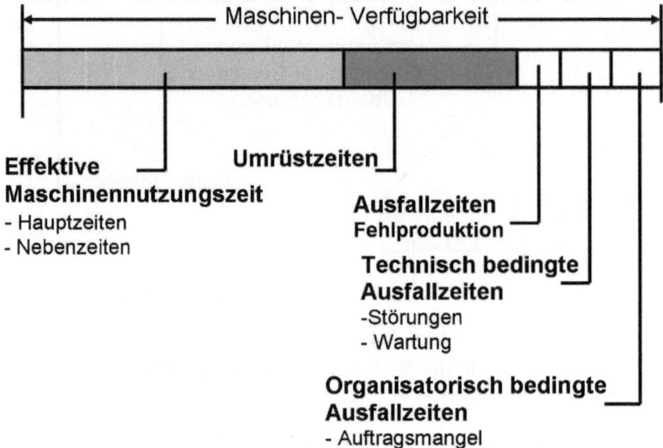

Abb. 4.5   Maschinennutzungszeiten

Zusammenfassend lassen sich als angestrebte Ziele für den Faktor Zeit nennen:

- Schnelle Lieferzeiten,
- Minimale Durchlaufzeiten
- Minimale Rüstzeiten
- Maximale effektive Nutzungszeiten der Maschinen
- Kurze Bearbeitungszeiten

4.3.3 Kosten

Ziel eines jeden Unternehmens ist es, wirtschaftlich zu agieren. Es wird deshalb anstreben, durch rationell bestimmtes Handeln den gewünschten Ertrag mit möglichst geringem Aufwand an Mitteln oder umgekehrt mit bestimmten, beschränkten Mitteln einen möglichst großen wirtschaftlichen Ertrag zu erreichen. Unternehmen sind gezwungen, die eigenen Kosten den Preisen des Käufermarktes unterzuordnen. Ist das Unternehmen in der Lage, diese Kosten unter dem Marktpreis des Produktes zu halten, so macht es Gewinn, im entgegengesetzten Fall Verlust. Eines der drei Leistungsziele für die Organisation der Produktion ist es somit, die zur Herstellung entstehenden Kosten auf ein Minimum zu reduzieren, um so den Gewinn zu maximieren. Kosten bei der Herstellung eines Produktes entstehen nicht nur durch Material- und Energieverbrauch bei den direkten wertschöpfenden Prozessen und dem damit verbundenen Personalaufwand, sondern auch in vielen vor- und nachgeschalteten sowie parallel ablaufenden Geschäftsprozessen. Ein Beispiel sind die Logistikkosten, die bei der Koordination aller inner- und überbetrieblichen Material- und Informationsflüsse entstehen (vgl. [45]).

Es liegt nahe, dass die Reduzierung der Kosten ein zentrales Anliegen der Produktion ist. Allerdings kann dies nur innerhalb der von den Märkten geforderten Qualität und unter den vielen von extern beeinflussten Bedingungen bestehen.

Zentrale Ansätze zur Reduzierung von Kosten ergeben sich z.B. auch aus den systemtechnischen Konzepten des Stuttgarter Unternehmensmodells, insbesondere in Bezug auf die Vermeidung von Verschwendungen jeglicher Art.

Aufgrund der hohen Bedeutung der Kosten als Ziel- und Führungsgröße und auf die Methoden der Kalkulation wird im folgenden Kapitel 5 „Kostenrechnung" ausführlicher eingegangen.

5 Kostenrechnung

Um ein Unternehmen ziel- und zukunftsorientiert führen zu können, benötigt das Management transparente Kennzahlen, welche die entstandenen und entstehenden Kosten und deren Entstehungsorte und Ursachen offen wiedergeben. Hierzu ist eine einheitliche Kostenrechnung erforderlich. In diesem Kapitel werden die Grundlagen zur Kostenrechnung vermittelt. Dazu werden zunächst die wichtigsten Begriffe beschrieben und deren Zusammenhänge besprochen.

5.1 Grundbegriffe des betrieblichen Rechnungswesen

Das betriebliche Rechnungswesen beschäftigt sich im Kern mit der Veränderung der betrieblichen Vermögen und der Werte. Das System nimmt Bezug auf das Transformationsmodell (siehe Kapitel 3) und soll eine Transparenz der Veränderungen herstellen. Abb. 5.1 gibt einen Überblick über die Begriffszusammenhänge des betrieblichen Rechnungswesens.

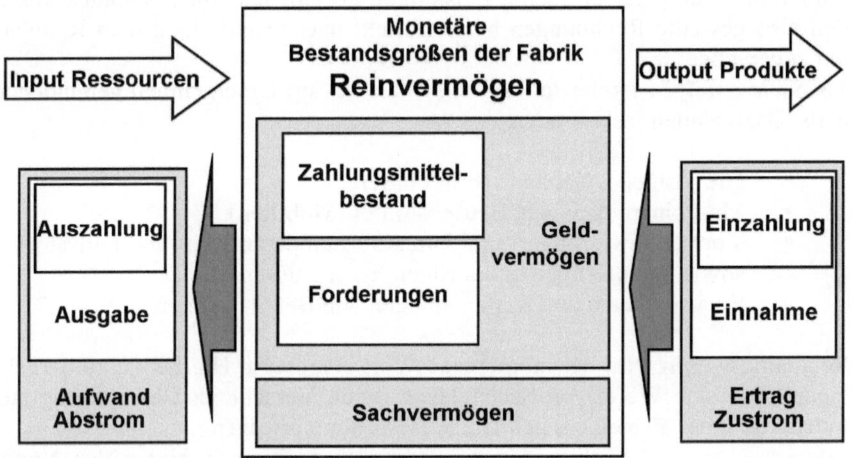

Abb. 5.1   Begriffe des betrieblichen Rechnungswesens

Innerhalb des Rechnungswesens wird zunächst zwischen Bestands- und Flussgrößen unterschieden. Bestandsgrößen sind Größen, die, ausgehend von einem bestimmten Wert, im Laufe der Zeit ausschließlich durch Zuflüsse vergrößert und durch Abflüsse verringert werden. Somit handelt es sich z.B. bei einem Kontostand um eine Bestandsgröße mit den Zu- bzw. Abflüssen in Form von Zu- und Abbuchungen. Ein weiteres Beispiel für eine Bestandsgröße ist die Menge an Treibstoff in einem Autotank. Hier wäre das Tanken an der Tankstelle als Zufluss und der Kraftstoffverbrauch bzw. die Kraftstoffverdunstung als Abfluss zu sehen (siehe hierzu auch [16-18, 45, 46]).

5.1.1 Bestandsgrößen und Reinvermögen

Einer Bestandsgröße können mehrere Zu- und Abflüsse zugeordnet sein, wie z.B. bei der Bestandsgröße Bevölkerungsstand, der durch Geburten, Zuwanderung, Sterbefälle und Abwanderung beeinflusst wird. Bestandsgrößen repräsentieren den momentanen Zustand des Systems und stellen die Grundlage für Entscheidungen dar. Bestände verleihen einem System zum einen Trägheit und Erinnerungsvermögen, zum anderen aber auch eine Dynamik in den Ungleichgewichten von Zuund Abflüssen. Bestandsgrößen sind somit zeitpunktbezogen, während Flussgrößen zeitintervallbezogen sind. Zusammenfassend handelt es sich bei Bestandsgrößen um stichtagbezogene Größen, bei Flussgrößen um Vorgänge, die sich innerhalb einer bestimmten Periode ereignen und zu einer Veränderung der Bestandsgrößen führen.

Zahlungsmittel setzen sich aus den Kassenbeständen und den verfügbaren Bankguthaben zusammen. Die Summe der Zahlungsmittel und der Forderungen stellt das *Geldvermögen* dar. *Forderungen* sind offene Rechnungen, die das Unternehmen an andere für erbrachte Leistungen gestellt hat. Im Rechnungswesen werden also gestellte Rechnungen bereits direkt nach Ausstellung dem Reinvermögen zugerechnet.

Das *Sachvermögen* ist der momentane Wert des im Unternehmen gebundenen Kapitals. Dazu zählen insbesondere:

- Grundstücke, Gebäude (Immobilien)
- Maschinen, Anlagen, Betriebsmittel (Mobilien)
- Vorräte sowie Lager- und Umlaufbestände an Roh- und Hilfsstoffen sowie an unfertigen und fertigen Erzeugnissen
- Finanzanlagen und Kapitalanlagen wie Beteil-igungen

Im Rechnungswesen wird der momentane Wert eingesetzt. Hierbei ist zu berücksichtigen, dass sich Werte von Sachanlagen durch Verschleiß, Überalterung etc. verändern. Es muss also eine regelmäßige Bewertung erfolgen.

Geldvermögen und Sachvermögen zusammen genommen bilden das Nettobzw. *Reinvermögen*. Kommt es zu einer Erhöhung des Reinvermögens, spricht man vom *Ertrag*. Wird hingegen das Reinvermögen vermindert, wird von einem *Aufwand* gesprochen.

5.1.2 Zustrom

Unternehmen stellen Erzeugnisse her und erhalten hierfür von den Kunden eine monetäre Gegenleistung. Hieraus, aber auch aus anderen Verkäufen, wie z. B. dem Verkauf gebrauchter Maschinen oder dem Verkauf von Immobilien oder von Anteilen an anderen Unternehmen, ergibt sich ein Zustrom an Vermögen in den Bestand oder eine Änderung der Werte des Bestandes an Zahlungsmitteln und Sachvermögen. Letzteres ist für die Kostenkalkulation sehr wichtig, denn durch einen Verschleiß und eine Abnutzung oder Überalterung verändern sich die Werte der Sachvermögen. Deshalb muss der Verursacher hierfür eine Kompensation durch Rückführung von Beträgen in das Geldvermögen leisten. Dieser Mechanismus erklärt die Abschreibungen, die im weiteren Verlauf behandelt werden.

Es kommt durch den Zustrom in Form realer Einzahlungen und Einnahmen zu einer positiven Veränderung der Vermögen. Unter einer *Einzahlung* wird der Zugang in den Zahlungsmittelbestand, d. h. die Summe aus Kassenbeständen und den jederzeit verfügbaren Bankguthaben, verstanden. Man unterscheidet dabei folgende Vorgänge:

Einnahmen sind der Zugang in das Geldvermögen, d. h. die Summe aus Zahlungsmittelbestand und sonstigen Forderungen abzgl. Verbindlichkeiten. *Einnahmen die zugleich Erträge* (und umgekehrt) darstellen, führen zu einer Erhöhung des Geldvermögens bei gleichzeitiger Erhöhung des Nettovermögens. Dieser Fall liegt zum Beispiel vor, wenn ein Unternehmen die von ihm produzierten Produkte verkauft.

5.1.3 Abstrom

Unternehmen müssen für ihren Input bezahlen. Dabei handelt es sich um viele Posten, wie beispielsweise Löhne und Gehälter, oder um Teile, die von Zulieferern gefertigt wurden. Ebenso fallen hierunter die Anschaffungskosten für Maschinen und Anlagen oder für Grundstücke und Gebäude. Es wird unmittelbar ausgezahlt oder eine Verpflichtung für eine Zahlung übernommen, die man „Verbindlichkeit" nennt. Verbindlichkeiten sind also auch offene Rechnungen, die das Unternehmen noch nicht bezahlt hat.

Eine Verpflichtung für eine Zahlung entsteht bereits bei der Anlieferung einer Ware und bei deren Bestätigung durch einen Lieferschein. An diesem Punkt wechselt juristisch der Besitzer. Das öffentliche Recht gibt dem Abnehmer, wenn er mit seinem Lieferanten nichts anderes vereinbart hat, nur eine kurze Frist zu Reklamation. Nach der Frist besteht die Verpflichtung zur Auszahlung.

Unter *Ausgaben* wird der Abgang aus dem Geldvermögen, d. h. der Summe aus Zahlungsmittelbestand und sonstigen Forderungen abzgl. Verbindlichkeiten verstanden.

Unter einer *Auszahlung* wird der Abgang aus dem Zahlungsmittelbestand, d. h. der Summe aus Kassenbeständen und den jederzeit verfügbaren Bankguthaben verstanden. *Ausgabe gleich Auszahlung* (und umgekehrt) liegt dann vor, wenn der

Zahlungsmittelbestand sich vermindert ohne Veränderung von Forderungen und Verbindlichkeiten, z.B. beim Bareinkauf von Material.

Ausgaben, die keinen Aufwand darstellen, haben eine Verringerung des Geldvermögens bei gleichzeitiger Erhöhung des Reinvermögens zur Folge. Dies ist z.B. beim Kauf einer Maschine oder von Rohmaterial auf Lager der Fall. *Ausgaben, die zugleich Aufwendungen* sind, verringern das Geldvermögen bei gleichzeitiger Verringerung des Reinvermögens in gleicher Höhe. Ein Beispiel hierfür sind Zinsverpflichtungen (Kosten für Fremdkapital), die zum Zeitpunkt ihrer Entstehung bezahlt werden müssen.

Als *Aufwand* bezeichnet man den Werteverzehr (alle verbrauchten Güter und Dienste) pro Abrechnungsperiode. *Ein Aufwand,* der keine *Ausgabe* darstellt, vermindert das Reinvermögen, ohne das Geldvermögen zu vermindern, wie beispielsweise die Abschreibung einer Maschine (Werteverzehr des Sachvermögens).

Das Rechnungswesen muss mit diesen klaren Regeln die Nachvollziehbarkeit und Prüfbarkeit der Veränderung der Bestände nachweisen und ggf. daraus den Finanzierungsspielraum ableiten. Gerät ein Unternehmen in kritische Phasen, in denen Vermögen verzehrt wird, so muss daraus ein strenges Management der Liquidität und Vermögen abgeleitet werden.

5.1.4 Aufwand und Kosten

Kosten sind bewerteter Verzehr von Vermögen, Gütern und Diensten zur Erstellung betrieblicher Leistungen in einer Periode. Kosten und Aufwand müssen nicht in vollem Umfang übereinstimmen. Zum einen gibt es Aufwendungen, denen keine Kosten bzw. Kosten nicht in voller Höhe gegenüberstehen, sie stellen den neutralen Aufwand dar. Er lässt sich unterteilen in

- periodenfremden Aufwand, d.h. Aufwand, der vergangene Perioden (Geschäftsjahre) betrifft, z.B. Steuernachzahlungen,
- betriebsfremden Aufwand, d.h. Aufwand für nichtbetriebliche Ziele, z.B. Spenden, Verluste aus Wertpapiergeschäften und
- außerordentlichen Aufwand, d.h. Aufwand für außergewöhnliche Ereignisse, der zwar für die Erstellung der Betriebsleistung verursacht worden ist, aber in seiner Art, Höhe und Unregelmäßigkeit nicht im Rahmen des üblichen Betriebsablaufs zu erwarten ist, z.B. Feuer-, Diebstahlschäden oder Forderungsausfälle

Umgekehrt gibt es Kosten, denen keine Aufwände oder Aufwände nicht in voller Höhe gegenüberstehen. Sie stellen *Zusatzkosten* dar, wie kalkulatorischer Unternehmerlohn oder kalkulatorische Abschreibungen. Soweit der Aufwand und die Kosten übereinstimmen, spricht man von *Zweckaufwand* und *Grundkosten.* Abb. 5.2 zeigt grafisch die Abgrenzung von Aufwand und Kosten.

Zum besseren Verständnis dieses Buches werden die hier der Vollständigkeit unterworfenen Begriffe wieder zusammengefasst. Zusatzkosten und neutraler

Aufwand bleiben im Folgenden weitgehend unberücksichtigt. Das betriebliche Rechnungswesen kann allerdings darauf nicht verzichten.

Hier seien Aufwand und Kosten weitgehend gleichgestellt. In der betrieblichen Organisation der Fabriken beschäftigen sich Verwaltungsstellen mit den Finanzen und dem Rechnungswesen. Hier gehen die Zuströme wie Einzahlungen, Rechnungsstellung ein und werden Abströme in Form von Auszahlungen geleistet. Ebenso findet hier die Verwaltung der Vermögensbestände (Finanzen) ordnungsgemäß und von unabhängigen Wirtschaftsprüfern nachvollziehbar statt. Dazu führen sie die Finanzbuchhaltung durch.

Abb. 5.2   Abgrenzung von Aufwand und Kosten

Da die Aufwendungen (Abströme) weitestgehend mit den im Betrieb anfallenden Kosten übereinstimmen, müssen hier auch die innerbetrieblichen Kostenrechnungen erfolgen. Aufgrund der hohen Bedeutung der innerbetrieblichen Kostenrechnung wird sie oft von der Finanzbuchhaltung getrennt betrieben. Auf die innerbetriebliche Kostenrechnung soll nun eingegangen werden.

5.2   Kostenrechnung allgemein

Die Kostenrechnung ist das innerbetriebliche Rechnungswesen zur Kalkulation der Kosten und Erlöse. Es baut sich auf der Finanzbuchhaltung auf. Bei der Kostenrechnung stellen sich grundsätzlich die Fragen:

Welche Kosten sind entstanden?
Wo sind die Kosten entstanden?
Wofür sind die Kosten entstanden?

Die Frage nach welchen Kosten, beantwortet die Kostenartenrechnung. Die Frage nach dem wo, an welchen Stellen oder von welcher Organisationseinheit im Betrieb klärt die Kostenstellenrechnung; und die Frage wofür bzw. welches Produkt die Kosten zu tragen hat, wird in der Kostenträgerrechnung beantwortet. Demnach erfolgt eine Unterteilung der Kostenrechnung in Kostenarten-, Kostenstellen- und Kostenträgerrechnung (Abb. 5.3).

Die Kosten lassen sich nach verschiedenen Gesichtspunkten einteilen. Zwei Einteilungen sind für das Verständnis der Organisation sehr wichtig:

- ▪ Fixe und variable Kosten
- ▪ Einzelkosten und Gemeinkosten

Die Einteilung in fixe und variable Kosten erlaubt eine Beurteilung der Veränderbarkeit der betrieblichen Kosten.

Fixe Kosten

Fixe Kosten sind die Kosten, die auch dann anfallen, wenn nicht produziert wird. Dies sind insbesondere: Kapitalkosten für Abschreibung und Zins, Raumkosten, Kosten des nicht kündbaren Personals etc. Die fixen Kosten steigen mit höherem Kapitaleinsatz pro Arbeitsplatz d.h. also auch mit dem Automatisierungsgrad der Fabriken oder einzelner Leistungseinheiten.

Variable Kosten

Variable Kosten sind die Kosten, die nur anfallen, wenn auch produziert wird. Dazu gehören die Energie- und Materialkosten, die Löhne, die Verbrauchskosten u.a. Fixe und variable Kosten ergeben zusammen die Gesamtkosten.

Die variablen Kosten sind von der Stückzahl und der Auslastung der Fabriken abhängig. Sie entstehen nur für den Bezug an Ressourcen, wenn diese zur Produktion beschafft werden.

Die Aufteilung in Einzel- und Gemeinkosten folgt dem Gesichtspunkt der Zuordnung von Kosten zu einem oder mehreren Erzeugnissen und den Kosten, die sozusagen allgemeine Kosten des Betriebes sind und in der Verrechnung anteilsweise den Herstellkosten nach bestimmten Verteilungsschlüsseln zugeordnet werden müssen.

Einzelkosten

Einzelkosten sind die Kosten, die sich einem Kostenträger (verkaufsfähiges Produkt) direkt zuordnen lassen, wie z.B. Fertigungsmaterial. Sie würden nicht entstehen, wenn es dieses Kalkulationsobjekt nicht gäbe.

Gemeinkosten

Gemeinkosten lassen sich nicht eindeutig einem Kostenträger zurechnen, weil sie für mehrere Kostenträger entstanden sind, z.B. Verwaltungskosten oder Kosten der Fabrikinstandhaltung oder des Werkschutzes. Für *Gemeinkosten* ist charakteristisch, dass sie für mehrere Kalkulationsobjekte derselben Art (so etwa für mehrere Produktarten) gemeinsam entstehen und auch bei Anwendung genauester und aufwendigster Erfassungsmethoden nicht für die einzelnen Kalkulationsobjekte separat erfasst werden können. Beispiele hierfür sind das Gehalt des Pförtners oder die Kosten der Werksfeuerwehr.

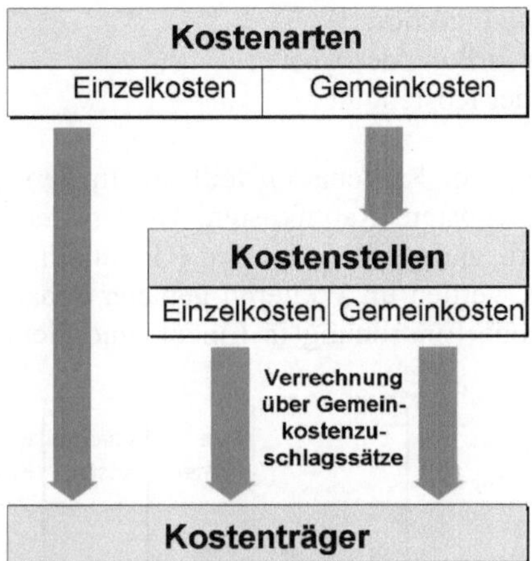

Abb. 5.3   Teilgebiete der Kostenrechnung

Kostenarten, -stellen, -träger werden für die Kalkulation und die Steuerung der Betriebe benötigt. Die Kostenarten helfen, überflüssige und nicht wertschöpfende oder notwendige Kosten zu ermitteln oder die Gewichtung zu erkennen. Die Kostenstellenrechnung wird zur Führung und für Wettbewerbsvergleiche benötigt und die Kostenträgerrechnung benötigen Unternehmen zur Kalkulation der Kosten einzelner Produkte und ihrer Erfolge. Die einzelnen Teilgebiete sollen nun detailliert behandelt werde.

5.3   Kostenartenrechnung

Die Kostenartenrechnung erfasst und gliedert alle im Laufe einer Periode angefallenen Kostenarten. Die Kostenartenrechnung ist also keine besondere Art von Rechnung, sondern lediglich eine geordnete Darstellung der Kosten. Die Kostenerfassung geschieht durch die Kontierung der Belege im Rechnungswesen (Kreditoren-, Lohn-, Materialbuchhaltung usw.). Bereits in der Kostenartenrechnung wird die Zurechenbarkeit in Einzel- und Gemeinkosten festgelegt.

Die Aufgabe der Kostenartenrechnung ist darin zu sehen, die während einer Abrechnungsperiode angefallenen Kosten anhand von Belegen zu erfassen und anzugeben, wie die einzelnen Beträge im System der Kostenrechnung weiter zu verrechnen sind. Die Kostenartenrechnung ist als Grundlage der gesamten Kostenrechnung anzusehen.

Grundlage einer richtigen Kostenerfassung ist jedoch eine zweckentsprechende Gliederung der Kosten. Diese kann nach den folgenden Kriterien vorgenommen werden:

- Zurechenbarkeit
- Abhängigkeit
- Herkunft der Kostengüter

- Betriebliche Funktion
- Liquiditätswirkung der Kosten
- Ursprung der Kostengüter

Eine gängige Gliederung der Kostenarten teilt auf in Personal-, Betriebsmittel-, Werkstoffkosten, Energiekosten, Raumkosten, Kosten der Instandhaltung sowie Dienstleistungs-, Kapital- und sonstige Kosten (Gebühren, Steuern,...; siehe Abb. 5.4). Diese Kostenarten werden im Weiteren genauer behandelt. Dabei soll – soweit möglich – eine grobe Einordnung in Einzel- und Gemeinkosten vorgenommen werden.

Kostenarten	Bezugsbasis	Fixe Kosten	Variable Kosten	Einzel-Kosten	Gemein-Kosten
Personalkosten					
-Gehälter + Sozialabgaben	Jahresgehalt	●			●
-Löhne + Sozialabgaben	Stundenlohn		●	●	
-Aus- und Weiterbildung		●			●
Kapitalkosten					
- Zinsen	Zinssatz	●			●
Betriebsmittelkosten					
- Abschreibungen	Nutzungszeit	●			●
- Verbrauchsmaterial	Einkaufswert		●	●	
- Instandhaltung			●		●
Werkstoff- und Materialkosten					
- Einkaufsmaterial	Einkaufswert		●	●	
- Materialbeschaffung	Transaktionen		●		●
- Lager Transport	Durchsatz		●		●
Energie- und Medienkosten					
-Strom, Wärme, Wasser	Verbrauch		●		●
- Druckluft	Leistung		●		●
Sonstige					
Gebühren für Abfall	Verbrauch		●		
Steuern	Umsatz, Ertrag		●		

Abb. 5.4   Gliederung der Kostenarten

5.3.1 Personalkosten

Die durch den Einsatz des Produktionsfaktors Arbeit verursachten Kosten lassen sich in folgende Hauptgruppen gliedern:

- Löhne (Arbeiter)
- Gehälter (Angestellte)
- Gesetzliche Sozialkosten (Krankenversicherung, Renten, Arbeitslosenversicherung)
- Freiwillige Sozialkosten wie betriebliche Altersversorgung
- Sonstige Personalkosten wie Weiterbildungskosten
- Personalverwaltungskosten

Fertigungslöhne sind Einzelkosten, da sie sich auftragsweise erfassen lassen und somit den Kostenträgern direkt zurechenbar sind. Hilfslöhne (Reinigung, Lagerarbeiter) lassen sich nicht eindeutig zuordnen und sind demnach Gemeinkosten. Gehälter stellen in der Regel Gemeinkosten dar, da bei ihnen ebenfalls kein direkter Leistungsbezug feststellbar ist.

Die gesetzlichen und freiwilligen Sozialkosten werden auf die entsprechenden Löhne und Gehälter verrechnet und sind entsprechend ihrer Art Einzel- bzw. Gemeinkosten.

5.3.2 Kapitalkosten

Das den Unternehmen zur Verfügung gestellte Kapital muss verzinst werden. Zinsen sind eine Art „Nutzungsgebühr" für Kapital. Das Kapital kann von den Eignern (Eigenkapital, Kredite der Eigner) und von Kreditinstituten und von Finanzmärkten (Gläubiger) oder gar von Lieferanten durch Stundung der Rechnungen bezogen werden. In jedem Fall besteht Anspruch auf Verzinsung und teilweise auf Bereitstellgebühren.

Durch die Bindung des Eigenkapitals im eigenen Unternehmen geht dem Unternehmen eine mögliche alternative Kapitalanlage verloren. Um diesen „Verlust" auszugleichen, werden in der Kostenrechnung kalkulatorische Zinsen auf den gesamten Kapitaleinsatz verrechnet. Diese werden auf das betriebsnotwendige Vermögen angesetzt. Das betriebsnotwendige Vermögen setzt sich aus betriebsnotwendigem Anlagevermögen und Umlaufvermögen zusammen.

Eine Besonderheit besteht dahingehend, dass bei den Sachanlagen nur der tatsächlich gebundene Wert, der ja wie o.g. verzehrt wird, zur Verzinsung ansteht. Es wird unterstellt, dass die Abschreibungsbeträge bereits wieder in das Geldvermögen zurückgeführt wurden. Daraus ergibt sich eine Verzinsung nach der in Abb. 5.5 dargestellten Formel.

5.3.3 Betriebsmittelkosten

Betriebsmittelkosten werden von den Gebrauchsgütern und Maschinen verursacht, die zur Durchführung der Produktionsprozesse notwendig sind, jedoch nicht selbst in das Produkt eingehen, wie z.B. Maschinen und maschinelle Anlagen, Büroeinrichtungen, Werkzeuge und Fuhrpark. Die Betriebsmittel werden im Gegensatz zu Roh-, Hilfs- und Betriebsstoffen nicht verbraucht, sondern stehen während eines längeren Zeitraumes, ihrer Nutzungsdauer, zur Durchführung der Produktion bereit; durch den Gebrauch verlieren die Betriebsmittel an Wert (siehe Abb. 5.5).

In der Kostenrechnung wird der Verbrauch der Betriebsmittel durch Abschreibungen als Betriebsmittelkosten näherungsweise erfasst. Ziel ist es, die Anschaffungskosten (genauer: Anschaffungswerte) der Wirtschaftsgüter verursachungsgerecht über die gesamte Nutzungsdauer zu verteilen. Durch den Einsatz bzw. die Verwendung eines Betriebsmittels (einer Anlage, eines Gebäudes) im Produkti-

onsprozess wird dessen Wert (Sachvermögen) verzehrt, verschlissen oder abge-
nutzt.

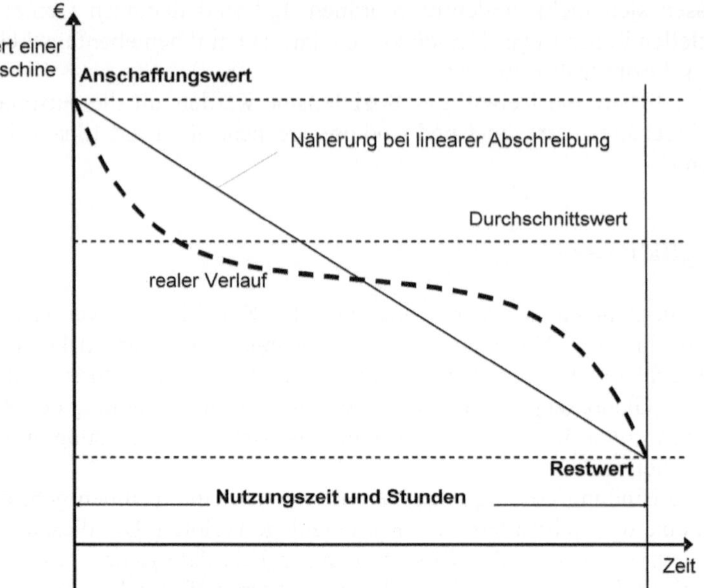

Abb. 5.5   Abschreibung und Zinsen für Maschinen und Anlagen

Abschreibungen sind also der Wert des Verlustes an Sachvermögen in einem
bestimmten Zeitraum. Durch die Abschreibung wird also Sachvermögen in das
Geldvermögen zurückgeführt.

Werte von Anlagegütern können durch verschiedene Ursachen gemindert werden:

5.3.3.1   Verbrauchsbedingte (technische) Abnutzung

Durch den Gebrauch im Produktionsprozess entstehen Verschleiß und Verluste an
Leistung bis hin zum vollständigen technischen Versagen. Ebenso können außergewöhnliche Ereignisse, wie Kollisionen oder äußere Einflüsse und Katastrophen,
das technische Ende von Maschinen bedingen.

5.3.3.2   Wirtschaftlich bedingter Verzehr von Werten

Durch technischen Fortschritt kann es geschehen, dass Maschinen nicht mehr für
die Produktionsaufgaben gebraucht werden können oder wesentliche Verbesserungen mit neuen Maschinen erreichbar sind. Auch Faktoren der Kosten neuer
Anlagen – Wiederbeschaffungskosten – mindern den Wert und das wirtschaftliche
Nutzungspotential, das ein Wirtschaftsgut repräsentiert. Von besonderer Bedeutung ist dabei natürlich der technische Fortschritt auf dem Gebiet der Maschinen.
Er hat zur Folge, dass die Wiederverkaufswerte mehr oder weniger schnell sinken
und damit einen Werteverzehr erzeugen.

5.3.3.3 Zeitlich bedingter Verzehr an Werten

Dieser macht eine volle Nutzung eines vorhandenen Nutzungspotentials unmöglich, weil z.B. Mietverträge oder Konzessionen ablaufen.

Der reale Verlauf kann nur schwer prognostiziert werden. Deshalb benutzt man Näherungsverfahren zur Berechnung. Man kennt die lineare Abschreibung über den gesamten Nutzungszeitraum (gleicher Werteverzehr pro Jahr) oder den degressiven Verlauf, der einen höheren Werteverzehr unmittelbar nach der Anschaffung berücksichtigt. Bei der üblichen linearen Abschreibung werden voraussichtliche Nutzungsjahre angenommen, wie zum Beispiel:

- Immobilien: Gebäude, Fabrikhallen   30 Jahre
- Mobilien: Werkzeugmaschinen   10 Jahre
- Computer: 4 Jahre

Geringwertige Güter unterhalb der von den Finanzämtern angesetzten Grenze (€ 1000,-) werden im Jahr der Beschaffung sofort vollständig abgeschrieben. Solange abgeschriebene Anlagen noch im Betrieb sind, werden sie mit einem Buchwert von € 1,- im Anlagevermögen aufgeführt.

Hat der Betrieb eigene Instandhaltungsorganisationen, so werden diese Kostenarten auch den entsprechenden Kostenstellen zugeordnet. In der Kostenstellenrechnung werden sie anteilsweise auf die produzierenden Bereiche verrechnet. Zu diesen Kosten zählen auch die Reparaturkosten. Die Instandhaltungskosten hängen proportional mit den Anschaffungskosten der Anlagen zusammen. Ein pauschaler Wert der Instandhaltungskosten liegt bei ca. 6% der Anschaffungskosten pro Jahr im Nutzungszeitraum der Anlagen und Maschinen.

5.3.4 Werkstoffkosten, Materialkosten

Unter dem Begriff Werkstoffkosten (Materialkosten) werden die Kosten für Roh-, Hilfs- und Betriebsstoffe zusammengefasst. Rohstoffkosten sind einem Produkt zurechenbar und daher Einzelkosten, Hilfs- und Betriebsstoffkosten sind in der Regel Gemeinkosten.

Zu den Materialkosten gehören aber auch die von Zulieferern bezogenen und gelieferten Waren. Diese werden mit ihren Beschaffungswerten aufgenommen. Darüber hinaus werden dieser Gruppe an Kostenarten noch die Lagerkosten, die Transportkosten, die Kosten der Verwaltung der Bestände hinzugerechnet.

5.3.5 Energiekosten, Medienkosten

Zu den Energiekosten gehören nicht nur die Kosten für die Heizung der Gebäude und Fabrikhallen (Gemeinkosten), sondern auch die Kosten für die Prozessenergie wie beispielsweise für die Warmbehandlung von Teilen (Härten), die Beschichtung oder die Stromkosten der Maschinen.

Medien sind Gas, Wasser, Druckluft u.a., die im Betrieb zur Herstellung oder für die Sicherung einer besonderen Produktionsumgebung (Klima, Reinraum) benötigt werden. Raumkosten entstehen unmittelbar aus den Anschaffungs-, Betriebs- und Mietkosten der Flächen der Fabriken, einschließlich der Kosten ihrer Bewirtschaftung.

5.3.6 Dienstleistungskosten, Gebühren, Steuern, Telefon, etc.

Dienstleistungskosten fallen für die Nutzung von Dienstleistungen anderer Unternehmen (Lieferanten, jedoch nicht des Staates) an. Sie können sowohl Einzel- als auch Gemeinkosten sein. Beispiele für Dienstleistungskosten sind: Beratung des Managements (Gemeinkosten), Training von Mitarbeitern (Personalkosten, können Einzel- oder Gemeinkosten sein), Prüfung der Zulassung eines technischen Produktes (Einzelkosten).

Gebühren, Steuern und Beiträge sind Abgaben, die an die Öffentliche Hand (Staat) entrichtet werden – zum Teil auch als „Kosten der menschlichen Gesellschaft" bezeichnet. Sie fallen im Rahmen der betrieblichen Leistungserstellung an und stellen somit Kosten dar. Da sie jedoch im Betrieb nicht eindeutig den Produkten zugerechnet werden können, sind sie überwiegend Gemeinkosten.

5.4   Kostenstellenrechnung

Kostenstellen sind Organisations- und Verantwortungsbereiche und entsprechen den Leistungseinheiten (Kapitel 4). Die Kostenstellenrechnung dient als Bindeglied zwischen der Kostenartenrechnung, in der die Kosten mit Belegen erfasst werden und der Kostenträgerrechnung, in der die Kosten den Kostenträgern zugeordnet werden. Sie dient der Steuerung und Kontrolle der Kostenstellen (Kostenstellenbudgets) sowie als Basis zur Berechnung von Kostensätzen, Zuschlags- und Verrechnungssätzen für die innerbetriebliche Verrechnung von Kosten und Leistungen. Sie beantwortet die Frage, wo Kosten entstanden sind oder entstehen sollen und welcher Stelle sie zugeordnet werden müssen. Kostenstellen sind Orte, wo die Kosten entstehen und werden nach den zu verrichtenden Arbeiten gebildet. Beispielsweise könnten die einzelnen Leistungseinheiten (siehe Kapitel 3.6) Kostenstellen sein (siehe auch [47]).

5.4.1 Aufgabe der Kostenstellenrechnung

Die Kostenstellenrechnung zeichnet auf, welche Kosten für die einzelnen Teilbereiche eines Unternehmens innerhalb einer Abrechnungsperiode anfallen. Sie erfasst die nicht direkt zurechenbaren Gemeinkosten von Produkten bzw. Leistungen eines Unternehmens und bereitet diese für ihre Weiterverrechnung auf. Die Kostenstellenrechnung dient damit

- der verursachungsgerechten Verrechnung der (Erzeugnis-) Gesamtkosten auf die Kostenträger und
- der Kontrolle der Wirtschaftlichkeit einzelner Kostenstellen (Jahresvergleich, innerbetrieblicher Vergleich, Benchmarking,...).

Die erfassten Kostenarten werden auf die einzelnen Kostenstellen übertragen und verursachungsgerecht diesen zugeordnet. Dabei kommt abermals eine Trennung in Einzel- und Gemeinkosten zum Tragen. Wird beispielsweise eine Teilefertigung als Kostenstelle eingerichtet, können die an den Maschinen anfallenden Kosten unmittelbar den auf den Maschinen hergestellten Teilen zugeordnet werden, Die Kosten der Werkstattleitung sind dagegen nicht einem Produkt zuzuordnen und gelten als Gemeinkosten. Erstes Gliederungskriterium ist der Organisationsplan eines Unternehmens. Für jeden Verantwortlichkeitsbereich wird mindestens eine Kostenstelle gebildet. Dann ist zu fragen, ob die Leistung der Stelle mit einer Bezugsgröße, wie beispielsweise Stunden, eindeutig gemessen werden kann und ob diese Bezugsgröße zudem die Kostenverursachung in der Stelle richtig darstellen kann. Wenn nicht, ist eine Aufteilung in mehrere Kostenstellen nötig, oder es besteht kein verursachungsgerechter Zusammenhang zwischen Kosten der Stelle und Leistung der Stelle.

5.4.2 Gliederung der Kostenstellen

Kostenstellen können sowohl ganze Bereiche mit mehreren Mitarbeitern sein, als auch einzelne Fertigungsmaschinen (oder -systeme). Der Detaillierungsgrad ergibt sich als Optimum aus den Anforderungen des Informationsbedarfs und den betriebswirtschaftlich und organisatorisch sinnvollen Systemgrenzen. Abb. 5.6 zeigt schematisch die Struktur einer Fabrik und die gesetzten Systemgrenzen.

Kostenstellen können als funktional, organisatorisch oder nach anderen Kriterien voneinander abgegrenzte Teilbereiche eines Unternehmens definiert werden, für die die jeweils von ihnen verursachten Kosten erfasst, ausgewiesen und gegebenenfalls auch geplant und kontrolliert werden.

Eine Gliederung von Kostenstellen kann *produktionsorientiert* und *sachzielorientiert* erfolgen. Beispiele für eine produktionsorientierte Gliederung sind:

- Hauptkostenstellen: Konstruktion, Teilefertigung, Montage, Wareneingang, Versand
- Nebenkostenstellen: Verwaltung, Wirtschaft, Personal, EDV aber auch die Arbeitsvorbereitung
- Hilfskostenstellen: Werkzeugbau, Messtechnik, Instandhaltung, Energieversorgung

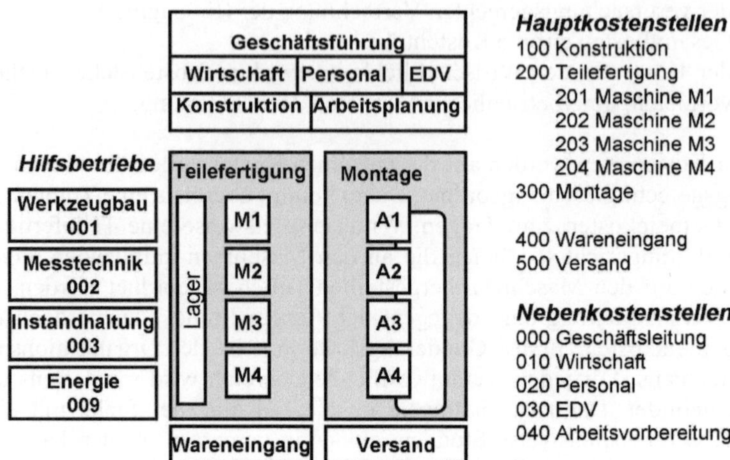

Abb. 5.6   Gliederung der Kostenstellen einer Fabrik

Die Kostenstellen können weiter untergliedert werden wie beispielsweise in der Teilefertigung auf die einzelnen Maschinen. Dies macht insbesondere dann Sinn, wenn es sich um kapitalintensive Arbeitsplätze handelt, an deren wirtschaftlicher Nutzung die Geschäftsleitung besonders interessiert ist. Den Hauptkostenstellen können Neben- und Hilfskostenstellen unmittelbar zugeordnet werden ,wie beispielsweise der Teilefertigung eine Werkstattleitung oder der Werkzeugbau.

Abb. 5.7 fasst die produktionsorientierte Gliederung der Kostenstellen grafisch zusammen.

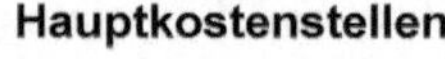

Abb. 5.7   Produktionsorientierte Gliederung der Kostenstellen

Unternehmen sind zunächst frei in der Festlegung der Kostenstellen. Eine nachträgliche Erweiterung ist möglich, allerdings können Veränderungen nur an den Übergängen von Zeitperioden durchgeführt werden.

5.4.3 Innerbetriebliche Budgetierung und Leistungsverrechnung

Normalerweise planen Unternehmen ihre Geschäftsverläufe für mindestens ein Jahr voraus. In den Geschäftsplanungen sind die voraussichtlichen Umsätze einzelner Erzeugnisse oder Erzeugnisgruppen enthalten, für deren Produktion entsprechende Ressourcen beschafft werden müssen. Dazu werden die gesamten Aufwendungen (Kosten) nach dem Kostenstellenschema vorkalkuliert und als Budget festgelegt. Die für die Kostenstellen verantwortlichen Mitarbeiter erhalten auf diese Weise ein jahres- bzw. ein periodenbezogenes Budget.

In den Hauptkostenstellen ergibt sich das Budget unmittelbar aus dem geplanten direkten Aufwand für die auszuführenden Arbeiten, da die (Einzel-)Kosten nahezu proportional zu den geplanten Stückzahlen verlaufen. (Ausnahmen: Sprünge, Grenzauslastung etc.). Die Kosten der Nebenkostenstellen ergeben sich weitgehend aus dem Stand der Mitarbeiter. Die Hilfskostenstellen haben außer den Mitarbeitern noch die Kosten der Anlagen und Maschinen in ihrem Bereich zu tragen (Beispiel: Messgeräte in der Kostenstelle Messtechnik).

Zur Erfassung und Verrechnung der Kosten in den Fabriken wird der *Betriebsabrechnungsbogen* eingesetzt. Er dient dazu, bestimmte Kostenarten, in erster Regel die Gemeinkosten, auf die einzelnen Kostenstellen zu verteilen (vgl. Abb. 5.8).

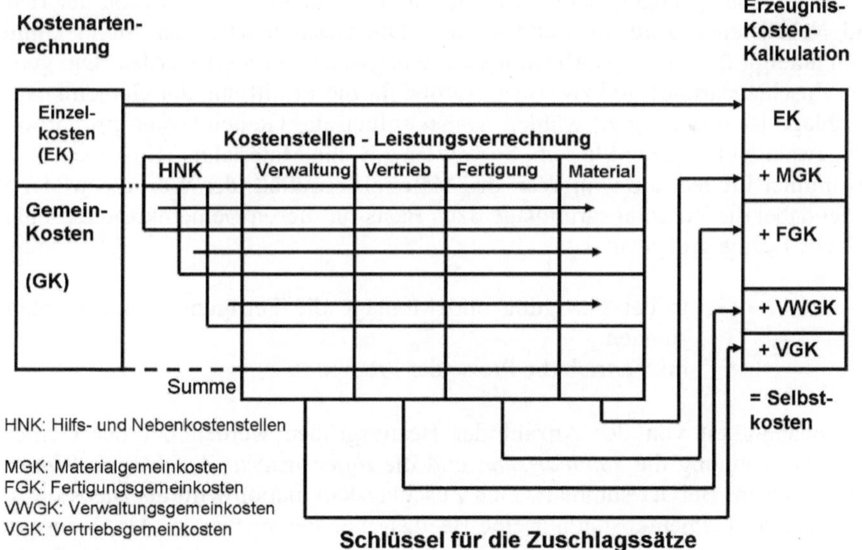

Abb. 5.8   Leistungsverrechnung und Bildung von Zuschlagssätzen

Dies geschieht außerhalb der Buchhaltung, in einem tabellarisch strukturierten Formular, heute meist innerhalb einer Tabellenkalkulations-Software. In dieser Tabelle sind senkrecht die einzelnen Kostenarten (Personalkosten, Betriebsmittelkosten etc.) mit den jeweils angefallenen Werten aufgelistet. Waagrecht sind die einzelnen Kostenstellen aufgeführt. Die Kosten pro Kostenart werden nun in der Regel mit einem Umlageschlüssel in jeder Zeile auf die Kostenstellen verteilt, welche betreffende Kosten verursacht haben. Hierbei ist darauf zu achten, dass die Kosten eindeutig ihrem Verursacher zuordenbar sind. Dies geschieht eventuell in mehreren Stufen. Am Ende werden die Kosten je Kostenstelle aufsummiert.

Die Kosten der Nebenkostenstellen und der Hilfskostenstellen werden nach Verteilungsschlüsseln auf die Hauptkostenstellen umgelegt. Verteilungsschlüssel können sein: Die geplanten Fertigungs- und Montagestunden. Im Falle des Werkzeugbaus ist der größte Nutzer die Abteilung Teilefertigung. Also wird man die Kosten des Werkzeugbaus über die Stunden der Teilefertigung den einzelnen Maschinen zuschlagen. Die Kosten der Arbeitsvorbereitung werden auf Teilefertigung und Montage verteilt. Andere Schlüssel können sein: Anzahl gemessener Transaktionen der EDV-Nutzung, installierte elektrische Leistung etc. Man sieht daraus, Unternehmen benötigen Schlüssel zur inneren Leistungsverrechnung.

Die Gemeinkosten der einzelnen Kostenstellen werden so verrechnet, dass ein sachgerechter Bezug zu den Kosten der Produkte hergestellt werden kann. Dies bedingt eine Leistungsverrechnung von den Neben- und Hilfsstellen auf die Hauptkostenstellen. Sie beziehen Leistungen und müssen demnach auch die Kosten dafür übernehmen. Abbildung 5.8 stellt das Schema der Verrechnung und der Ermittlung der Zuschlagssätze für die Kalkulation dar.

Die Kostenstellenrechnung stellt die der Kostenstelle zuzuordnenden Gemeinkosten als Plan (Budget) oder im Ist zusammen, indem sie die Kosten der Hilfs- und Nebenstellen zurechnet und addiert. Die Gesamtkosten der Stelle können dann anteilig über Bezugsgrößen als Zuschlagssätze definiert werden. Die geeignete Zuschlagsgrundlage bzw. Bezugsgröße für die Ermittlung der Gemeinkostenzuschläge ist sorgfältig zu wählen. Dabei sollten die Gemeinkosten proportional zur gewählten Bezugsgröße sein. So werden z.B. die Materialgemeinkosten als ein bestimmter Prozentsatz vom Wert des Materials ermittelt; der Wert des Materials bildet dabei die Zuschlagsgrundlage bzw. Basis für diesen Gemeinkostenzuschlag. Übliche Bezugsgrößen sind:

- in der Fertigung und Montage die Fertigungs- und Montagestunden.
- im Vertrieb die Preise der Produkte.

In Abhängigkeit von der Anzahl der Bezugsgrößen werden bei der Gemeinkostenverrechnung die *summarische* und die *differenzierte Zuschlagskalkulation* unterschieden. Bei der summarischen Zuschlagskalkulation wird als Basis für den Zuschlag der Gemeinkosten nur eine Bezugsgröße herangezogen. Als Bezugsgröße werden hier meist der Fertigungslohn, das Fertigungsmaterial oder die Summe aus Fertigungslohn und -material verwendet. Die wesentlich genauere differenzierte Zuschlagskalkulation teilt die Gemeinkosten entsprechend ihren Einflussgrößen in mehrere Gemeinkostenarten auf, z.B. in:

- Materialgemeinkosten,
- Fertigungsgemeinkosten,
- Verwaltungsgemeinkosten,
- Vertriebsgemeinkosten.

Als Bezugsgrößen für die Weiterverrechnung dieser Gemeinkosten auf die Kostenträger können im Allgemeinen verwendet werden:

- Wert des Fertigungsmaterials,
- Fertigungslöhne und
- Herstellkosten.

Die gesamten Vertriebskosten müssen durch die verkauften Produkte getragen werden. Hieran wird deutlich, welche wichtige Aufgabe die Kostenstellenrechnung in der Fabrik hat. Sie dient der Kosten- und Budgetplanung, der inneren Leistungsverrechnung und der Kontrolle der Wirtschaftlichkeit. Sie ist ferner ein operatives Führungsinstrument durch eine regelmäßige Erfassung der tatsächlich in den Kostenstellen angefallenen Aufwendungen mit den geplanten Werten.

5.5 Kostenträgerrechnung

Unter einem Kostenträger oder auch Erzeugnis versteht man, abhängig vom Auswertungszweck, ein einzelnes Stück, einen Auftrag (Kunden- oder Fertigungsauftrag), eine Charge, ein Produkt oder eine Produktgruppe. In Dienstleistungsunternehmen sind Kostenträger z.B. ein Projekt, ein bearbeiteter Antrag in der Verwaltung. Mit der Kostenträgerrechnung soll gezeigt werden, wofür – für welche Produkte und Leistungen – die Kosten entstehen. Man will erkennen können, wie hoch die Kosten sind, die ein Produkt verursacht, um daraus den Preis zu kalkulieren oder mit erzielten Preisen zu vergleichen (Produkterfolgsrechnung).

Kostenträger sind alle Größen, auf welche Kosten zugerechnet werden können. Als Kostenträger werden meist Absatz- und Wiedereinsatzgüter angesehen. Dabei wird mit dem Terminus *Träger* die Vorstellung verbunden, dass ein betroffenes Gut die jeweiligen Kosten als Last „aufnehmen" muss und diese bei Absatzgütern über den Marktpreis gedeckt werden müssen.

Der Begriff Kostenträger ist typisch für „absenderorientiertes" Denken im Rechnungswesen. Man will sämtliche Kosten des Unternehmens auf die Kostenträger verrechnen, um erkennen zu können, inwiefern diese Kosten auch durch die Marktpreise gedeckt werden. Berechnet man in der Kostenträgerrechnung die vollen Herstell- oder Selbstkosten, muss man sich immer darüber klar sein, dass die entstehenden Werte nie exakt sein können.

Die Kostenträgerrechnung ist ein Sammelbegriff für:

1. Kalkulation (Einzelstück- oder Auftragsbetrachtung)
2. Kostenträgerzeitrechnung (Nachweis der Kosten aller in einer Periode hergestellten Produkte)
3. Plankostenträgerrechnung, Istrechnung, Soll-Ist-Vergleich, Bewertung der Bestandsänderungen.

5.5.1 Kalkulation der Einzelkosten

Die Kalkulation (oder Kostenträger-Stückrechnung) dient der Ermittlung der Kosten eines Einzelstückes oder eines Auftrages oder einer Erzeugnisgruppe. Ziel ist die Ermittlung der Selbstkosten als Bewertungsgrundlage eines Produktes. Wird sie vor Beginn der Herstellung durchgeführt, so spricht man von Vorkalkulation entsprechend nach der Fertigstellung von Nachkalkulation. Will man zwischendurch prüfen, ob die erwarteten Kosten eingehalten werden können, spricht man von der Zwischenkalkulation.

Die Kalkulation kann nach dem Zeitpunkt ihrer Anwendung in die

- Vorkalkulation,
- Zwischenkalkulation und
- Nachkalkulation

unterteilt werden.

Die *Vorkalkulation* erfolgt vor der Leistungserstellung und basiert auf Schätzungen und Erfahrungswerten, die teilweise aus dem Vergleich von vor- bzw. nachkalkulierten Werten bei ähnlichen Erzeugnissen bzw. Projekten stammen. Die *Nachkalkulation* erfolgt nach der Leistungserstellung und dient als Erfolgsermittlung und -kontrolle der erstellten Leistungen. Für Planungs- und Kontrollzwecke kann während der Leistungserstellung eine *Zwischenkalkulation* durchgeführt werden.

Es gibt zahlreiche Methoden der Kalkulation von Einzelkosten im Rahmen der Kostenträgerrechnung. Hier soll das gängigste Verfahren der Zuschlagskalkulation behandelt werden.

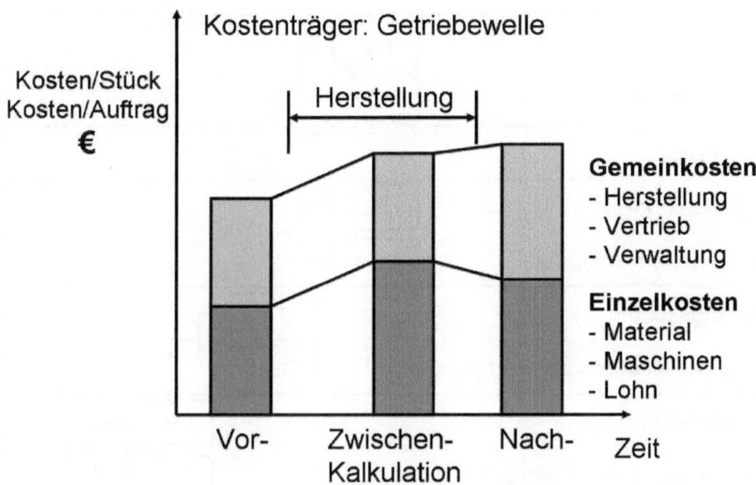

Abb. 5.9   Kostenträger-Stückrechnung, Kostenkalkulation

5.5.2 Zuschlagskalkulation

Die Methode knüpft an die Kostenstellenrechnung und die Leistungsverrechnung sowie die an Ermittlung der Zuschlagsfaktoren, auf die im weiteren Verlauf noch eingegangen wird, an. Die Ermittlung der Kosten pro Stück erfolgt je nach betrieblichen Gegebenheiten und dient neben der Verfahrensbeurteilung zur:

- Optimierung von Konstruktionen und Bauweisen der Produkte im Rahmen der Konstruktion,
- Auswahl geeigneter Werkstoffe und Ausgangsmaterialien
- Preisfindung.

Die Zuschlagskalkulation zur Ermittlung der gesamten Kosten eines Produktes (Selbstkosten) geht von einer getrennten Zurechnung der *Einzel-* und *Gemeinkosten* auf die Kostenträger aus.
Die Selbstkosten lassen sich mit dem in der Abb. 5.10 dargestellten Schema ermitteln. Die Zuschlagskalkulation erfolgt in den Stufen:

1. Materialkosten (MK)
2. Fertigungskosten (FK)
3. Herstellkosten (HK)
4. Selbstkosten (SK)

Die im Folgenden beschrieben werden.

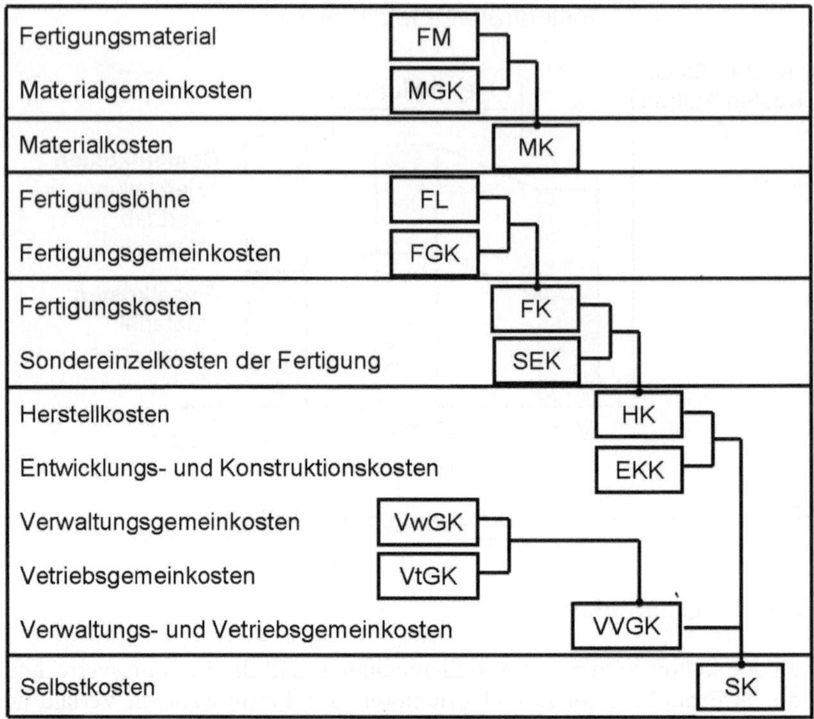

Abb. 5.10   Schema der differenzierten Zuschlagskalkulation

Materialkosten
Ausgangsbasis sind die Kosten für den Einkauf des Materials als Einzelkosten aus
der Kostenartenrechnung. Diese dienen gleichzeitig als Bezugsgröße für den pro-
zentualen Zuschlag für die Materialgemeinkosten (Beschaffung, Lager, etc.)

Fertigungskosten
Man unterscheidet hier die Lohn-Zuschlags-Kalkulation und die Maschinenstun-
densatzrechnung (siehe Abb. 5.11). Die Lohn-Zuschlags-Kalkulation wird üblicherweise bei lohnintensiver Produktion eingesetzt. Denn die Kapitalkosten gehen
mit anderen Kosten in den Zuschlagsfaktor für die Gemeinkosten ein. Bei der
Maschinenstundensatz-Kalkulation wird zwischen Lohnkosten und Maschinenkosten unterschieden. Voraussetzung ist, dass die Maschinenkosten auch getrennt
erfassbar sind. Dies bedingt u.a. eine Kostenstellengliederung bis auf die Maschinen. Alle Gemeinkosten der Fertigung werden den Maschinen zu gerechnet.

Lohn-Zuschlags-Kalkulation

$$K_E = T_A * L_H \, (1 + FGK)$$

Maschinenstundensatz- Rechnung

$$KE = T_A * L_H + T_A * K_{MH}$$

K_E = Kosten pro Stück (€/Stück)
T_A = Ausführungszeit pro Stück (Stunden)
L_H = Lohn pro Stunde (€/Stunde)
FGK= Fertigungsgemeinkostensatz (%)
K_{MH} = Maschinenstundensatz

Abb. 5.11   Ermittlung der Fertigungskosten pro Stück

5.5.2.1   Lohn-Zuschlagskalkulation

Bezugsgröße der Kostenrechnung ist die zur Fertigung benötigte Arbeitszeit. Diese wird mit Lohn bezahlt, woraus sich die Lohnkosten insgesamt als Einzelkosten ergeben. Auf diese Bezugsgröße können nun alle Gemeinkosten der Fertigung – also die Kosten für Betriebsmittel, Abschreibung, Verbrauchsmittel, Energie etc. prozentual zugeschlagen werden. Das Verfahren nennt man, weil es sich ausschließlich auf den Lohn bezieht: *Lohn-Zuschlags-Kalkulation*. Grundlage dafür ist, dass alle der Fertigung zuordenbare Kosten – außer dem Lohn – als Gemeinkosten eingestuft werden.

Die bei der differenzierten Zuschlagskalkulation verwendeten Bezugsgrößen eignen sich in Kostenstellen mit weitgehend automatisierter Fertigung nicht mehr als Basis für die Ermittlung der Fertigungsgemeinkosten, da zu hohe Gemeinkostenzuschläge verrechnet werden müssten und die Gemeinkosten nicht mehr verursachungsgerecht verteilt würden. In diesen Fällen werden die Fertigungsgemeinkosten mit Hilfe der Maschinenstundensatz-Rechnung aufgegliedert und als Einzelkosten dem Kostenträger zugerechnet.

5.5.2.2   Maschinenstundensatz-Rechnung

Bei der Maschinenstundensatz-Rechnung werden sämtliche durch den Einsatz einer Maschine oder Anlage in einem bestimmten Abrechnungszeitraum verursachten Kosten auf die entsprechende Nutzungszeit bezogen. Die Nutzungszeit (T_N) ergibt sich als ein Teil der gesamten Maschinenzeit. Diese setzt sich aus Nutzungszeit, Instandhaltungszeit und Ruhezeit zusammen. Während der *Nutzungszeit* wird die Maschine für einen Kostenträger (Erzeugnis) genutzt. Die Maschine oder die Anlage ist während dieser Zeit an das Stromnetz angeschlossen. Die Nutzungszeit setzt sich aus der *Lastlaufzeit* (Maschine läuft und produziert), der *Leerlaufzeit* (Maschine läuft, produziert aber nicht) und der *Hilfszeit* (Maschine steht produktionsbedingt vorübergehend still) zusammen. Die *Instandhaltungs-*

zeit dient zur Wartung oder Instandhaltung der Maschine und kann nicht zur Produktion genutzt werden. Während der *Ruhezeit* ist die Maschine abgeschaltet.

Die *Kosten*, die einer Maschine oder Anlage direkt zugeordnet werden können, setzen sich aus folgenden Anteilen zusammen:

- *Kalkulatorische Abschreibungen*
  Die kalkulatorischen Abschreibungen (K_1) werden unter Berücksichtigung des geltenden Wiederbeschaffungswertes (einschließlich Aufstellungs- und Anlaufkosten) und der voraussichtlichen Nutzungsdauer bestimmt.

- *Kalkulatorische Zinsen*
  Die kalkulatorischen Zinsen (K_2) werden meist in Höhe der üblichen Zinssätze für langfristiges Fremdkapital angesetzt. Zur Vereinfachung der Rechnung und der Vergleichbarkeit verschiedener Perioden werden die Zinsen vom halben Wiederbeschaffungswert der Anlage berechnet.

- *Raumkosten*
  Die Raumkosten (K_3) werden auf die von der Maschine beanspruchte Grundfläche einschließlich aller Nebenflächen bezogen. Sie enthalten Abschreibungen und Zinsen auf Gebäude und Werkanlagen, Instandhaltungskosten für Gebäude, Kosten für Licht, Heizung, Versicherung und Reinigung.

- *Energiekosten*
  Die Energiekosten (K_4) für den Betrieb der Maschine oder Anlage enthalten Kosten für Strom, Gas, Wasser usw. und werden durch Erfassen des jeweiligen Bedarfs über einen längeren Zeitraum hinweg ermittelt.

- *Instandhaltungskosten*
  Die Instandhaltungskosten (K_5) können als Jahresdurchschnittswerte über längere Zeiträume hinweg ermittelt und mit Hilfe geeigneter Kennzahlen (z.B. Verhältnis der Instandhaltungskosten zu Abschreibungen) berücksichtigt werden.

Der *Maschinenstundensatz* (K_{MH}) berechnet sich aus der Summe der Kosten K_n und der Nutzungszeit T_N (Abb. 5.12).

Hierbei werden die verschiedenen Kosten in Euro und die Nutzungszeit in Stunden für denselben Zeitraum (z.B. ein Jahr) eingesetzt werden. Bei zusammenhängenden Fertigungsanlagen bzw. Fertigungslinien werden die Kosten für die gesamte Anlage erfasst und verrechnet.

Maschinenstundensatz (K_{MH})

$$K_{MH} = \Sigma \, K_n \, / \, T_N \quad [€/h] \quad n = 1....5$$

K_n = Kosten   bestehend aus   Kalkulatorische Abschreibungen (K1)

Kalkulatorische Zinsen (K2)

Raumkosten (K3)

Energiekosten (K4)

Instandhaltungskosten (K5)

T_N = Nutzungszeit

Abb. 5.12   Berechnung des Maschinenstundensatzes

Sondereinzelkosten
Sondereinzelkosten sind Kosten, die ausschließlich für das Produkt anfallen, wie beispielsweise Vorrichtungen oder Sonderwerkzeuge und die nicht in den Gemeinkosten enthalten sind.

Entwicklungskosten
In diese Kosten gehen die Einzelkosten der Entwicklung z.B. Konstruktionszeit * Konstruktionsstundensatz (nur spezifisch für das Produkt) sowie die Entwicklungsgemeinkosten anteilig auf Basis der Gesamtleistungen ein.

Vertriebs- und Verwaltungsgemeinkosten
Auch diese werden meist als prozentualer Zuschlag auf die Herstellkosten kalkuliert.

5.5.3 Kostenträgerzeitrechnung

Während die *Kostenträgerstückrechnung* (Kalkulation) die Kosten eines Produktes auf einen Kostenträger bezieht, ermittelt die *Kostenträgerzeitrechnung* die Kosten aller Produkte einer Abrechnungsperiode. Dabei werden – mit einem *Zeitbezug* der zu berücksichtigenden Kostenarten – drei Kostenrechensysteme unterschieden:

- *Istkostenrechnung*: Sie bezieht sich auf die tatsächlich entstandenen Kosten und lässt sich erst nachträglich feststellen. Sie ist dadurch gekennzeichnet, dass die in einer Abrechnungsperiode effektiv angefallenen Kosten ohne Korrekturen auf die produzierten und abgesetzten Kostenträger der gleichen Abrechnungsperiode verrechnet werden.
- *Normalkostenrechnung*: Hier werden die Kosten nicht mit ihren tatsächlichen, sondern mit den durchschnittlichen Istkosten mehrerer, vergangener, aufeinander folgender Abrechnungsperioden angesetzt, um Zufallsschwankungen

der Kosteneinflussgrößen auszuschalten. Sie ist so gesehen ebenfalls vergangenheitsbezogen.

- *Plankostenrechnung*: Bei der *Plankostenrechnung* werden die Kosten nicht ausschließlich aus Vergangenheitswerten abgeleitet, sondern gehen mehr aus der betrieblichen Planung hervor. Sie versucht, zukünftige Einflüsse und Veränderungen der geplanten Geschäfte in der Kalkulation mit zu berücksichtigen. Sie hat somit einen zukunftsbezogenen Charakter.

Aufgrund der hohen Bedeutung der Plankostenrechnung für die Geschäftsplanung und die Planung der Leistungen einzelner Teilbereiche soll im Folgenden auf die Plankostenrechnung nochmals eingegangen werden.

5.5.3.1 Plankostenrechnung

Die Plankostenrechnung ist eine in die Zukunft gerichtete Rechnung der Kosten einzelner Leistungseinheiten (siehe Kapitel 4). In der Planung nimmt das Unternehmen einen bestimmten Absatz an Produkten an und baut darauf die Planung der Erlöse und der Kosten auf. Der grundlegende Zusammenhang von Kosten und Erlösen ist in Abb. 5.13 wiedergegeben.

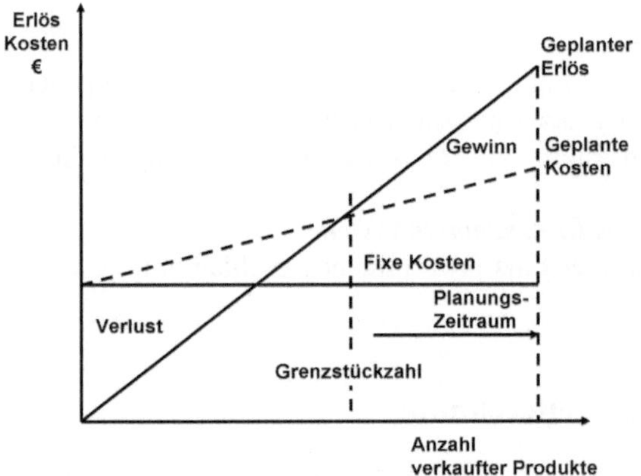

Abb. 5.13   Abhängigkeit von Kosten und Erlös von der Produktionsmenge

Unter der Voraussetzung, dass sich in einem Planungszeitraum keine wesentlichen Veränderungen in den Kosten ergeben, wie es bei der Plankostenrechnung unterstellt wird, kann von einer Proportionalität von Kosten und Erlösen (Erlöse = Summe der Einnahmen aus dem Verkauf) ausgegangen werden. Die Erlöskurve steigt normalerweise stärker als die Kostenkurve. Selbst dann, wenn keine Produkte produziert und verkauft werden, entstehen fixe Kosten (vgl. Kapitel 5.2)

Die Gesamtkosten schneiden die Erlöskurve bei der Grenzstückzahl. Unterhalb der Grenzstückzahl kommt es zu Verlusten, oberhalb zu Gewinnen. Nun kann man in der Praxis derartige Rechnungen für einzelne Produkte und Produktgruppen, aber auch für Haupt-Kostenstellen machen. Bei einer kostenstellenbezogen Rechnung macht man die Plankostenrechnung nicht mehr für einzelne Produkte und Produktgruppen (Ausnahme bei einer produktorientierten Segmentierung der Fabrik – siehe Kap.3), sondern nimmt statt dessen die Auslastung als Bezugsgröße.

Die Ordinate der obigen Darstellung enthält dann die Auslastung als Führungsgröße (Abb. 5.14).

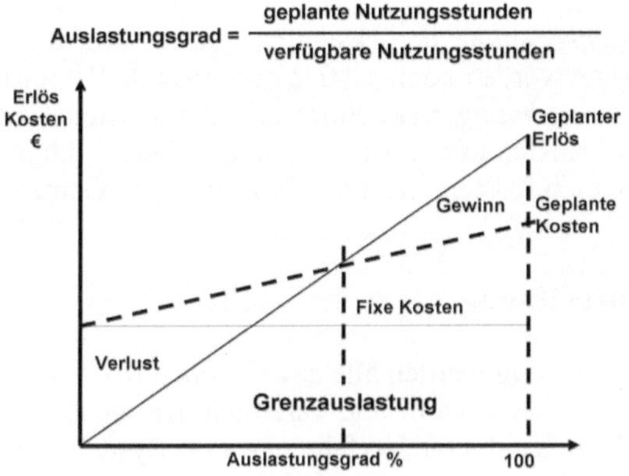

Abb. 5.14   Erlös und Kosten in Abhängigkeit vom Auslastungsgrad

Diese Darstellungen beziehen sich auf eine geplante Entwicklung und dienen der Zielvorgabe von Kosten sowie der Kalkulation der Gewinne oder der Verluste. Die tatsächliche Entwicklung kann sich aber anders darstellen als geplant. Es kommt dann zu Planabweichungen sowohl bei den Kosten als auch bei den Erlösen infolge von:

- Veränderungen von Nachfrage und Absatz der Produkte
- Preisverfall (Preissteigerungen)
- Veränderung der Kosten durch betriebsinterne Maßnahmen.

Deshalb werden in den Fabriken die Istkosten regelmäßig und systematisch erfasst und mit den Plankosten verglichen.
Unternehmen können aber auch bewusst Kostenunterdeckungen (zeitlich begrenzt) in Kauf nehmen, um Produkte zu niedrigeren Preisen anzubieten. Sie setzen dann darauf, dass durch derartige Maßnahmen eine Förderung des Verkaufs und höhere Stückzahlen (gleich höhere Auslastung) erreicht werden. In diesem Falle wird die Kostenrechnung dahingehend verändert, dass nicht mehr alle Kosten dem Produkt zugeordnet werden, sondern nur Teile der Kosten.

5.6   Vollkostenrechnung und Teilkostenrechnung

Damit Unternehmen oder Teile davon (Leistungseinheiten) im Rechnungssystem flexibler auf Veränderungen reagieren können, kann die Kostenträgerrechnung auch nur auf Teile der gesamten Kosten zugreifen und einige Gemeinkosten unbe-

rücksichtigt lassen. Solche Unterdeckungen können aber nicht von Dauer sein, da
sonst die Vermögenswerte verzehrt werden. Ist-, Normal- und Plankostenrechnung
können sowohl auf Vollkosten- als auch auf Teilkostenbasis durchgeführt werden.
Die Kostenrechnungen können nach dem *Umfang* der verrechneten Kosten in
folgende Arten eingeteilt werden:

- *Vollkostenrechnung* berücksichtigt alle Kosten, die dem Kostenträger
  zugeordnet werden können (fixe und variable Kosten)
- *Teilkostenrechnung* verrechnet auf die Kostenträger nur bestimmte
  Teile der Kosten ggf. auch in mehreren Stufen, d.h. zuerst die Deckung
  der variablen Kosten, dann die Fixkosten und Gemeinkosten.

5.6.1 Vollkostenrechnung

Bei der *Vollkostenrechnung* werden alle angefallenen Kosten auf die Kostenträger
verrechnet. Das beinhaltet sowohl alle variablen als auch alle anfallenden fixen
Kosten. Alle bisher behandelten Verfahren waren Systeme der Vollkostenrechnung. *Vorteile der* Vollkostenrechnung sind:

- Einfache rechentechnische Ermittlung
- Berücksichtigung von allen Kosten

Die Anwendung der Vollkostenrechnung ist dann sinnvoll, wenn es sich um ein
Produkt handelt, welches

- eine einfache Produktionsstruktur hat,
- in geringer Variantenzahl erzeugt wird und
- möglichst unveränderliche Produktions- und Absatzmenge bei gleichwer-
  tigen Kosten aufweist.

Dadurch können die Fixkosten den Leistungseinheiten proportional verrechnet
werden, ohne dass diese zu einer Verzerrung führen würden. Die gemachten An-
nahmen liegen aber meist in der Praxis nicht vor. Deshalb sollte dann die *Teilkostenrechnung* Anwendung finden.

5.6.2 Teilkostenrechnung

Ihre Stärken liegen in der besseren Erfolgsermittlung, die Fehleinschätzungen
verringert, und einer besseren Kostenkontrolle.
Die *Teilkostenrechnung* fasst alle diejenigen Verfahren der Kostenrechnung zusammen, bei denen nur ein Teil der Kosten, auf die Leistungseinheiten zugerechnet werden. Dahinter verbirgt sich die Auffassung, dass fixe Kosten den Kostenträgern nicht zugewiesen werden dürfen, da sie nicht verursachungsgerecht zugerechnet werden können. Somit werden grundsätzlich nur die variablen Kosten, wie

z.B. Lohn und Material, verrechnet. Die Fixkosten, die zumeist Gemeinkosten darstellen, finden zuletzt in der Erfolgsrechnung Berücksichtigung.

Die Methoden der Teilkostenrechnung können grundsätzlich aufgeteilt werden in die Verfahren der *Direktkostenrechnung* (Direct Costing), die auf der Spaltung in variable und fixe Einzelkosten basieren und die *Deckungsbeitragsrechnung*, die mit relativen Einzelkosten arbeitet. Daneben gibt es mit der *Grenzplankostenrechnung* auch Teilkostenrechnungen auf Plankostenbasis.

Die *Systeme der Teilkostenrechnung* unterscheiden sich von denen der Vollkostenrechnung erst im Rahmen der Kostenträgerrechnung, denn alle Teilkostensysteme haben gemein, nur die variablen Kosten auf die Kostenträger umzulegen. Für ein Unternehmen ist jedoch langfristig nicht nur die Deckung der variablen Einzelkosten wichtig, sondern auch die Deckung des Fixkostenblocks. Aus diesem Grund tritt bei den Teilkostenrechnungssystemen die Erlösseite in den Vordergrund. Aufgrund des Wissens über die Erlöse eines Produkts und die dafür benötigten variablen Kosten kann berechnet werden, welchen Beitrag das Produkt für die Deckung der fixen Kosten beisteuert.

Damit kann das Mindestabsatzvolumen errechnet werden, bei dem die Summe aller dieser Deckungsbeiträge gerade dem Fixkostenblock entspricht (Kostendeckung) und damit die Gewinnschwelle (Break-Even-Point) angibt, ab dem das Unternehmen Gewinn macht.

5.6.3 Beispiel einer Vollkosten- und Teilkostenrechnung

Die folgenden Beispiele sollen die oben behandelte Thematik noch besser verdeutlichen:

a, Ein Betrieb fertigt ein Produkt A, dessen variable Kosten bei € 6,- und dessen Verkaufspreis (Ertrag) bei € 10,- liegt. Die Fixkosten des Betriebes betragen € 1000,-. Jedes Produkt A liefert damit einen Deckungsbeitrag von € 4,- zum Fixkostenblock. Also müssen zur Kostendeckung mindestens 250 Stück von Produkt A verkauft werden (Break-Even-Point).

b, In einem Unternehmen werden zwei unterschiedliche Produkte gefertigt. Die maximale Unternehmenskapazität beträgt 100.000 Stück pro Periode. Bisher wurden von beiden Produkten jeweils 50.000 Stück hergestellt. Pro Stück wird ein Erlös von 10 € erzielt. Die variablen Einzelkosten liegen bei 4 € für Produkt 1 und 6 € für Produkt 2. Die Fixkosten belaufen sich auf 550 T€. Die Herstellkosten (in denen neben den variablen Kosten auch die Zuschlagssätze enthalten sind) für Produkt 1 betragen 12 €, die für Produkt 2 betragen 9 €.
Nach der Vollkostenrechnung belaufen sich die Gesamtkosten momentan auf 1050 T€, während ein Erlös von nur 1000 T€ erwirtschaftet wurde, so dass das Unternehmen einen Verlust von -50 T€ verbucht. In Zukunft soll ausschließlich das Produkt hergestellt werden, das der Gewinnmaximierung des Unternehmens am besten gerecht wird.

Nach der Vollkostenrechnung ergibt sich, dass die Herstellkosten für Produkt 2 geringer sind als die für Produkt 1. Daraus folgt:

- Erlöse ./. Herstellkosten = Gewinn/Verlust
- Produkt 1: 10 € ./. 12 € = - 2 €
- Produkt 2: 10 € ./. 9 € = + 1€

Somit würde in Zukunft ausschließlich Produkt 2 produziert. Zieht man jedoch die Informationen der Teilkosten- bzw. Deckungsbeitragsrechnung zurate, wird ersichtlich, dass Produkt 1 den größeren Deckungsbeitrag (DB) aufweist.

Produkt 1:
- Erlöse ./. Kvar = DB   10 € ./. 4 € = 6 € (6 € * 100.000 St. = 600 T€)
- DBges. ./. Kfix = Gewinn   600 T€ ./. 550 T€ = +50 T€

Produkt 2:
- Erlöse ./. Kvar = DB   10 € ./. 6 € = 4 € (4 € * 100.000 St. = 400 T€)
- DBges. ./. Kfix = Gewinn   400 T€./. 550 T€ = -150 T€

Im erst genannten Fall, d.h. wenn die Wahl auf Produkt 2 fällt, würde das Unternehmen ein Verlust von -150 T€ erleiden, wohingegen bei der Produktion von Produkt 1 das Unternehmen einen Gewinn von +50 T€ erwirtschaftet.

Die Anwendung der Vollkostenrechnung führt in diesem Fall zu einer strategischen Fehlentscheidung, die den Unternehmensverlust sogar noch erhöht. Wie der obige Fall zeigt, kann durch eine richtige Disposition des Produktprogramms das Unternehmen von der Verlust- in die Gewinnzone gebracht werden.

5.7   Investitions- und Wirtschaftlichkeitsrechnung

Eine der wichtigsten Anforderungen an ein Unternehmen ist dessen Wirtschaftlichkeit. Man spricht von *absoluter Wirtschaftlichkeit*, wenn der Ertrag des Unternehmens den dazu notwendigen Aufwand übersteigt. Wenn es um den Vergleich von Investitionsvorhaben geht, wird der Begriff der *relativen Wirtschaftlichkeit* eingeführt, der z.B. die Kosten zweier Verfahren vergleicht.
So dient die Wirtschaftlichkeitsrechnung als Instrument zur Entscheidungsfindung, indem sie quantifizierbare Aussagen über den betrieblichen Leistungserstellungsprozess ermöglicht. Abb. 5.15 zeigt die Vergleiche, die dabei angestellt werden können:

- Zeitverlauf,
- Soll-Ist-Vergleiche,
- Innerbetrieblicher Vergleich verschiedener Bereiche und
- Vergleich mit fremden Unternehmen (Benchmarking).

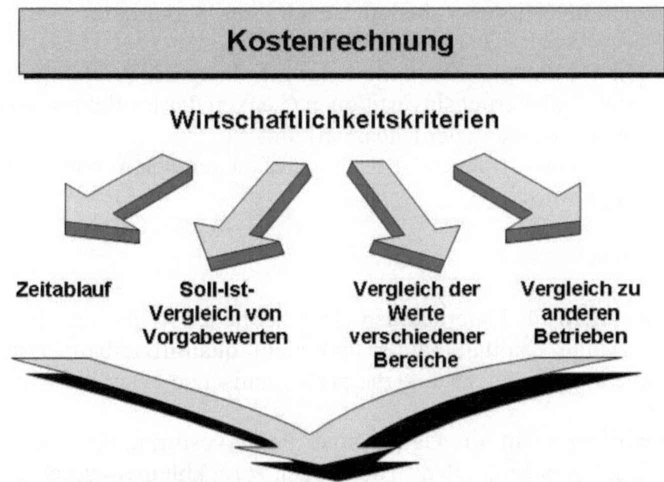

Abb. 5.15   Kostenrechnung als Instrument

Unter einer *Finanzierung* wird die Beschaffung bzw. Bereitstellung finanzieller Mittel (Eigen- oder Fremdkapital) verstanden. Dagegen stellt die *Investition* die Überführung finanzieller Mittel in Sach- oder Finanzvermögen dar.

In der betrieblichen Praxis werden die Begriffe Finanzierung und Investition häufig synonym verwendet, da sich die Aspekte der Finanzierung und der Investition gegenseitig stark beeinflussen und damit quasi die beiden Seiten einer Medaille darstellen (keine Investition ohne Finanzierung).

Ziel jeder Investition ist es, durch die Hingabe von Geld zum heutigen Zeitpunkt (Anschaffungskosten) höhere Geldrückflüsse in der Zukunft zu erreichen.

Grundsätzlich wird zwischen der *Innenfinanzierung*, d.h. dem Einsatz von finanziellen Mitteln, die im betrieblichen Leistungsprozess erwirtschaftet wurden und der *Außenfinanzierung*, d.h. dem Einsatz finanzieller Mittel, die zum Zwecke einer oder mehrerer Investition(en) neu von außen in das Unternehmen eingebracht werden, verstanden. Die Außenfinanzierung lässt sich wiederum in *Eigenfinanzierung* und Fremdfinanzierungen differenzieren. Bei der Eigenfinanzierung wird das Kapital von den Anteilseignern in das Unternehmen eingebracht. Bei der *Fremdfinanzierung* wird das Kapital von unternehmensfremden Personen oder Institutionen, in den meisten Fällen von Banken, beschafft bzw. geliehen. Investitionen können nach unterschiedlichen Kriterien eingeteilt werden. Nach dem Investitionsobjekt werden sie eingeteilt in

- Finanzinvestitionen,
- Real- oder Sachinvestitionen und
- Immaterielle Investitionen (z.B. Mitarbeiterschulung, Forschung und Entwicklung, etc.).

Daneben können Investitionen aber auch nach ihrer Wirkung in:

- Erweiterungsinvestitionen (zur Erhöhung der Produktionskapazität),
- Rationalisierungsinvestitionen (Senken der Produktionskosten, z.T. auch Erhöhung der Kapazität) und
- Ersatzinvestitionen (Ersatz einer abgenutzten oder unwirtschaftlichen Maschine)

unterteilt werden.

Investitionen stellen für Unternehmen ein erhebliches Risiko dar. Hoher Kapitaleinsatz, langfristige Kapitalbindung und nicht quantifizierbare Wirkungen auf andere Unternehmensbereiche sind die problematischen Charakteristika von Sachinvestitionen.

Deshalb wird versucht, die Gefahr einer Fehlinvestition, d.h. einer Investition, deren Rückflüsse weit hinter den Erwartungen zurückbleiben, durch eine systematische Planung zu verringern. Diese wird grob in die Planungsphase, die Realisierungsphase und die Kontrollphase unterteilt.

Die Planungsphase läßt sich wiederum in die folgenden Teile aufgliedern:

- Bei der *Zielanalyse* wird das Zielsystem für Investitionsentscheidungen festgelegt. Dabei werden sowohl monetäre Größen (z.B. Gewinnmaximierung) als auch nicht-monetäre Größen (z.B. Macht, Sicherheit, Traditionspflege,...) betrachtet.
- Im nächsten Schritt werden die in der letzten Periode aufgetretenen *Probleme analysiert*. Dabei sind insbesondere gemeldete Investitionsvorschläge zu untersuchen.
- Da sich in den meisten Fällen mehrere Lösungen für ein Problem anbieten, erfolgt nun eine *Suche nach Alternativen*, bei der die Investitionsalternativen hinreichend konkretisiert werden.
- Diese Alternativen werden im Rahmen der Investitionsrechnung zunächst in ihrer *Wirkung prognostiziert* und anschließend anhand des Zielsystems *bewertet*.
- Diese Bewertung liefert somit die Grundlage für eine rationale *Entscheidung* über die Investition.

In Unternehmen besteht der Regelfall darin, dass Investitionsentscheidungen bei knappem Kapital getroffen werden müssen, d.h. nicht alle Investitionen realisiert werden können. Deshalb muss ein Investitionsprogrammplan aufgestellt werden, der die Investitionsvorhaben nach ihrer Priorität ordnet. Dies kann anhand der Rentabilität der Vorhaben erfolgen oder nach anderen Kriterien, wie technischen (Ersatz für eine zerstörte Anlage) oder rechtlichen Erfordernissen (Umweltschutz, Arbeitssicherheit).

In der Wirtschaftlichkeitsrechnung lassen sich drei Grundprobleme unterscheiden:

1. Bei der Einzelinvestition geht es darum, die Vorteilhaftigkeit eines einzelnen Investitionsobjekts zu beurteilen, für das keine Alternativen existieren. Es wird also überprüft, ob das Objekt als vorteilhaft anzusehen ist. Ist dies nicht der Fall, so wird die Investition nicht getätigt.

2. Ein weiteres typisches Problem von Investitionsentscheidungen ist das Wahlproblem. Es tritt auf, wenn mehrere alternative Investitionsobjekte zur Auswahl stehen, aus denen eines nach dem Gesichtspunkt der Vorteilhaftigkeit ausgewählt werden soll. Mit einer solchen relativen Vorteilhaftigkeit ist natürlich noch nicht ausgesagt, dass das Objekt auch absolut vorteilhaft ist.

3. Das Ersatzproblem stellt sich immer dann, wenn eine vorhandene Anlage entweder weiterverwendet oder durch eine neue Anlage ersetzt werden kann. Es beinhaltet Aspekte aus beiden angesprochenen Problemstellungen. So besteht die Frage, was mit dem ggf. bereitgestellten Kapital geschieht, wenn die alte Anlage nicht beschafft wird (Einzelinvestition). Der Vergleich zweier Investitionsalternativen, nämlich der vorhandenen und der neu zu beschaffenden Anlage stellt wieder das Wahlproblem dar.

Weitere bei der Wirtschaftlichkeitsrechnung zu berücksichtigende Aspekte und Problembereiche sind u.a.:

- die nicht zu vermeidende Unsicherheit der Daten, da die Investitionsrechnung eine „ex ante" (zukunftsbezogene) Rechnung ist,
- die Zurechnung von Ein- und Auszahlungen auf einzelne Projekte wird gegebenenfalls erschwert, z.B. bei mehrstufigen Produktionsprozessen und
- das Vorliegen von Interdependenzen zwischen den Investitionen.

Die Bewertung von Investitionsentscheidungen erfolgt mit Hilfe von Methoden, die in statische und dynamische Verfahren eingeteilt werden können.

Zu den statischen Verfahren gehören die:
- Kostenvergleichsrechnung,
- Gewinnvergleichsrechnung,
- Rentabilitätsrechnung und
- Amortisationsrechnung.

Dagegen zählen die:
- Kapitalwertmethode,
- Annuitätenmethode und
- Interne-Zinsfuß-Methode

zu den dynamischen Verfahren.

Im Folgenden werden die *statischen und dynamischen Verfahren* der Wirtschaftlichkeitsrechnung kurz erläutert werden.

5.7.1 Statische Wirtschaftlichkeitsrechnung

Die statischen Rechenmethoden unterscheiden sich von den dynamischen dadurch, dass zeitliche Unterschiede beim Anfall der Kosten, Erträge und des Kapitaleinsatzes nicht berücksichtigt werden. Die Ergebnisse werden nur für einen
bestimmten Bezugszeitraum berechnet und können von Zeitraum zu Zeitraum sehr
unterschiedlich ausfallen. Die statischen Verfahren sind sehr einfach durchzuführen und daher in der Praxis weit verbreitet, vor allem dort, wo:

- eine schnelle und einfache Wirtschaftlichkeitsrechnung durchgeführt werden soll
- über Investitionen geringerer Bedeutung entschieden wird
- sehr unsichere Ausgangsdaten vorliegen.

5.7.1.1   Kostenvergleichsrechnung

Die Kostenvergleichsrechnung liefert keinen absoluten Maßstab für die Beurteilung der Wirtschaftlichkeit einer Investition. Sie kann lediglich zur Auswahl
einer von mehreren Alternativen herangezogen werden.

In die Rechnung sind alle Kosten einzubeziehen, die während der Nutzungsdauer
entstehen. Werden Investitionsobjekte mit gleicher mengenmäßiger Leistung
verglichen, genügt die Betrachtung der Gesamtkosten pro Periode. Bei Alternativen mit unterschiedlicher Produktionsleistung müssen jeweils die Kosten je Leistungseinheit (z.B. Stück) verglichen werden. Als Beispiel wird in Abb. 5.16 eine
Kostenvergleichsrechnung zweier Anlagen mit unterschiedlicher Produktionskapazität, jedoch gleicher Auslastung dargestellt.

Die Berechnung der Gesamtkosten erfolgt durch Summation von Kapital-, Be-
triebs- und Instandhaltungskosten. Betriebs- und Instandhaltungskosten können
aus den entsprechenden Aufwendungen abgeleitet werden, während die Kapitalkosten lediglich kalkulatorische Kosten sind.
  Die *kalkulatorischen Abschreibungen* stellen den kalkulatorischen Werteverzehr
innerhalb der Nutzungszeit dar. Sie berechnen sich aus der Differenz von Anschaffungskosten (A_0) und Liquidationserlös (L) und werden durch Division durch
die Nutzungsdauer (T) auf die einzelnen Perioden verteilt.
  Die *kalkulatorischen Zinsen* sind „Opportunitätskosten", die dem Ertrag entsprechen, der durch die Verwendung des gebundenen Kapitals in alternativen
Anlageformen erzielt werden könnte. Sie berechnen sich aus der Verzinsung des
durchschnittlich eingesetzten Kapitals ($(A_0+L)/2$) mit dem entsprechenden Zinsfuß
(p).

			Maschine 1	Maschine 2
1	kalk. Abschreibung	(€/Jahr)	6.000	10.000
2	kalk. Zinsen	(€/Jahr)	1.500	5.000
3	Betriebskosten	(€/Jahr)	1.500 x 43 €/h = 64.500	1.500 x 23 €/h = 34.500
4	Gesamtkosten	(€/Jahr)	72.000	49.500
5	Kostendifferenz	(€/Jahr)	22.500	

Abb. 5.16   Kostenvergleichsrechnung: Beispiel

Die übrigen Kosten können zusätzlich in ihre *variablen* und *fixen* Bestandteile unterteilt werden. Damit ist es möglich, die Gesamtkosten in Abhängigkeit vom Beschäftigungsgrad anzugeben und auch in dieser Hinsicht Kostenvergleiche zu treffen.

In Abb. 5.17 ist das rechnerische Vorgehen bei der Kostenvergleichsrechnung zusammengefasst.

Die Gesamtkosten können in der Kostenvergleichsrechnung sowohl *periodenbezogen* als auch *stückbezogen* berechnet werden. Bei einer *stückbezogenen* Berechnung müssen nur die Erlöse pro Leistungseinheit gleich hoch sein, so dass auch Alternativen mit unterschiedlichen Produktionsleistungen verglichen werden können. Dagegen muss bei einer *periodenbezogenen* Betrachtung der Gesamterlös aller Alternativen gleich hoch sein.

5.7.1.2   Gewinnvergleichsrechnung

Bei der Gewinnvergleichsrechnung wird der jährliche Gewinn mehrerer Investitionen verglichen (Wahlproblem) oder bei einer Erweiterungs- oder Ersatzinvestition der Gewinn vor Durchführung einer Investition dem erwarteten Gewinn nach der Durchführung der Investition gegenübergestellt (Ersatzproblem). Die Berechnung der Kosten erfolgt analog zur Kostenvergleichsrechnung (Kapital-, Betriebs- und Instandhaltungskosten). Die Erlöse werden berechnet aus den (geschätzten) Verkaufspreisen und den (geschätzten) Produktionsmengen.
Genau wie in der Kostenvergleichsrechnung kann in der Gewinnvergleichsrechnung sowohl periodenbezogen als auch stückbezogen berechnet werden, es ergibt sich daraus dann der Gewinn pro Periode oder pro Produkt.

Bei einer Trennung der Kosten in fixe und variable Bestandteile kann auch bei der Gewinnvergleichsrechnung eine Grenzmengenrechnung durchgeführt werden, die Aussagen über den Gewinn in Abhängigkeit von der produzierten Menge bzw. vom Beschäftigungsgrad liefert. Die Grenzmengenrechnung verläuft analog zur Vorgehensweise bei der Kostenvergleichsrechnung (Abb. 5.18).

Die Gewinnvergleichsrechnung ermöglicht keine Beurteilung des Kapitaleinsatzes. Sie kann nur den Überschuss einer Investition ermitteln.

$$\text{Kalk. Abschreibungen:}\quad \frac{A_0 - L}{T}$$

$$\text{Kalk. Zinsen:}\quad \frac{A_0}{2} * p$$

$$K_{ges} = \frac{A_0 - L}{T} + \frac{A_0}{2} * p + K_f + K_v * X$$

A_0 = Anschaffungskosten T = Nutzugsdauer
L = Liquidationserlös p = (kalkulatorischer) Zinssatz
K_f = fixe Kosten K_v = variable Kosten pro Stück
X = Produktionsmenge

Abb. 5.17   Kostenvergleichsrechnung: Berechnung

Mit dem Vergleich der verschiedenen Alternativen geht diejenige am Ende als Vorteilhafteste hervor, die den höchsten Jahresgewinn erwirtschaftet. Bewertung der Gewinnvergleichsrechnung:

- Relativ einfaches Verfahren
- Vor allem in Erweiterungsinvestitionen mit veränderter Ertragsstruktur geeignet
- Keine Aussage über die Rentabilität des Kapitaleinsatzes
- Zurechenbarkeit der Erträge problematisch

Abbildung 5.19 zeigt beispielhaft die Bewertung einer Erweiterungsinvestition an Hand der Gewinnsvergleichsrechnung.

$$G = \text{Erlöse} - \text{Kosten}$$

$$G = P * X - (K_v * X + K_f)$$

$$G = (P - K_v) * X - K_f$$

G = jährlicher Gewinn   P = Verkaufspreis/St.
X = Produktionsmenge K_v = variable Kosten
K_f = fixe Kosten

Abb. 5.18   Gewinnvergleichsrechnung: Berechnung

Kostenarten in € / Jahr	Kostensituation vor Erweiterung	Kostensituation nach Erweiterung
Kapitalkosten:		
kalkul. Abschreibungen	200.000,--	250.000,--
kalkul. Zinsen	100.000,--	125.000,--
	300.000,--	375.000,--
Betriebskosten:		
Personalkosten	150.000,--	170.000,--
Materialkosten	75.000,--	90.000,--
Energiekosten	30.000,--	35.000,--
Instandhaltungskosten	45.000,--	48.000,--
sonstige Betriebskosten	40.000,--	50.000,--
Kosten in Sekundärbereichen z.B. Lager, Verwaltung, Vertrieb	123.000,--	147.000,--
Kosten insgesamt	763.000,--	915.000,--
Erlöse in € / Jahr	852.000,--	1.043.000,--
Gewinn	89.000,--	128.000,--
Gewinnzuwachs	€ 39.000,--	

Abb. 5.19   Gewinnvergleichsrechnung: Beispiel

5.7.1.3 Rentabilitätsrechnung

Die Rentabilitätsrechnung baut auf den Zahlen der Kostenvergleichs- oder Gewinnvergleichsrechnung auf und wird deshalb in der Praxis immer im Zusammenhang mit diesen beiden Rechnungen durchgeführt. Ziel der Rechnung ist die Bestimmung der Rentabilität einer Investition als Verhältnis aus durchschnittlichem Gewinn einer Investition und dem dafür durchschnittlich eingesetzten Kapital (mit

Berücksichtigung der kalkulatorischen Zinsen). Eines der größten Probleme der Gewinnvergleichsrechnung ist, dass der zur Erzielung des Gewinns notwendige Kapitaleinsatz nicht berücksichtigt wird. Deshalb wird in der Rentabilitätsrechnung der Gewinn einer Investition auf den durchschnittlichen Kapitaleinsatz bezogen. Die Rentabilität entspricht dann der Verzinsung des eingesetzten Kapitals.

Wegen ihrer einfachen Anwendbarkeit und hohen Aussagekraft besitzt die Rentabilität in der Praxis einen hohen Stellenwert, sie wird auch als „Return on Investment" (ROI) bezeichnet.
Zur Entscheidungsfindung muss eine Mindestrendite festgelegt werden, die etwa in Höhe des Zinses für eine alternative Investitions- bzw. Anlageform liegt. Bei Wahl- oder Ersatzproblemen ist die Alternative mit der höheren Rentabilität vorzuziehen, diese sollte jedoch auch über der Mindestrendite liegen.

Für die Berechnung der Rentabilität sind folgende Details wichtig:

- In der Gewinnvergleichsrechnung werden die *kalkulatorischen Zinsen* zu den Kosten gerechnet. Damit liegt bereits eine Verzinsung des Eigenkapitals in Höhe dieses kalkulatorischen Zinssatzes vor. Da man aber nicht die Differenz zwischen kalkulatorischem Zinssatz und Rentabilität berechnen möchte, sondern den absoluten Wert der Verzinsung, müssen die kalkulatorischen Zinsen zum Gewinn hinzu addiert werden.

- Wie bei allen statischen Verfahren geht auch die Rentabilitätsrechnung von Durchschnittswerten aus. Deshalb wird mit dem durchschnittlichen Kapitaleinsatz gerechnet (der Kapitaleinsatz sinkt durch die Abschreibungen linear vom Anschaffungswert A_0 auf den Liquidationserlös L).

Bei der Berechnung des ROI wird die Formel in die zwei Terme Umsatzrentabilität und Kapitalumschlag aufgespaltet. Diese Größen lassen eine differenziertere Analyse der Rentabilität zu (Abb. 5.20).
Bei der Rentabilität besteht die Möglichkeit, die Investitionsobjekte an einer innerbetrieblich festgelegten *Mindestrentabilität* (z.B. als Muss-Kriterium beim Variantenvergleich) zu messen.

Beim Vergleich der Rentabilität der beiden in Abb. 5.21 dargestellten Anlagen zeigt sich, dass Anlage 2 die höhere Rentabilität besitzt und damit vorteilhafter ist, obwohl Anlage 1 einen höheren Gewinn erwirtschaftete.

$$\text{Rentabilität (in \% / Jahr)} = \frac{\text{Gewinn (€ / Jahr) + kalk. Zinsen}}{\varnothing \text{ Kapitaleinsatz}} * 100\ \%$$

$$\varnothing \text{ Kapitaleinsatz} = \tfrac{1}{2}(A_0 + L)$$

$$\text{Return on Investment (ROI)} = \frac{\text{Gewinn (+ kalk. Zinsen)}}{\text{Umsatz}} * \frac{\text{Umsatz}}{\varnothing \text{ Kapital}} * 100\ \%$$

Umsatzrentabilität **Kapitalumschlag**

Abb. 5.20 Rentabilitätsrechnung: Berechnung

			Anlage 1	Anlage 2
1	Durchschnittlicher Kapitaleinsatz	(€/Jahr)	10.000	8.000
2	Gewinn	(€/Jahr)	1.200	1.000
3	kalk. Zinsen (10%)	(€/Jahr)	1.000	800
4	**Rentabilität**		**22 %**	**22,5 %**

Abb. 5.21 Rentabilitätsrechnung: Beispiel

Bewertung der Rentabilitätsrechnung:

- Häufig eingesetztes Verfahren
- Stellt die absolute Vorteilhaftigkeit der Investitionen dar
- Bei Kapitalknappheit geeignetes Kriterium zur Priorisierung von konkurrierenden Anlagen
- Wie in der Gewinnvergleichsrechnung stellt sich auch hier das Problem der Zurechenbarkeit von Erträgen
- Keine Berücksichtigung zeitlicher Aspekte (nur Repräsentativperiode)

5.7.1.4   Amortisationsrechnung

Die Amortisationsrechnung, auch Pay-back-Methode oder Pay-off-Methode genannt, hat das Ziel, die Zeitdauer zu ermitteln, innerhalb derer das in der Investition eingesetzte Kapital wieder in das Unternehmen zurückgeflossen ist (Wiedergewinnungszeit). Damit dient die Amortisationszeit zur Beurteilung des Risikos eines Kapitalverlusts und der Liquiditätswirkungen einer Investition.

Je kürzer die Amortisationszeit ist, desto sicherer ist die Investition. Diese Aussage gilt jedoch nur begrenzt, da sich stichhaltige Gegenbeispiele finden lassen. Ein Unternehmen hat die Wahl, eine günstige gebrauchte Maschine oder die teure neue eines Markenherstellers zu kaufen. Die Amortisationszeit ist bei der gebrauchten kürzer, aber bei welcher Maschine besteht das höhere Risiko?

Trotz dieser Probleme ist die Amortisationsrechnung eines der gebräuchlichsten Verfahren, sie wird aber fast in allen Fällen mit einem anderen Verfahren kombiniert, da sie keine Aussage über die Rentabilität eines Projekts liefern kann. Da nur die Rückflüsse bis zur Amortisation untersucht werden, kann es sogar sein, dass eine Alternative mit der höheren Rentabilität die längere Amortisationszeit hat.

Der jährliche Rückfluss setzt sich aus dem Gewinn, aus den durch die kalkulatorischen Abschreibungen freigesetzten Mitteln und aus den kalkulatorischen Zinsen für Eigenkapital zusammen.

Als Grundvoraussetzung jeder wirtschaftlich sinnvollen Investition muss die Amortisationszeit kürzer als die Nutzungsdauer sein. Mit Hilfe der Amortisationszeit lässt sich das *wirtschaftliche Risiko* der Investition beurteilen. Je kürzer die Amortisationszeit, umso geringer ist das Risiko.

Die Zusammenhänge, die im vorigen Text beschrieben wurden, sind im folgenden Bild grafisch dargestellt.

Die Anfangsinvestition, d.h. die Anschaffungskosten, stellen das Ziel dar, das durch die Rückflüsse der Investition erreicht werden muss.

In diesem Punkt unterscheidet sich die Amortisationsrechnung von den anderen statischen Verfahren. Wie die dynamischen Verfahren, rechnet die Amortisationsrechnung mit Einzahlungen und Auszahlungen, so dass sich als Rückfluss der Cash-flow ergibt (Gewinn + kalk. Kosten).

Abbildung 5.22 lässt erkennen, dass die Amortisationsdauer nur von den Anschaffungskosten und den Rückflüssen innerhalb der Amortisationszeit abhängt, Rückflüsse nach dieser Zeit werden nicht berücksichtigt.

Die Berechnung der Amortisationszeit wird in Abbildung 5.23 implizit erläutert.

Bei der Berechnung sollten folgende Punkte beachtet werden:

- Der Cash-Flow ist der Saldo aus Einzahlungen und Auszahlungen, d.h. eine Aufwands- bzw. Ertragsgröße, während die Gewinnberechnung in den anderen statischen Verfahren auf der Basis von Kosten und Leistungen erfolgt ist. Deshalb müssen für die Berechnung der Rückflüsse eventuell eingerechnete kalkulatorische Kosten (kalkulatorische Abschreibungen und Zinsen) wieder zum Gewinn addiert werden.

- Beim Kapitaleinsatz wird der gesamte Anschaffungspreis angesetzt (nicht wie bei der Rentabilitätsrechnung der durchschnittliche Kapitaleinsatz).

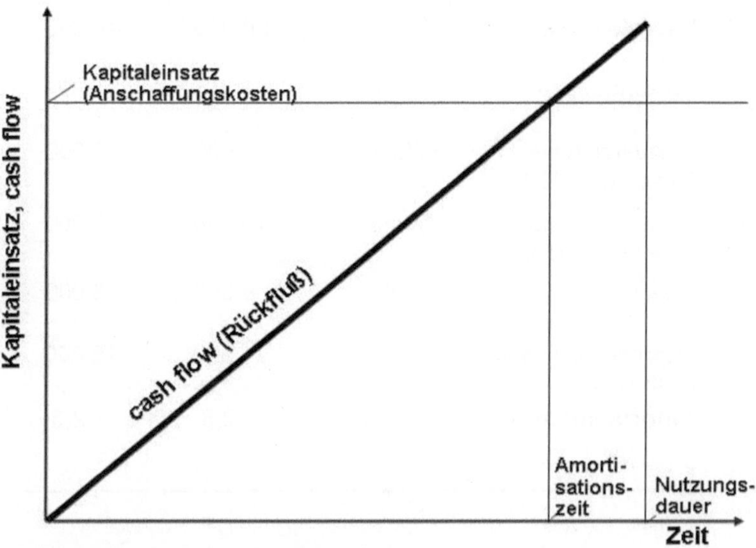

Abb. 5.22   Amortisationszeit und Nutzungsdauer

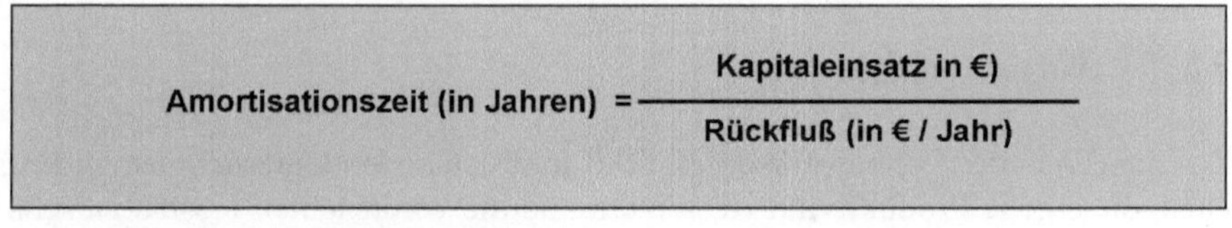

Amortisationszeit = Pay-off-Periode

Rückfluß   = cash-flow
                   = Gewinn   + kalk. Abschreibungen
                             + kalk. Zinsen + Liquidationserlös

Abb. 5.23   Berechnung der Amortisationszeit

Mit diesen Informationen reduziert sich die Amortisationsrechnung auf die Lösung einer einfachen Geradengleichung. Abb. 5.24 zeigt beispielhaft an zwei Anlagen die Berechnung der Amortisationszeit.

			Maschine A	Maschine B
1	Kapitaleinsatz	(€)	60.000	40.000
2	Nutzungsdauer	(Jahre)	6	5
3	kalkulatorische [1] Zinsen (p_k= 10 %)	(€/Jahr)	3.000	2.000
4	Kalkulatorische Abschreibungen	(€/Jahr)	10.000	8.000
5	Gewinn	(€/Jahr)	8.500	6.000
6	Durchschnittlicher cash flow	(€/Jahr)	21.500	16.000
7	**Amortisationszeit**	**(Jahre)**	**2,8**	**2,5**

[1] Annahme: Finanzierung je zur Hälfte aus Eigen- und Fremdkapital

Abb. 5.24   Amortisationszeit: Berechnungsbeispiel

5.8   Kostenanalyse

Der zunehmende Wettbewerbsdruck führt in den meisten Unternehmen zu Versuchen, die eigene Produktivität zu steigern und die verursachten Kosten zu senken. Oft wird hierbei aber nur auf bestimmte Konflikte und Probleme reagiert und die beschlossenen Maßnahmen haben die Behebung der Symptome zu hoher Kosten zum Ziel. Da hier aber nicht den Ursachen auf den Grund gegangen wird, ist die scheinbare Kostensenkung oft nur kurzfristig. Zur systematischen Erfassung aller Kosten und die entsprechenden Bereiche, in denen diese entstehen und zur Aufdeckung möglicher Potentiale ist eine Kostenanalyse sinnvoll.

Die Durchführung einer Kostenanalyse lässt sich in zwei Phasen einteilen. Zunächst muss die aktuelle Kostensituation erfasst und im zweiten Schritt die Ursachen der Kostenentstehung bestimmt werden. Hierbei genügt es nicht nur die Kosten in Fertigung und Logistik zu betrachten, gerade die absatz- und beschaffungsbezogenen Unternehmensbereiche wie Marketing, Vertrieb, Einkauf und Lieferanten weisen häufig ebenfalls große Einsparungspotentiale auf.

Auf unternehmensinterner Seite wird der zentrale Blickpunkt auf die Kosten für die Produkte, die Prozesse und die Ressourcen gelegt. Interessant sind hierbei Kostenveränderungen auf Grund der Produktzusammensetzung und -vielfalt des Unternehmens. Mit Hilfe einer detaillierten Prozesskostenrechnung lassen sich hier die Kosten für einzelne Produkte und Produktvarianten auf die einzelnen Prozesse herunter brechen. Mittels ereignisorientierter Ablaufsimulationen lassen sich weiter die Gesamtzusammenhänge der Prozesse und der internen Ressourcen und Logistik für neue und bestehende Produkte ermitteln. Diese Simulationen zeigen dann die Auswirkungen auf Durchlaufzeiten und Auslastungen und so indirekt auf die Kosten im Unternehmen.

Zur Durchführung einer wettbewerbsbezogenen Kostenanalyse muss in der Regel auf Daten aus verschiedenen Studien von Verbänden zurückgegriffen werden. Der Verband Deutscher Maschinen- und Anlagenbauer (VDMA) zum Beispiel stellt für die Maschinenbaubranche Daten auf Grund von Umfragen zum Benchmarking mit anderen Unternehmen zur Verfügung.

Wie bereits erwähnt, bieten der Beschaffungs- und Absatzmarkt vielfach ebenfalls große Einsparungspotentiale. Neben dem Anschaffungspreis müssen ebenfalls Kosten durch die mit einhergehende Logistik, Qualitätssicherung, Entsorgung usw. berücksichtigt werden. Auf Zulieferebene ist ebenfalls ein effizientes und wirtschaftliches Management anzustreben.

Diesen Kosten fehlt es häufig an Transparenz, was eine effektive Analyse und Optimierung hier besonders erschwert.

Zuletzt soll an dieser Stelle der für den Absatzmarkt größte Kostentreiber angesprochen werden, die Kundenunzufriedenheit und die damit verbundene Kundenfluktuation. Eine ausgeprägte Kundenbindung ist, neben konkurrenzfähigen Produktkosten, ein wichtiger Faktor im Benchmarking mit anderen Unternehmen (siehe auch [44]).

6 Der Produktentstehungsprozess

Bis zu 20% der Umsätze geben Spitzen-Unternehmen für die Forschung und Produktentwicklung aus. Im Maschinenbau ist es weit mehr als 8 %, die in die Entwicklung gesteckt werden und die Tendenz steigt. Dies zeigt die hohe Bedeutung, die der Entwicklung von Produkten beigemessen wird. Es zeigt aber auch die Notwendigkeit einer Systematisierung der Produktentwicklungen, um die Risiken für die Unternehmen zu senken und Produkte erfolgreich zu machen.

Ein Produkt durchläuft während seines Lebenszyklus verschiedene Lebensphasen. Am Beginn steht der Produktentstehungsprozess mit der Produktplanung und -entwicklung, deren Aufgaben und grundlegende Abläufe in Vorgehensweisen und Methoden in diesem Kapitel behandelt werden sollen. Die zuvor beschriebenen Leistungsziele eines Unternehmens, nämlich Zeit, Kosten und Qualität können nur erreicht werden, wenn diesen Gesichtspunkten bereits in der Produktentwicklung Rechnung getragen wird. Anschließend werden die Ziele und grundlegenden Methoden behandelt. Auf diesen Gedanken wird im Kapitel 6.3 „Design to x" eingegangen.

Abschließend werden Aspekte des „Product Life Cycle" und deren Auswirkungen und Zusammenhänge auf die Produktplanung und -entwicklung betrachtet.

6.1 Organisation der Produktentstehung

Die Produktentstehung beginnt bei den grundlegenden Techniken, den Resultaten der Forschung und den Ideen der Ingenieure und Techniker. Es zeigt sich, dass die Entwicklung systematisch und in einer klar gegliederten Abfolge der Prozesse ausgeführt werden muss, um Produkte am Markt erfolgreich absetzten zu können. Der Produktentstehungsprozess lässt sich in die Produktplanung und die Produktentwicklung aufteilen. Zu Beginn der Entwicklung führen viele Unternehmen in der Produktplanung intensive Analysen über technische Trends, die Markt- und Kundenanforderungen und über die Platzierung der Produkte in den Märkten durch. Daraus resultieren Lastenhefte und Produktdefinitionen, die in der Entwicklungsphase zu konkretisieren sind

Bevor die Produkte für den Markt freigegeben werden, erfolgt zumindest bei Serien-Produkten eine intensive Erprobung mit Prototypen. Während der Herstellung werden laufend Verbesserungen durchgeführt, in denen man die Erfahrungen aus dem Markt sowie der Fertigung berücksichtigt. Die einzelnen Phasen sollen nun behandelt werden (siehe auch [36]; Abb. 6.1).

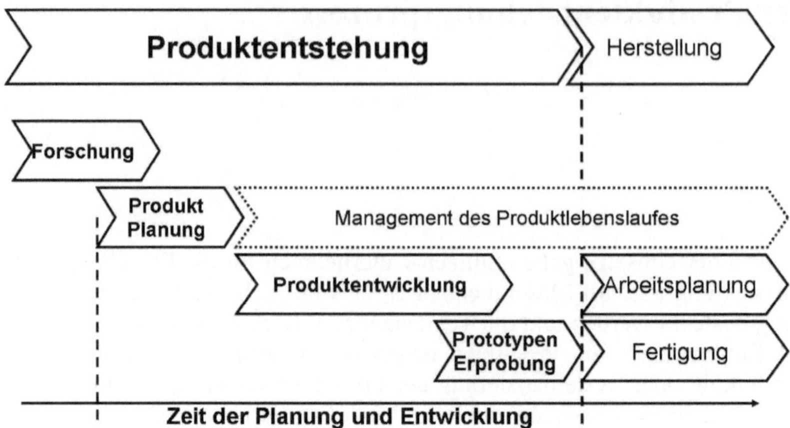

Abb. 6.1   Phasen der Produktenstehung

6.1.1 Forschung

Nicht alle Unternehmen betreiben eine eigene Forschung. Dennoch sind alle Unternehmen daran interessiert, neue Erkenntnisse der eigenen oder der Forschung an öffentlichen Forschungsinstituten für sich zu nutzen. Die Forschung ist deshalb nicht auf einzelne Produkte ausgerichtet, sondern auf technische Grundlagen und Erkenntnisse aus der Nutzung von Produkten, welche zu einem Fortschritt der Technik beitragen. Für technische Bereiche der Forschung sind dies insbesondere die Werkstoffforschung, die Grundlagen der Elektrik, Elektronik und Informationstechnik, aber auch in hohem Maße die Konstruktions- und Fertigungstechnik (siehe auch [51]).

6.1.2 Produktplanung

Wie in den vorherigen Kapiteln ausführlich diskutiert, kann ein Unternehmen nur dann am Markt bestehen, wenn es höchstmögliche Gewinne aus dem Verkauf seiner Produkte erwirtschaftet. Dies setzt zum einen voraus, dass diese Produkte die Ansprüche und den Bedarf des Marktes (Kunden) erfüllen und zum anderen, dass sie auf eine wirtschaftliche Art und Weise produziert werden. Soziale und gesellschaftliche Veränderungen, Trends und geänderte Wertevorstellungen bringen auch veränderte Bedürfnisse des Verbrauchers an ein Produkt mit sich. Technische Entwicklungen schaffen immer neue Möglichkeiten und Potentiale für Produkte. Dies führt unweigerlich zu einer Veralterung der Produkte, welche dann früher oder später durch neue Produkte am Markt ersetzt werden.

Das Vorgehen bei der Produktplanung wird in die Prozesse strategische und operative Produktplanung (Abb. 6.2) eingeteilt.

6.1.2.1 Strategische (Produkt-)Planung

Die Produktplanung beginnt mit einer *Geschäftsfeldplanung,* d.h. der *strategischen Produktplanung,* in der aus den Unternehmenszielen zukünftige Märkte und damit Produktstrukturen abgeleitet werden. Hierbei liegt der Fokus noch nicht beim einzelnen Produkt, sondern bei Marktsegmenten und Produktfamilien, also eher Fragestellungen der strategischen Ausrichtung des Unternehmens.

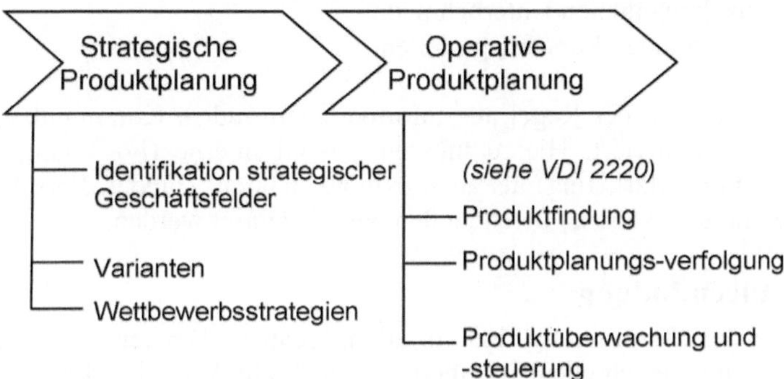

Abb. 6.2   Phasen der Produktplanung

Neue Produkte stellen die Zukunft eines Unternehmens dar und müssen daher mit der Unternehmensstrategie konform sein. Es stellt sich also zunächst die Frage nach der strategischen Rolle des neuen Produktes innerhalb der Unternehmensstrategie (z.B. Umsatzpotential, Verteidigung bzw. Ausbau einer Marktposition, Reaktion auf neue Kundenerwartungen, Auslastung vorhandener Ressourcen, usw.). Weiter muss im Vorfeld geklärt werden, welche Marktsegmente mit dem neuen Produkt abgedeckt werden sollen und wie die Abgrenzung gegenüber Konkurrenzprodukten aussieht. Schließlich muss ermittelt werden, welche Technologien für die Realisierung notwendig sind und wo noch Forschungs- und Entwicklungsbedarf besteht.

6.1.2.2 Operative Produktplanung

Erst in der *operativen Produktplanung* werden die strategischen Ziele in Produktideen umgesetzt. So ermittelt man z.B. in der Produktfindung, wie sie in der VDI-Richtlinie 2220 beschrieben ist, mit Hilfe von Kreativitätstechniken Ideen für neue Produkte. Anschließend müssen für diese Produktideen Entscheidungen über die Verteilung der Ressourcen (Mitarbeiter, Kosten, Projektpartner) getroffen werden, d.h. es wird bestimmt, ob eine Produktidee überhaupt weiterverfolgt wird und welche Mittel dazu eingesetzt werden müssen. Die Phase enthält vielfach auch die Gewinnung von Kunden, die bereit sind, die ersten Produkte abzunehmen. Diese nennt man auch „Launching Customers". Sie haben die Chance, an der Definition und den Lastenheften mitzuwirken und ihre Erfahrungen einzubringen.

Der Vorgang der Produktfindung ist ein iterativer Prozess, der bei unbefriedigendem Ergebnis ggf. mehrmals durchlaufen werden muss. Vielfach wird er durch

Ideen getrieben, die aus folgenden Quellen stammen (sortiert absteigend nach Wichtigkeit):

- von Kunden,
- von Tagungen, Messen, Ausstellungen,
- von der Konkurrenz,
- von Lieferanten,
- aus dem eigenen Unternehmen,
- von fremden Forschungsstellen.

Die Ideen werden in der Regel aus Informationen und in Kommunikations- und Denkprozessen generiert. Hierzu müssen sowohl interne (Forschung, Entwicklung, Produktion, Marketing) als auch externe (Kunde, Handel, Forschungslandschaft, Lieferanten, Märkte) Ideenquellen berücksichtigt werden.

6.1.2.3   Ideenfindung

In der Phase der Ideenfindung sind vor allem kreatives Denken und neue Ansätze gefragt. Es gibt verschiedene Methoden und Techniken, die die Ideenfindung unterstützen. Diese Kreativitätstechniken sind in zahlreicher Literatur ausführlich beschrieben. Es werden deshalb im Folgenden nur die zwei am häufigsten zum Einsatz kommenden Methoden kurz vorgestellt.

- *Brainstorming:*
  Ziel dieser Technik ist es, Assoziationsketten zu schaffen, mit denen bisher nicht gesehene Lösungswege kreiert werden. Hierzu werden im Team geäußerte Aussagen und Ideen aufgegriffen und spontan weiterentwickelt. Damit dies in einer Gruppe von sechs bis zehn Personen gelingt, müssen einige Spielregeln beachtet werden. Zunächst müssen so viele Ideen wie möglich zugelassen und gesammelt werden. Bewertende Kommentare sind erst nach der Ideenfindungsphase erlaubt. Es ist oft sehr produktiv, die Ideen anderer Teilnehmer aufzugreifen und gemeinsam weiterzuentwickeln.

- *Methode-635:*
  Eine dem Brainstorming sehr verwandte Technik ist die Methode 635. Sechs Teilnehmer schreiben auf ein Blatt Papier je drei Lösungsvorschläge nieder. Hierfür stehen lediglich fünf Minuten zur Verfügung. Danach werden diese Blätter an den benachbarten Teilnehmer weitergereicht und von diesem in weiteren fünf Minuten weiterentwickelt. Dies wird solange wiederholt, bis jeder Teilnehmer jedes Blatt bearbeitet hat. Auf diese Weise werden 18 Lösungsvorschläge durch sechs Mitarbeiter fünfmal unter verschiedenen Gesichtspunkten entwickelt.

Im Anschluss werden die gefundenen Ideen analysiert und bewertet. Hierzu wird in der Regel eine qualitative und quantitative Bewertung durchgeführt und eine

Produktidee definiert. Aus dieser Produktidee muss nun ein Produktkonzept entwickelt werden. Abschließend wird eine Wirtschaftlichkeitsbetrachtung für die Produktinnovation durchgeführt.

Am Ende der Produktplanungsphase trifft die Geschäftsleitung die Beschlüsse über die Entwicklung eines Produktes und startet den folgenden Produktentwicklungsprozess mit einer erneuten und detaillierten Planung des Ablaufes, der beteiligten Mitarbeiter, der Termine und der geplanten Entwicklungskosten (siehe auch [39, 51]).

6.1.3 Vorgehensweise bei der Produktentwicklung

Auf der Produktplanung aufbauend werden in der *Produktentwicklung* konkrete Produkte vorangetrieben. Im Rahmen der ersten Schritte wird ein Pflichtenheft erarbeitet, für dessen Anforderungen in einer *Konzeptionsphase* geeignete Strukturen und Lösungsprinzipien gesucht werden. Hier fließen nun auch die konkreten Vorstellungen einzelner Kunden ein. Die Lösungswege werden im *Entwurf* und der *Ausarbeitung* so weit detailliert, dass als Ergebnis die kompletten Fertigungsunterlagen (Zeichnungen, Stücklisten, Verfahrensanweisungen,...) des fertig entwickelten Produkts entstehen (Abb. 6.3).

Abb. 6.3   Phasen der Produktentwicklung

Das systematische Vorgehen in der Produktentwicklung erfolgt in Phasen, die sequentiell durchlaufen werden. Im Folgenden werden nun die einzelnen Phasen des Produktentstehungsprozesses näher beschrieben. Hierzu hat insbesondere der VDI zahlreiche Richtlinien erarbeitet.

6.1.3.1 Phasenmodell nach VDI

Die konstruktive Vorgehensweise gemäß VDI 2221 (Abb. 6.4) gliedert sich in sieben Arbeitsabschnitte, wobei in jedem Abschnitt ein Ergebnis erzielt wird. Die Arbeitsergebnisse sind die Eingangsinformationen für die folgenden Arbeitsabschnitte. Je nach Aufgabenstellung ist ein vollständiger, teilweiser oder auch iterativer Durchlauf notwendig.

Aus den so entstandenen Ideen wird in der *Planungsphase* der Produktentwicklung das Anforderungsprofil des Produktes erarbeitet, das sich in einem Pflichtenheft niederschlägt. Dieses Pflichtenheft stellt die Grundlage der weiteren Entwicklung dar. In der folgenden *konzeptionellen Phase* wird das im Pflichtenheft beschriebene Produkt analysiert und in Funktionsstrukturen und Teilfunktionen untergliedert. Für diese Teilfunktionen werden dann Wirkprinzipien gesucht, getestet und bewertet. Zur Prüfung der anforderungsgemäßen Funktion von Komponenten werden ab dieser Phase in größerem Umfang Prototypen, Designmuster, Mock-ups – digitale Produktaufbauten – usw. verwendet. In der *Entwurfsphase* werden die so gefundenen Funktionsstrukturen den Haupt- und Nebenfunktionsträgern zugeordnet. Diese Funktionsträger werden nach einer Bewertung schrittweise unter Berücksichtigung der räumlichen Anforderungen in einen gestaltorientierten Gesamtentwurf zusammengefasst.

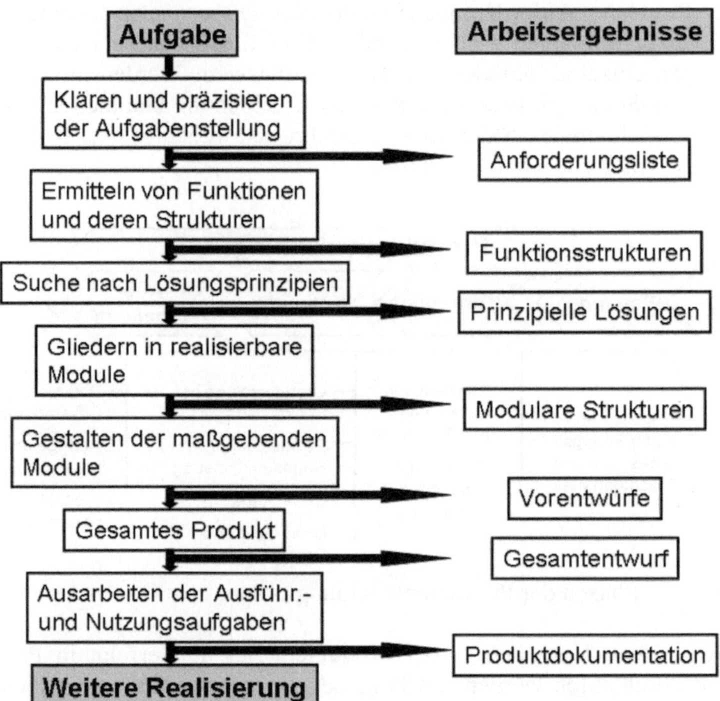

Abb. 6.4　　　　Vorgehensweise der Konstruktion gemäß VDI 2221

Dieser Gesamtentwurf wird in der *Ausarbeitung* zu DIN-gerechten (Deutsches Institut für Normung, DIN) Konstruktionsunterlagen detailliert, die als Basis für die Arbeitsvorbereitung und die Fertigung dienen (siehe auch [49]).

An erster Stelle steht hier die Konstruktionszeichnung. Heutzutage wird diese in der Regel auf elektronischem Weg mittels CAD-Werkzeugen (Computer Aided

Design, siehe Kapitel 6.4) erzeugt. Sowohl beim manuellen als auch beim rechnerunterstützten Konstruieren und Zeichnen müssen die Regeln und Normen des technischen Zeichnens eingehalten werden, damit keine Fehlinterpretationen oder Unklarheiten bei technischen Konstruktionszeichnungen auftreten können. Die vom Deutschen Institut für Normung herausgegebenen Zeichnungsnormen berücksichtigen weitgehend die Normen und Richtlinien der internationalen Normenorganisation ISO. Die wichtigsten Zeichnungsnormen sind im Folgenden kurz aufgelistet (vgl. [50, 56, 59]):

DIN 6	Ansichten und Schnitte (DIN ISO 128-30 …)
DIN 15	Linien in Zeichnungen (DIN ISO 128-20 …)
DIN 406	Maßeintragungen in Zeichnungen (DIN ISO 129-1 …)
DIN 6771-1	Blattgrößen (DIN ISO 5457)
DIN 6776	ISO-Normschrift
DIN ISO 1302	Angaben der Oberflächenbeschaffenheit in Zeichnungen
DIN ISO 5455	Maßstäbe für technische Zeichnungen
DIN ISO 2161	Darstellung von Federn
DIN ISO 6410	Darstellung von Gewinden
…	

Um die zum Teil verwirrende Vielzahl der bestehenden Normen für geometrische Merkmale übersichtlich zu strukturieren, wurde von der ISO ein Masterplan erarbeitet, der als ISO TR 14638 bzw. als Vornorm DIN V 32950 – Geometrische Produktspezifikation (GPS) veröffentlicht wurde. Dieser Masterplan umfasst die Normen, die in den verschiedenen Stufen der Produktentwicklung, wie Konstruktion, Fertigung, Prüfung und Qualitätssicherung Anwendung finden. Ziel der GPS ist es, eine widerspruchsfreie und vollständige Normierung der Form, Maße und Oberflächencharakteristik eines Werkstücks zu erreichen.

Das Konzept der GPS ist im GPS-Matrix-Modell graphisch dargestellt, Abb. 6.5. Die Grundregeln für die Bemaßung und Tolerierung von Werkstücken werden in den GPS-Grundnormen zusammengefasst (z.B. DIN ISO 8015 – Technische Zeichnungen – Tolerierungsgrundsatz). Grundbegriffe und Definitionen, die für alle Merkmale gleichermaßen gelten, sind in den globalen GPS-Normen enthalten (z.B. DIN V EN 13005 GUM – Leitfaden zur Angabe der Unsicherheit beim Messen). Die allgemeinen GPS-Normen befassen sich mit den verschiedenen Arten der geometrischen Eigenschaften, wie z.B. Maß, Abstand, Winkel. Werkstückeigenschaften, die aus verschiedenen Fertigungsverfahren resultieren (z.B. Spanen, Gießen, Schweißen) und Geometrienormen für bestimmte Maschinenelemente (z.B. Gewinde, Zahnräder) sind in den ergänzenden GPS-Normen spezifiziert.

Die allgemeinen und ergänzenden GPS-Normen sind in Normenketten gegliedert. Diese werden aus allen zusammenhängenden Normen, die die gleichen geometrischen Eigenschaften betreffen, gebildet werden. Die sechs Glieder jeder Kette haben definierte Aufgaben, die von der Zeichnungseintragung einer Werkstückeigenschaft, über die theoretische Definition der Toleranzen bis hin zur Vermessung des Merkmals und den Kalibrierabforderungen an die dazu zu verwendenden Messgeräte reichen.

Mit dem GPS-Matrix-Modell lassen sich die für jede Stufe der Produktentwicklung, Fertigung und Qualitätssicherung relevanten Normen einfach ermitteln. Da sich die einzelnen Normen in einer Kette gegenseitig beeinflussen, erfordert das volle Verständnis und die Anwendung einer einzelnen Norm die Kenntnis der anderen Normen in der jeweiligen Kette (vgl. [41, 60]).

Globale GPS-Normen

Matrix allgemeiner GPS – Normen

GPS – Grundnormen

Geometrische Eigenschaften des Elements	Kettengliednummer					
	1	2	3	4	5	6
1 Maß						
2 Abstand						
3 Radius						
4 Winkel						
5 Form einer Linie (bezugsunabhängig)						
6 Form einer Linie (bezugsabhängig)						
7 Form einer Oberfläche (bezugsunabhängig)						
8 Form einer Oberfläche (bezugsabhängig)						
9 Richtung						
10 Lage						
11 Rundlauf						
12 Gesamtlauf						
13 Bezüge						
14 Oberflächenrauhigkeit						
15 Oberflächenwelligkeit						
16 Grundprofil						
17 Oberflächenfehler						
18 Kanten						

Spaltenbeschriftung (Kettengliednummer):
1. Angaben der Produktdokumentencodierung
2. Definition der Toleranzen - Theoretische Definition und Werte
3. Definition der Eigenschaften des Istformelementes oder Kenngrößen
4. Ermittlung der Abweichung des Werkstücks - Vergleich mit Toleranzgrenzen
5. Anforderungen an Messeinrichtungen
6. Kalibrieranforderungen - Kalibriernormen

Matrix ergänzender GPS-Normen

Abb. 6.5   GPS-Matrix-Modell (nach DIN V 32950)

Durch Einhaltung der oben beschriebenen Normen wird die Konstruktionszeichnung zu einem allgemein gültigen und allgemeinverständlichen Informationsträger und Verständigungsmittel zwischen den einzelnen Abteilungen und Bereichen eines Unternehmens, wie z.B. die Konstruktion, Arbeitsvorbereitung, Fertigung und Montage, oder mehreren Unternehmen, wie z.B. einem Hersteller und seinen Zulieferbetrieben. In dieser technischen Zeichnung ist das räumliche Werkstück durch senkrechte Parallelprojektionen in allen notwendigen Ansichten dargestellt. Durch die Bemaßungen werden alle Informationen bezüglich Form und Abmessungen des Bauteils bereitgestellt und eindeutig festgelegt. Hierüber hinaus enthält die Konstruktionszeichnung alle notwendigen Angaben zu Maßtoleranzen, Oberflächengüten, den verwendeten Werkstoffen und Wärmebehandlungen, so dass das Werkstück aus diesen Informationen gefertigt werden kann. Abbildung 6.6 zeigt beispielhaft einen Ausschnitt aus einer Konstruktionszeichnung. Es ist als

Einzelteilzeichnung ein Schnitt durch einen Getriebegehäusedeckel dargestellt. Neben den Abmessungen des Getriebegehäusedeckels sind auch Form- und Lagetoleranzen, wie Ebenheit, Parallelität, Rechtwinkligkeit und Konzentrizität sowie Oberflächenrauheiten in die Zeichnung eingetragen und für die Fertigung festgelegt.

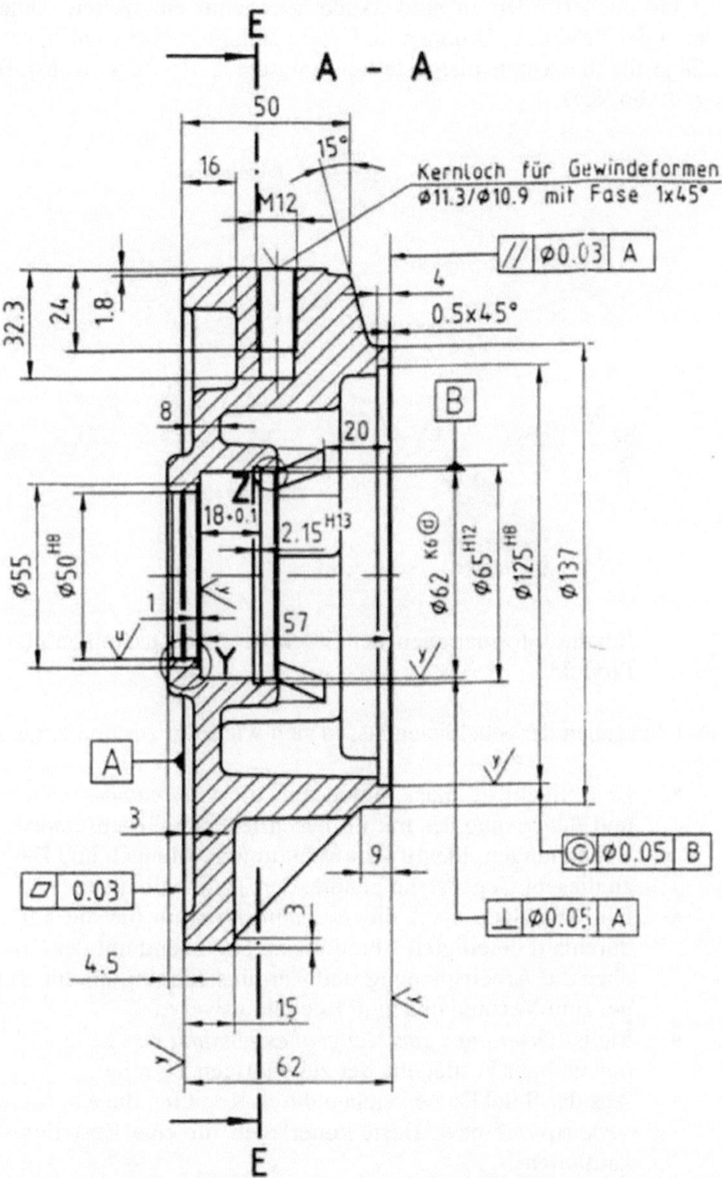

Abb. 6.6   Konstruktionszeichnung, Beispiel: Einzelteilzeichnung Getriebegehäusedeckel [Quelle: Bauer Antriebstechnik GmbH]

Neben der Konstruktionszeichnung stellt die Stückliste einen weiteren wichtigen Informationsträger dar, mit dem gemeinsam ein Erzeugnis so vollständig beschrieben wird, dass es mit den vorgeschriebenen Qualitätsmerkmalen herstellbar ist. Der REFA-Bundesverband e.V. definiert die Stückliste als „die Menge aller Gruppen, Teile und Rohstoffe, die für die Fertigung einer Einheit des Produkts oder einer Gruppe erforderlich sind. Außerdem kann sie weitere Daten sowie Strukturdaten der Produkte, Gruppen und Teile enthalten. Sie dient in erster Linie als Grundlage für die Arbeitsplanerstellung und die Teile- bzw. Rohstoffbedarfsermittlung" (Abb. 6.7).

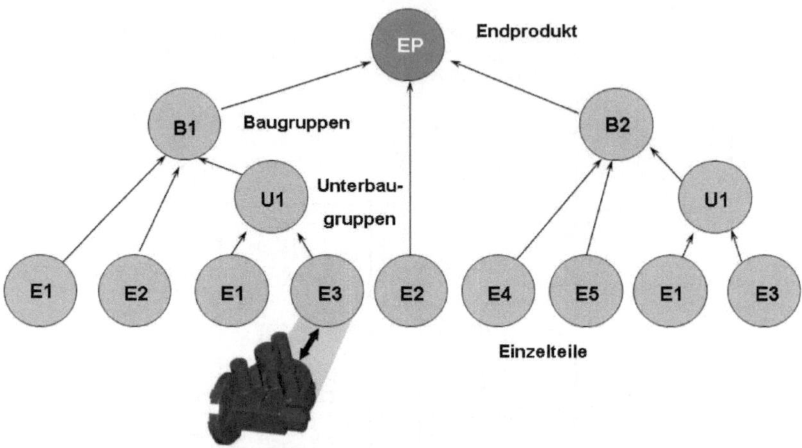

Abb. 6.7   Inhalte/Informationen der Stückliste zur Zusammensetzung eines Produkts

Aufbau und Aufgaben der Stücklisten lassen sich wie folgt zusammenfassen [25]:

- Eine Stückliste muss mindestens die *Identnummer* (Sachnummer) und *Benennung* des mit ihr beschriebenen Gegenstandes sowie die Benennungen, Identifikationsnummern, Mengen und Einheiten der zu diesem Gegenstand gehörenden Teile enthalten.
- Die Stückliste zeigt die *Erzeugnisstruktur* für die am Auftragsdurchlauf beteiligten Abteilungen, beginnend mit der Konstruktion über die Arbeitsplanung und Terminsteuerung bis hin zur Montage, zum Versand und zum Rechnungswesen.
- Sie ist *Grundlage zur Mengenbestimmung* der Teile und Baugruppen und zur Festlegung der zugehörigen Termine.
- Aus der Stückliste entstehen durch Kopieren die *Kopfzeilen für die Arbeitspläne* bzw. Bestellunterlagen für eine Bestellung von Zukaufteilen.
- Mit der Stückliste wird der Auslieferungszustand eines Auftrages dokumentiert.

- Aus der Stückliste lassen sich weitere Listen erzeugen, wie z.B. Fertigungsstückliste, Montagestückliste, Versandstückliste, Materialbedarfsliste, Einkaufsliste, Verwendungsnachweis und Mengengerüste für die Vor-, Zwischen- und Nachkalkulation.

Je nach Verwendung unterscheidet man verschiedene Arten von Stücklisten:

- In *analytischen* Stücklisten wird die Zusammensetzung eines Endproduktes dargestellt.
- *Synthetische* Verwendungsnachweise zeigen, mit welcher Menge eine Baugruppe oder ein Einzelteil in das Endprodukt eingeht bzw. in welche Baugruppen es eingeht.
- Die *Mengenübersichtsstückliste* gibt alle Baugruppen und Einzelteile an, die in das Endprodukt eingehen, z.B.:

Nr.	Bezeichnung	Menge
B1	Baugruppe	1
B2	Baugruppe	1
U1	Unterbaugruppe 2	
E1	Einzelteil	3
E2	Einzelteil	2
E3	Einzelteil	2
E4	Einzelteil	1
E5	Einzelteil	1

- Die *Variantenstückliste* wird dort eingesetzt, wo neben einem Grundtyp eines Produktes eine Vielzahl von Varianten produziert wird.
- Die *einfache Strukturstückliste* (Abb. 6.8, links) enthält den strukturellen Aufbau der Zusammenbauten bis zum letzten Einzelteil.
- Die *Baukastenstückliste* zeigt den strukturellen Aufbau der Zusammenbauten nur bis zur nächst niedrigeren Produktionsstufe.
- Bei *mehrstufigen Strukturstücklisten* (Abb. 6.8, rechts) werden mehrmals vorkommende Baugruppen in eigenen Stücklisten in ihre Einzelteile aufgelöst.

6.1.3.2   Andere Modelle

Es gibt zahlreiche andere Modelle, die in der Wirtschaft eingesetzt werden. Diese können sich von dem VDI-Modell in der Gliederung unterscheiden. Sie haben aber alle ein Grundprinzip, welches mit dem Entwurf und Finden eines Lösungsansatzes beginnt und eine Bewertung durch Berechnung und Analyse einschließt. Vielfach spielt dabei die Wiederverwendung von Konstruktionen eine sehr große Rolle.

Deshalb unterscheidet man:

- Neukonstruktion
- Wiederholkonstruktion
- Ähnlichkeitskonstruktion

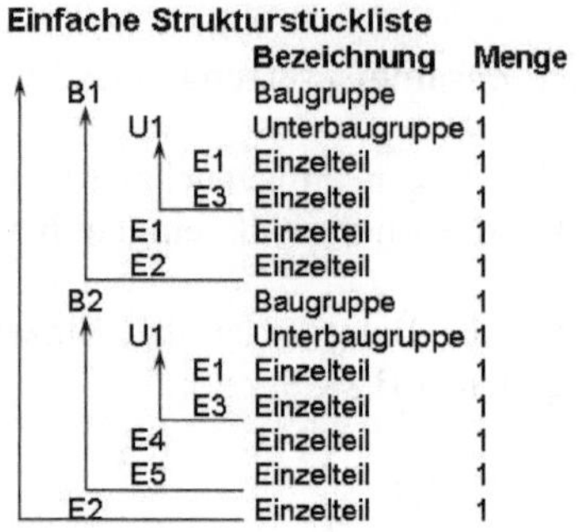
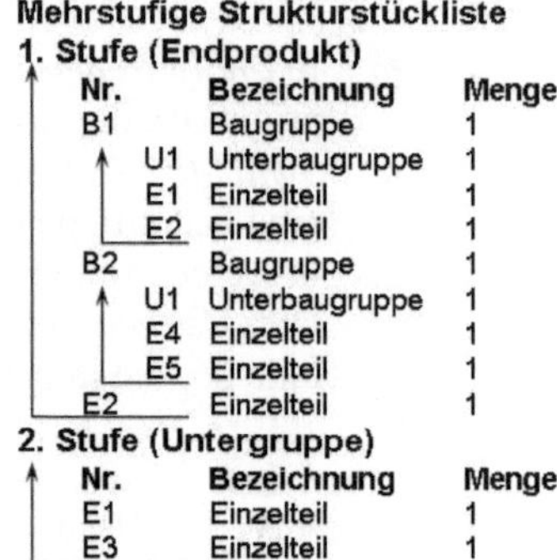

Abb. 6.8   Vergleich: Einfache und mehrstufige Strukturstückliste

Allein in der Neukonstruktion werden kreative Lösungen für Funktionsprinzipien gesucht. In der Wiederholkonstruktion gilt das Augenmerk der Suche nach Konstruktionen der Vergangenheit oder anderer Produkte. Dies führt in der Fertigung zu hohen Einsparungen, da sich die Mengen erhöhen und weniger Umstellungen durchgeführt werden müssen. In der Ähnlichkeitskonstruktion werden Modifikationen ähnlicher Lösungen vorgenommen.

Hinzuweisen ist ferner auf strategische Ansätze zur Reduzierung der Vielfalt neuer Lösungen. Hier sind insbesondere Aspekte der Wieder- und Mehrfachverwendung in verschiedenen Produkten angesprochen. Beispiele: Produktfamilien wie Airbus A 318, A319, A320 etc.). Zur Entwicklung neuer Produkte werden dann Klassen gebildet und lediglich Anpassungskonstruktionen durchgeführt.

Weitere Konzepte berücksichtigen systematisch bewährte Grundprinzipien und zielen auf eine Vereinfachung der konstruktiven Lösungen.

6.1.4 Herstellung und Erprobung von Prototypen

Nach der Konstruktion werden Produkte in der Regel zunächst als Prototypen hergestellt, mit denen umfangreiche experimentelle Versuche durchgeführt werden. Prototypen werden meist noch nicht auf den späteren Serienanlagen hergestellt. Versuche mit Prototypen dienen folgenden Zielen:

- Akzeptanz des Designs durch Kunden
- Erprobung und Verbesserung neuer Bauweisen und Konstruktionen unter realen oder extremen Belastungen (Beispiel Aerodynamik)

- Ermittlung der real erzielbaren Leistungen, wie beispielsweise Treibstoffverbrauch
- Ermittlung der Zuverlässigkeit und des Verschleißes von Bauteilen oder technischen Systemen (Beispiel Nutzungsdauer)
- Ermittlung von Sicherheitsstandards (Beispiel Bremsleistung)
- Untersuchung der Bedienbarkeit (Beispiel Cockpit eines Flugzeuges)
- Untersuchung von neuen Fertigungstechniken (Beispiel Verwendung des Laserschweißens für kritische Bauteile)
- Zulassung durch Behörden (Beispiel Bundesämter für Verkehr, Luftfahrt, TÜV)

Auf Grund von Regressforderungen, insbesondere aus dem amerikanischen Markt, bekommt heute die Produkthaftung und die Produktverantwortlichkeit einen immer höheren Stellenwert. Auch aus diesem Grund sichern die Unternehmen die Qualität und Einsatzfähigkeit ihrer Produkte durch umfangreiche Experimente unter kritischen Bedingungen.

Die juristische Verantwortung für ein Produkt liegt weltweit bei der Konstruktion. In der Ausarbeitung legt sich die Konstruktion durch Zeichnungen, Dokumentationen, Bauunterlagen, Normen und Verfahrensanweisungen juristisch verbindlich fest und definiert damit ein Soll, das für die Produktion bindenden Charakter hat.

Insbesondere in sicherheitskritischen Branchen, wie etwa der Luftfahrtindustrie, müssen vor der Markteinführung Nachweise der Funktion an Prototypen erbracht werden. Mit der Zulassung eines Produktes werden auch die dazu eingesetzten Fertigungsverfahren festgeschrieben.

Die Aufwendungen und Zeiten für den Bau und die experimentelle Erprobung von Prototypen sind sehr hoch und führen tendenziell zu dem Ziel, so genannte „virtuelle oder digitale" Prototypen herzustellen. Das sind in Computern gespeicherte und abgebildete Konstruktionen, deren Verhalten simuliert wird.

6.2   Ziele der Produktentwicklung

Die wichtigste Zielsetzung der Unternehmen liegt sicherlich in der Entwicklung von Produkten, welche vom Markt und den Kunden akzeptiert werden. Das bedeutet, dass Preis und Leistung oder Kosten und Qualität den Kundenerwartungen entsprechen müssen. Bei der Entwicklung neuer Produkte muss also erreicht werden, dass es nicht zu Fehlentwicklungen kommt. Dazu sollen im Folgenden einige grundlegende Ausführungen gemacht werden.

6.2.1 Risiken und Prävention bei der Entwicklung neuer Produkte

Für die ganzheitliche Weiterentwicklung eines Unternehmens sind permanent Neuerungen (Produktinnovationen) notwendig, um Vorteile im Wettbewerb zu erreichen. Mit dem Neuheitsgrad und mit der Komplexität der Produkte steigen die Risiken bezüglich Zuverlässigkeit und Kosten. In Abb. 6.9 sind die häufigsten Ursachen für fehlgeschlagene Innovationen dargestellt, aus denen sich die Anforderungen für erfolgreiche Innovationen ableiten lassen. Weitere Faktoren, die Probleme bei der Produktentwicklung verursachen, sind:

- die geringere Zeit, die aufgrund kürzerer Produktlebenszyklen für den Entwicklungsprozess zur Verfügung steht,
- die steigende Variantenzahl bei gleichzeitig sinkender Losgröße aufgrund stärkerer Kundenorientierung,
- die steigende Komplexität der Produkte,
- der steigende Aufwand für Qualitätssicherung und die entsprechende Dokumentation und
- unzureichendes Marketing.

Es wird hier sehr deutlich, dass zunächst die Qualität gesichert werden muss. Der Maßstab für Qualität sind die funktionalen und manchmal auch subjektiven Anforderungen der Kunden und Märkte an die Produkte ([54]).

Häufige externe Ursachen	Häufige interne Ursachen

⊗ **Unzureichende Martktvorbereitung oder Kooperation**
  – Geschirrspüler mit einer Höhe von 90 cm
  – Deutsches Öko-Fahrzeug
⊗ **Markt- bzw. Kundenanforderungen nicht getroffen**
  – Deutsches Öko-Fahrzeug
  – Erstes CVT*-Getriebe
⊗ **Nicht ausgereifte technische Realisierung**
  – Erstes CVT-Getriebe
  – Erster Mini Disc Player
⊗ **Zu spät auf dem Markt**
  – Video 2000
	⊗ **Viele Ideen, aber zu wenig Akzeptanz**
	⊗ **Promotor fehlt**
	⊗ **Kommunikation funktioniert nicht**
	⊗ **Keine methodische Bearbeitung von Sachthemen**
	
	*CVT: Continuous Variable Transmission

Abb. 6.9   Ursachen fehlgeschlagener Produktinnovationen

Es ist notwendig, die Kundenanforderungen bereits in den frühen Phasen der Produktentstehung systematisch zu analysieren und daraus Ziele abzuleiten. Außerdem müssen die Kosten und Zeitziele der Produktentwicklung erreicht werden. Maßnahmen zur Sicherung der Produkte in frühen Phasen nennt man auch „Präventive Maßnahmen".

Prävention entsteht durch ein systematisches Vorgehen unter Einbeziehung von Methoden. Präventive Maßnahmen dienen der Sicherung der Ziele Qualität, Kosten und Zeiten nicht nur während der Entwicklung selbst, sondern auch während der Folgeprozesse im Produktlebenslauf.

6.2.2 Präventive Qualitätssicherung

Die Wettbewerbsfähigkeit eines Unternehmens ist direkt gekoppelt an die Marktakzeptanz seiner Produkte. Werden die Kundenwünsche hinsichtlich Termin, Preis und Qualität erfüllt, so steigen die Absatzchancen für diese Produkte. Grundlagen für die Herstellung erfolgreicher Produkte werden besonders in den frühen Phasen der Produktentwicklung im Rahmen der Konstruktion geschaffen, da hier die Anforderungen der Kunden und des Marktes in Produktideen und -lösungen umgesetzt werden.

Fehler sind Abweichungen von geforderten Funktionen und zugesagten Leistungen der Produkte. Sie können durch die Konstruktion oder durch die Fertigung selbst verursacht werden. Abb. 6.10 zeigt die Fehlerentstehung und die Kosten der Behebung von Fehlern im Produktleben. Der größte Teil an Fehlern wird erst in der Fertigung und Montage sowie im Einsatz der Produkte erkannt. Je später die Fehler behoben werden, umso teurer kommt dies das Unternehmen zu stehen. Beispiele sehr teurer Fehlerbehebungen sind Produktionsunterbrechungen oder Rückrufaktionen.

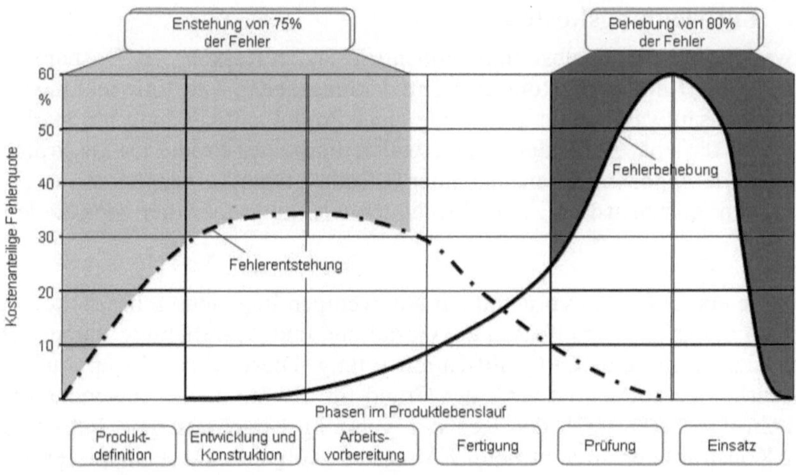

Abb. 6.10   Fehlerentstehung und Fehlerbehebung

Beispiele aus der Automobilindustrie zeigen, dass die Zeitspanne von der Erkennung des Problems zurück bis zur Entstehung oft viele Monate beträgt. Fehler, die erst nach der Serienreife oder bereits während des Einsatzes auftreten, bringen meist einen Prestigeverlust mit sich, der sich kaum in monetären Verlusten ausdrücken lässt.

Die Kosten für die Behebung eines nicht entdeckten Fehlers steigen während des Produktlebenslaufes exponentiell. Würde z.B. die Behebung eines Fehlers in der Konstruktionsphase noch 5 € betragen, ist in der Produktionsprüfungsphase mit 500 € zu rechnen.

Somit ist ein entscheidender Faktor für eine kostengünstige Produktion und damit für die Rentabilität des Unternehmens die frühzeitige Erkennung eines Fehlers. Heute kommen deshalb methodische Verfahren zur Fehlerreduktion zum Einsatz, wie z.B.

- das Quality Funktion Deployment (QFD),
- die Fehler- Möglichkeits- und Einflussanalyse (FMEA → [68]),
- die experimentelle Erprobung mit dem Design for Experiments (DFE)

In der Entwicklung und Konstruktion werden manchmal Entscheidungen getroffen, die in den nachfolgenden Bereichen Arbeitsvorbereitung, Fertigung, Montage etc. nur noch unwesentlich beeinflusst werden können, da durch die Konstruktion implizit auch schon die Verfahrenstechniken festgelegt sind.

6.2.3 Kostenverursachung und Verantwortung

6.2.3.1 Entwicklungskosten

Die Entwicklung bedingt selbst einen hohen Einsatz an Ressourcen. Deshalb liegt ein wichtiges Ziel in der Senkung der Entwicklungszeiten und Entwicklungskosten. Der Arbeitsaufwand steigt zum Ende einer Produktentwicklung hin stark an. Das bedeutet, dass bis zur endgültigen Realisierung eines Produktes als Prototyp ein gegen Ende exponentiell ansteigender Arbeitsaufwand einzuplanen ist. Abb. 6.11 zeigt den Kostenanstieg in der Produktentwicklung über den verschiedenen Phasen.

Während die ersten Phasen vornehmlich von wenigen Ingenieuren bearbeitet werden, werden in den späteren Phasen der Gestaltung und Ausarbeitung immer mehr Personen – auch mit anderen Qualifikationen tätig. Dieser Zuwachs an Aufwand und Wiederholoperationen ist auch der Grund für die rationelle Anwendung von Hilfsmitteln wie CAD durch den Rechner. Ganz im Gegensatz dazu hat der Beginn der Konstruktionstätigkeit beim Klären der Aufgabe und Konzipieren hohe kreative Anteile. Die Pfeile in der Abbildung 6.6 weisen auf die vorteilhafte Anwendung von Konstruktionsmethodiken bzw. des CAD hin. CAD-Systeme können zur Verkürzung der Entwicklungszeit und zur Reduzierung der Entwicklungsaufwendungen beitragen. Sie helfen in der Darstellung und Verwaltung der Dokumente, sie sind aber kein Mittel der Prävention in frühen Phasen.

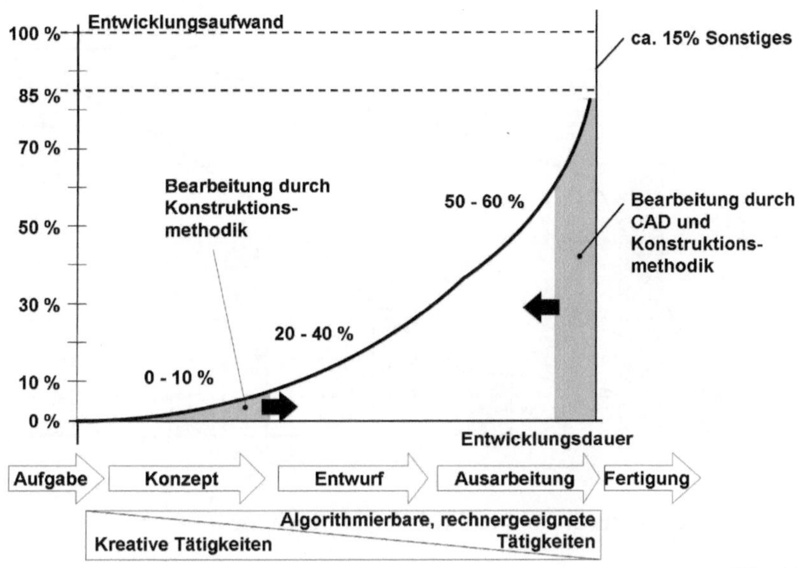

Abb. 6.11   Aufwand der Produktentwicklung

6.2.3.2   Kosten im Produktlebenslauf

Noch wichtiger ist allerdings die Tatsache, dass bereits in der Entwicklung die Kosten der Produkte festgelegt werden. Das bedeutet, dass selbst bei Anwendung rationellster Fertigungstechniken, nur ein begrenzter Spielraum für die Reduzierung der Kosten besteht. Ebenso haben spätere Nutzer der Produkte kaum eine Möglichkeit, die durch die konstruktive Auslegung festgelegten Betriebskosten zu senken. Damit wird deutlich, dass die Aufwendungen der Entwicklung eine strenge Relation zu den späteren Kosten im Produktleben haben.

Die konstruktive Gestaltung der Bauweisen, die Festlegung der Werkstoffe oder die Verwendung bestimmter Bauelemente, wie Rollenlager, Motoren, Steuerungen erfolgt in der Konstruktion.

Abb. 6.12 zeigt grafisch den Zusammenhang zwischen Kostenfestlegung (wo werden im Unternehmen Entscheidungen getroffen, welche die Kosten des Produktes festlegen und bestimmen) und Kostenverursachung (welche Kosten werden in den einzelnen Bereichen bei der Produktentstehung/-produktion verursacht).

Als Beispiel kann hier die Bedeutung der Konstruktion bezüglich der Kostenfestlegung für das gesamte Produkt angeführt werden. Einer Kostenfestlegungsrate von 70 bis 80 % steht eine Kostenverursachung im Rahmen der Konstruktion von nur 10 % gegenüber. Gerade weil der Anteil an der Kostenfestlegung in der Konstruktion derart hoch ist, wird davon ausgegangen, dass sich in diesem Bereich die höchsten Einsparungspotentiale von 30 - 50 % durch eine nach Kosten optimierte Gestaltung und Ausführung erschließen lassen. Insbesondere im Automobilzulieferbereich wurde in den letzten Jahren bewiesen, dass solche Einsparungen auch in der Realität erzielbar sind.

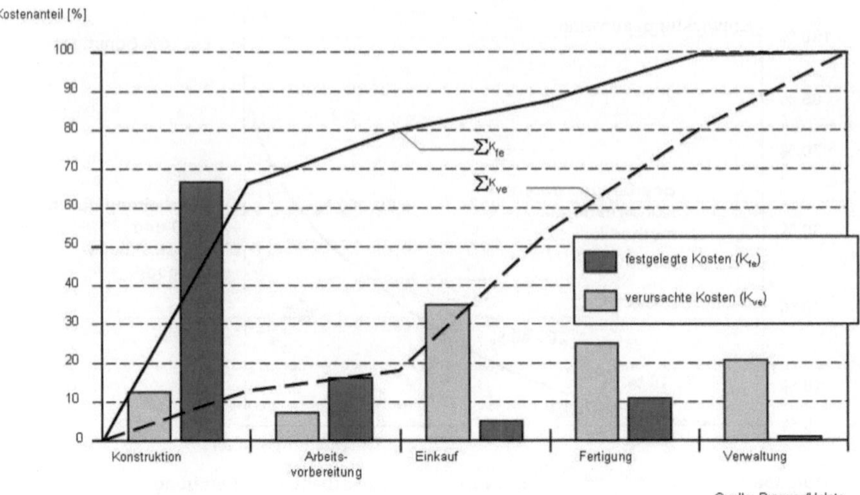

Abb. 6.12   Kostenfestlegung und Kostenverursachung

Ein grundlegendes Beispiel für den Zusammenhang zwischen Kostenfestlegung
einer Konstruktion und der Kostenverursachung ist im Bereich der Toleranzen zu
finden. Toleranzen aus der Sicht der Konstruktion sollen so bemessen sein, dass
die Funktion und Leistung nicht beeinträchtigt werden. Die Fertigung hingegen
kann bestimmte Genauigkeiten (Maß für die absoluten Werte) nur mit spezifischen Verfahren erreichen. Aufgrund der grundsätzlichen Instabilität der Prozesse
benötigt die Fertigung ebenfalls Toleranzen, innerhalb derer die Masse streuen
dürfen. Mit steigender Genauigkeit und mit engeren Toleranzen steigen die Kosten überproportional. Dies zeigt Abb. 6.13.

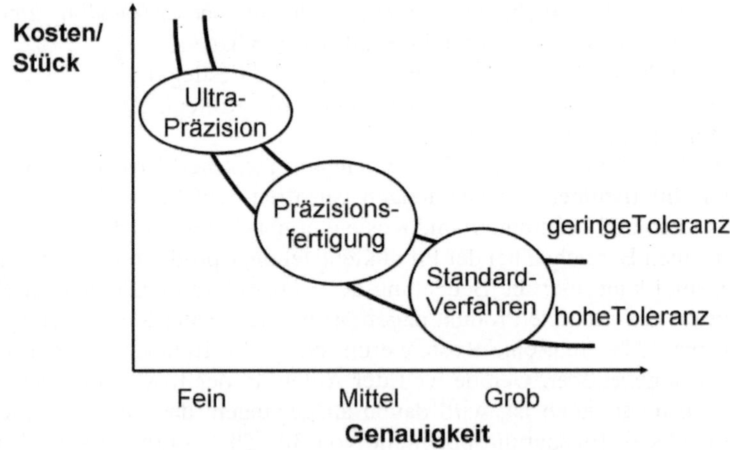

Abb. 6.13   Genauigkeit, Toleranzen und Kosten pro Stück

Selbst bei den Standardverfahren der Fertigungstechnik wird eine Reduzierung der Toleranzen unmittelbar zu höheren Kosten führen. Dies ist auf die höheren Aufwendungen für die Fertigungseinrichtungen, die Werkzeuge und Messmittel zurückzuführen. Mittlere und feine Genauigkeiten verlangen andere Verfahren, wie beispielsweise Präzisionsverfahren (1-10 μm) mit teureren Maschinen. Geht man in den Bereich der Ultrapräzision, so müssen besondere Klimata (Temperatur, Luftfeuchtigkeit) und besondere hochgenaue Maschinen eingesetzt werden, um die Anforderungen zu erfüllen. Die Einschnürung der Toleranzen wird auch hier zu exponentiellem Anstieg der Kosten führen. Genauigkeiten und Toleranzen legen die Konstruktion fest.

Es geht also um die Beeinflussbarkeit der Kosten der Herstellung durch eine auf minimale Kosten ausgerichtete Konstruktionsweise.

Außer der Kostenfestlegung und -verursachung von Produkteigenschaften besitzen auch die Beeinflussbarkeit und Beurteilbarkeit eine ähnliche Aussagekraft (siehe Abb. 6.14). In den frühen Stadien der Entwicklung ist das Produkt noch kaum festgelegt. Außer dem Pflichtenheft, gibt es (noch) keine verbindlichen Unterlagen. Im Laufe des Entwicklungsprozesses werden jedoch die Funktionen und die Gestalt des Produktes immer genauer spezifiziert, sodass Änderungen mit einem immer größeren Aufwand verbunden sind.

Demgegenüber ist die Beurteilbarkeit von Produkteigenschaften und Kostenauswirkungen am Anfang gering, da noch keine genauen Spezifikationen vorliegen. Erst beim fertigen Produkt können diese Bewertungen genau erfolgen.

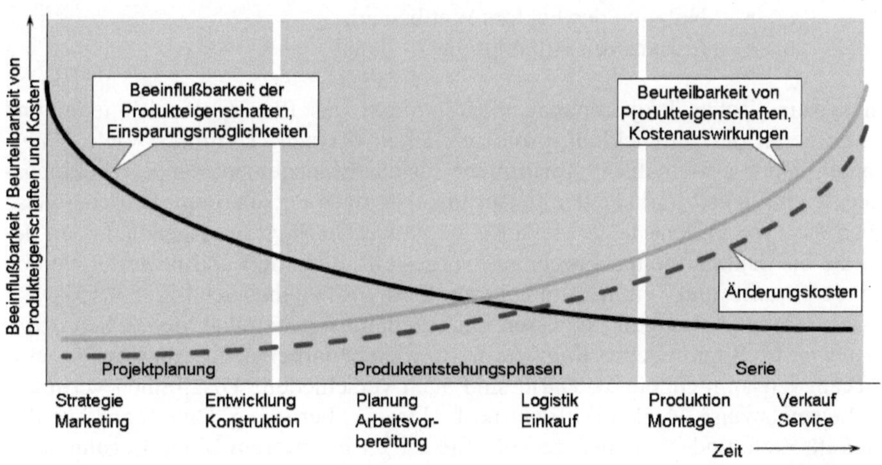

Abb. 6.14   Verlauf von Produkt- und Kostenbeeinflussung und -beurteilung im Wertschöpfungsprozess

Maßnahmen der Prävention zu hoher Kosten lassen sich im Prinzip sehr einfach definieren:

- Fertigungs- und montagerechte Konstruktion
- Design to cost, Target costing

Unternehmen leiten aus den Marktanalysen Zielvorgaben für die Kosten der Produkte ab. Diese werden als so genannte Targets (Ziele) der Konstruktion vorgegeben. Begleitend zur Konstruktion erfolgt die Kostenmäßige Bewertung durch eine Stückkostenrechnung (vgl. Abschnitt 6.3).

Eine wesentliche Verbesserung der Kostensituation wird ferner durch die Einbeziehung der Arbeitsvorbereitung in die Entwicklung erreicht, da sie Erfahrung und Wissen der Fertigung einbringt.

6.2.4 Entwicklungszeit

Nicht allein die Kosten, sondern auch die Dauer der gesamten Entwicklung von Produkten wird heute zum Wettbewerbsfaktor. Dazu gilt es, folgenden Zusammenhang zu beachten. Die Zeit, die für die Entwicklung von der Produktplanung bis zur Realisierung der Prototypen benötigt wird, bestimmt den Zeitpunkt des Markteintritts. Gelingt es nun, vor dem Wettbewerb Produkte auf den Markt zu bringen, dann werden höhere Marktanteile erreicht. Umgekehrt gehen Marktanteile durch zu späten Verkauf verloren. Die schnellen Unternehmen haben gewissermaßen Vorteile. Folgende Möglichkeiten hat ein Unternehmen, die Entwicklungszeiten zu reduzieren:

- Projektmanagement
- Parallelisieren der Prozesse
- Nutzung des Faktors Wettbewerb
- Einsatz von Hilfsmitteln

Ein systematisches Projektmanagement umfasst das Planen, Koordinieren und Kontrollieren der Entwicklungsprojekte (Zeiten, Kosten, Termine). Viele Unternehmen haben systematisch Ablaufpläne für das Management der Entwicklungsprojekte entwickelt und setzten hierfür unabhängiges Personal ein. Üblicherweise haben die Projektpläne feste Meilensteine –auch *Quality Gates* genannt – an denen die bis dahin erzielten Ergebnisse vorgestellt, diskutiert und bewertet werden und die Termin- und Zeiteinhaltung kontrolliert wird (siehe auch [52, 53, 55])

Das Parallelisieren von Prozessen führt zu dem so genannten *Simultaneous Engineering*. Im Simultaneous Engineering werden Mitarbeiter für einzelne Prozesse in Teams zusammengefasst. Darin sind auch verschiedene Disziplinen vertreten, wie beispielsweise Mechanik, Elektrik, Elektronik, Fertigung. Den Teams werden konkrete Ziele und Aufgaben gestellt. Sie bilden in unserem Sinne Leistungseinheiten.

Das so genannte *Concurrent Engineering* nutzt die Tatsache aus, dass vielleicht durch die gleichzeitige Vergabe von Entwicklungsaufgaben an Wettbewerber eine massive Beschleunigung erreicht werden kann. Beispielsweise wird eine Entwicklungsaufgabe gleichzeitig an mehrere Zulieferer vergeben, die um einen späteren Auftrag konkurrieren und dafür bereit sind, Entwicklungs- und Konstruktionsaufgaben zu übernehmen.

> **Simultaneous Engineering**
> Um den Produktentwicklungsprozess zu beschleunigen, parallelisiert das Simultaneous Engineering (SE) die Vorgänge des Entwicklungsprozesses. Im Gegensatz zur sequentiellen Abarbeitung der einzelnen Entwicklungsschritte versucht das SE, unabhängige Vorgänge gleichzeitig durchzuführen und voneinander abhängige Vorgänge so weit als möglich überlappen zu lassen. Neben der erheblichen zeitlichen Beschleunigung ist die erforderliche verstärkte Kommunikation zwischen den einzelnen Vorgängen ein wesentlicher Vorteil des SE.

> **Concurrent Engineering**
> Unter Concurrent Engineering (CE) wird die Integration und gleichzeitige Ausführung von Entwurfs- und Herstellungsprozessen während des gesamten Produktlebenszyklusses verstanden. CE ist eine systematische Methode zur integrierten Produktentwicklung, mit Schwerpunkt auf den Kundenerwartungen.

Der Einsatz von Hilfsmitteln konzentriert sich vorwiegend auf Systeme des Managements von Entwicklungs- und Konstruktionsdaten sowie auf Informations- und Wissensmanagementsysteme.

Aufgrund der hohen Bedeutung der Qulitäts-, Kosten und Zeitziele und der entsprechenden Zielverfolgung sollen nun einzelne Methoden zur Unterstützung der Entwicklungsprozesse beschrieben werden.

6.3   Design to x

Die Produktentwicklung legt neben den Eigenschaften eines Produktes auch weitestgehend die zur Herstellung notwendigen Materialien und Prozesse bzw. Verfahren fest. Wie bereits in den vorherigen Abschnitt ausführlich besprochen, wirken sich Entscheidungen, die in der Produktentwicklung getroffen werden, gravierend auf alle nachfolgenden Phasen des Produktlebenszyklus aus. Während der Produktentwicklung sind deshalb aus unterschiedlichsten Bereichen eine Vielzahl von Restriktionen zu beachten und einzuhalten.

In der betrieblichen Praxis sind immer stärker Aspekte des Lebenslaufs der Produkte zu berücksichtigen. Zum Teil entstehen daraus harte Ziele (so genannte Targets), wie beispielsweise Kosten oder Zeitpunkte der Fertigstellung oder Leistungsmerkmale (Qualität) und zum Teil geht es um die Sicherstellung der Machbarkeit und Vorteilhaftigkeit, wie beispielsweise Herstellbarkeit, Montierbarkeit, Austauschbarkeit oder Recyclingfähigkeit. In diesem auf Vorteilhaftigkeit ausgerichteten Bereich wendet man die besten bekannten Lösungen an (vgl. auch [38]).

Abb. 6.15 zeigt in einer Übersicht die Systematik der Konstruktionsaspekte aus dem Produktlebenslauf.

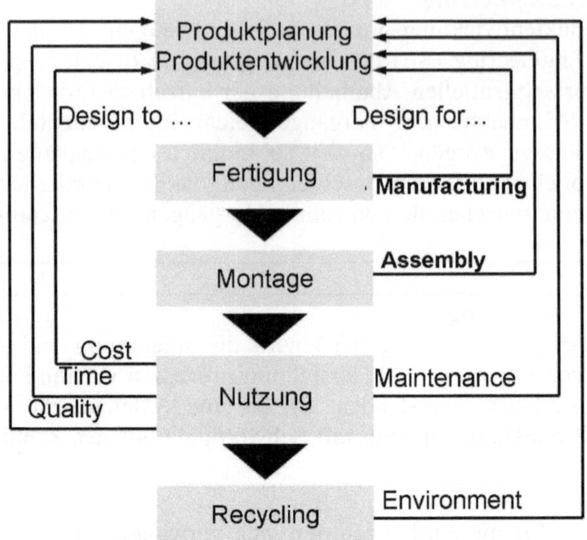

Abb. 6.15   Berücksichtigung des Produktlebenslaufes in der Konstruktion

Im englischen Sprachgebrauch steht das „Design" für Konstruktion und Ausführung einer Konstruktion. Deshalb haben sich hier Begriffe des „Design to" und des „Design for" eingebürgert. Das „Design to cost, quality, time" bezieht sich auf die harten Ziele, die erreicht werden müssen, während das „design for Manufacturing, Assembly, Maintenance, Environment" eher für die Machbarkeit und Vorteilhaftigkeit steht.

Unter dem Begriff „Design to x" wird das methodische Entwickeln unter Berücksichtigung aller Restriktionen verstanden. Das „x" steht hierin als Platzhalter für die unterschiedlichsten Ziele und Restriktionen. Als Ziele können hierbei eine gewinnoptimierte Herstellung (Design to Cost), ökologische Aspekte (Design for Recycling) gesetzliche Auflagen und viele andere Zielsetzungen (Design for Manufacturing, Design for Assembly) zu Grunde liegen.

6.3.1 Design to Cost, Quality, Time

In vielen Bereichen widersprechen sich mehrere Restriktionen oder schließen sich gegenseitig aus. In diesen Fällen muss das Entwicklungsteam zwischen verschiedenen Restriktionen abwägen und diese gewichten. Auch hier spielen die drei Leistungsziele Kosten, Qualität und Zeit eine entscheidende Rolle und stellen die primären Zielgrößen dar. Doch schon alleine diese drei Zielgrößen beeinflussen sich oft stark und führen zu Zielkonflikten. Eine gewünschte Qualitätssteigerung (Design to Quality) eines Produktes kann zu einer direkten Erhöhung der Produk-

tionskosten führen. Man sucht also nach der besten Lösung, um Kosten und Qualitätsziele gleichzeitig zu erreichen. Für das Design to Cost werden die zu erreichenden Zielkosten aus den Preisen abgeleitet (Preis, Gewinn, Verwaltungs- und Vertriebskosten)
Heute werden in vielen Fällen die Kosten für Recycling oder Entsorgung in der Produktentwicklung unterschätzt oder nicht berücksichtigt, was zu einer falschen Kalkulation der Produktkosten führt. Diese Tatsache führt heute zu der Forderung nach einem strategischen „Product Life Cycle Costing", welches eine Aufschlüsselung der Kosten nach dem Verursacherprinzip beinhaltet. Auf diese Weise können durch Maßnahmen in der Produktentwicklung hohe Folgekosten in nachgeschalteten Lebensphasen vermieden werden.

Neben den Zielgrößen Qualität und Kosten spielt heute der Faktor Zeit (time) oftmals die entscheidende Rolle. Hochwertige Produkte zu einem angemessenen Preis werden von den meisten Kunden vorausgesetzt. Um sich im Markt gegenüber der Konkurrenz behaupten, ist die termingerechte Fertigstellung und Markteinführung entscheidend. Im Maschinenbau werden viele Maschinen und Anlagen nach Kundenwünschen ausgelegt. Sie haben dann immer einen Anteil an neuen Konstruktionen. Gerade hier spielt die termingerechte Fertigstellung eine sehr entscheidende Rolle, da hiervon die Liefertermine unmittelbar betroffen sind.

Trotz der von vielen Kunden gewünschten langen Lebensdauer eines Produktes werden die Lebenszyklen der Produkte auf Grund der schnellen technologischen Weiterentwicklung oder schnelllebigen Modetrends immer kürzer. Auch hier ist die Leistungsgröße Zeit in Form von kurzen Entwicklungszeiten (Design to Time) der Schlüssel für ein erfolgreiches Bestehen am Markt.

6.3.2 Design for Manufacturing, Assembly, Maintenance, Environment

Der Produktlebenszyklus endet nicht mit der Produktion eines Produktes. Nach der Inbetriebnahme und gesetzliche Rahmenbedingungen wie Produkthaftung und Gewährleistung, dem Service (Instandhaltung/Instandsetzung) während des Produktgebrauchs schließt sich der Lebenszyklus mit der Entsorgung bzw. dem Recycling. Aus allen diesen Produktlebensphasen werden eine Vielzahl an Anforderungen und Restriktionen an die Produktentwicklung gestellt. Um ein Optimum aus den drei Leistungszielen Zeit, Kosten und Qualität erreichen zu können, müssen die Restriktionen ermittelt, bewertet und berücksichtigt werden. Machbarkeit und Vorteilhaftigkeit beziehen sich in erheblichem Masse auf Erfahrungen und praktische Kenntnisse der Fabrik, der Kunden und Betreiber sowie der Umwelt.

Eine fertigungsgerechte Konstruktion – *Design for Manufacturing* – kann vor allem dazu beitragen, Fehlerquoten zu senken und kostengünstige Verfahren einzusetzten. Darüberhinaus kann durch die gezielte Auswahl geeigneter Fertigungsverfahren und durch die Gestaltung von Werkzeugen und Vorrichtungen oder anderer Hilfsmittel ein erheblicher Beitrag zur Einsparung an Zeit und Vermeidung von Verschwendungen (Abfall, Nutzungszeiten, umständliche Operationen, robuste Prozesse, geleistet werden.

Das *Design for Assembly* zielt auf die Montierbarkeit von Produkten. Durch eine systematische Strukturierung der Produkte (siehe Stücklisten) und durch frühes Studium der Montageabläufe bereits während der Konstruktion kann eine Montierbarkeit sichergestellt werden. Dabei ist zu berücksichtigen, ob die Montage von Hand durch Menschen oder durch Automaten erfolgen soll. Im Falle manueller Montage müssen ergonomische Aspekte berücksichtigt werden: Gewicht, Zugänglichkeit der Räume, Verletzung an Kanten, Beschädigung anderer Teile etc. Bei automatisierter Montage steht die Handhabbarkeit der Teile, aber auch die Automatisierung der Fügeverfahren mit spezifischen Restriktionen im Vordergrund.

Das *Design for Maintenance* berücksichtigt die Diagnostizierbarkeit der Produkte ebenso wie die Demontierbarkeit (z.B. durch lösbare Verbindungen), aber auch die schnelle Austauschbarkeit von Teilen. In manche Produkte werden heute bereits Diagnosesysteme integriert.

Unter den Aspekten der Umweltverträglichkeit gibt es eine Fülle zu berücksichtigender Faktoren und Restriktionen, aber auch die Vorteilhaftigkeit. Wichtige Aspekte sind: Verbrauch an Werkstoffen, Werkstoffrecycling, Verbrauch an Energie, Verbrauch an Schmierstoffen oder Prozessstoffen, Emissionen und Verschmutzung, Entsorgung von Abfällen aus den Prozessen etc. Die Berücksichtigung des Verhaltens in der Umwelt führte zu einem „*Design for Environment*" (DFE), welches das Studium der Umweltbeeinträchtigung und des Verzehrs von natürlichen Ressourcen zur Entscheidungsgrundlage macht.

Der moderne Konstruktionsprozess benutzt diese Methoden und benötigt dafür Informationen und Hilfsmittel. Er ist heute ohne den Einsatz von rechnerunterstützten Hilfsmitteln nicht mehr denkbar. Diese Hilfsmittel reichen von CAD- und Visualisierungswerkzeugen über Prozess- und Ablaufsimulationen bis hin zur dreidimensionalen Echtzeitabbildung in der virtuellen Welt. Am Ende dieses Gedankens steht die Vision einer virtuellen Fabrik, mit der sich scheinbar real zukünftige Produkte auf geplanten Produktionslinien virtuell herstellen (simulieren), bewerten und optimieren lassen.

6.4   Digitale Produktentwicklung

Neue Produkte müssen in immer kürzeren Zeiten entwickelt und auf den Markt gebracht werden. Die zur Entwicklung verfügbare Zeit für ein neues PKW-Modell liegt heute bei 3 bis 4 Jahren. Man versucht deshalb, mit dem Einsatz von Werkzeugen die Entwicklungszeit zu verkürzen (vgl. Abschnitt 6.2.4). Kern dieser Technik sind CAD-Systeme. Das CAD – Computer Aided Design – war der Ausgangspunkt einer stürmischen Entwicklung vom einfachen CAD bis hin zum vollständig in drei Dimensionen darstellbaren Produkt, das wir digitales Produkt nennen. Diese Entwicklung vom CAD zum digitalen, d.h. vollständig im Rechner abgebildeten Produkt zeigt die Abb. 6.16.

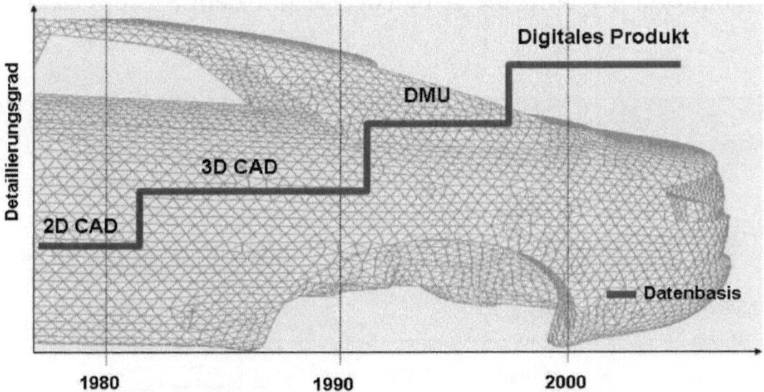

Abb. 6.16	Entwicklung der Konstruktionssysteme vom CAD zum digitalen Produkt

---

CAD = Computer Aided Design
erlaubt das Konstruieren von Produkten am und mit Rechnern. In den Rechnern wird die Geometrie mit so genannten Modellen abgebildet – rechnerinterne Darstellung. Die Darstellung reicht von einfachen Elementen wie Punkten und Linien bis zu volumetrischen Körpern oder gar Produkten, den digitalen Produkten.

Die Erstellung von Einzelteilzeichnungen war das Kern-Anwendungsgebiet der CAD-Systeme. Für einfache Zeichnungen reichen nach wie vor auch einfache rechnerinterne Abbildungen der Geometrie. Sollen aber komplexe Bauteile dargestellt werden, so ist eine 3D-Technik erforderlich. Mit diesen lassen sich mehrfach gekrümmte Flächen, wie sie für aerodynamisch optimale Formen benötigt werden ebenso mathematisch exakt im Rechner abbilden wie auch Bauteile mit einer Vielzahl von Formelementen. Führt man nun die Bauteile in einer 3D-Darstellung zu einem Produkt zusammen so entsteht ein Produktmodell. In der Zwischenstufe gelang es zunächst nur einzelne Räume eines Produktes abzubilden. Diese Stufe wurde DMU (Design-Mock-Up) genannt. Der Begriff Mock-up kommt aus der Luftfahrt-Industrie und bezeichnet ein stark vereinfachtes Produktmodell aus Holz oder Kunststoff, mit dem sich komplizierte konstruktive Lösungen anschauen ließen. Heute erlauben die hochentwickelten Systeme eine vollständige Darstellung der Produkte in 3D.

6.4.1 Computer Aided Design (CAD)

Mit Hilfe des CAD lassen sich also Zeichnungen - geometrische Darstellungen von Einzelteilen, Baugruppen oder Produkten – erstellen. CAD-Systeme in der einfachsten Form sind grafisch arbeitende Rechnersysteme, mit dem Konstrukteure Zeichnungen erstellen können. Hinter der Oberfläche der Systeme, sozusagen im Rechner, findet eine rechnerinterne Geometriedarstellung statt. Je mächtiger diese ist, umso komfortabler wird die Arbeitsweise mit dem System (Abb. 6.16, Abb. 6.17)

Bezeichnung	Geometrie-elemente	Beispiele
2D Linienmodell	Punkt Linie	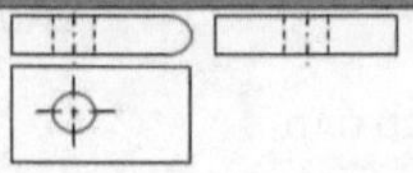
2 1/2 D Profillinienmodell	Punkt Linie Vektor	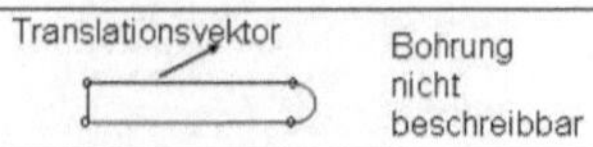 Translationsvektor — Bohrung nicht beschreibbar
3D Drahtmodell	Punkt Linie	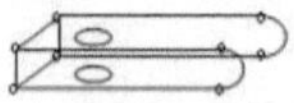
3D Flächenmodell	Punkt Linie Fläche	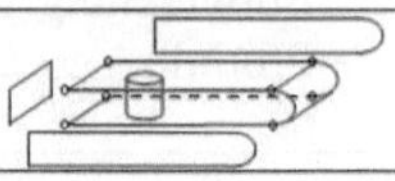
3D CSG-Volumenmodell (constructive Solids Geometry)	Volumen	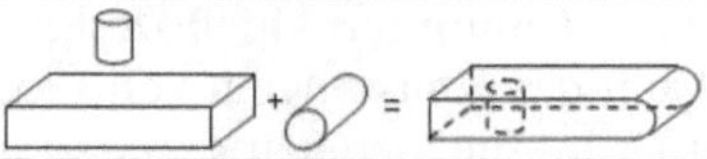
3D B-Rep-Volumenmodell (Boundary Representation)	Punkt Linie Fläche Volumen	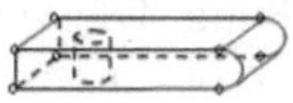

Abb. 6.17   Rechnerinterne Darstellung der Geometrie von Einzelteilen in CAD-Systemen

Neben den reinen Geometriedaten eines Produktes oder Bauteils werden weitere Informationen, wie z.B. Toleranzen oder Bearbeitungshinweise benötigt. Diese lassen sich in Form von Toleranzmodellen oder auch mittels Symbolen mit der Geometrie verbinden.

CAD-Anwendungen haben sich auch auf die Bereiche der Elektrik und Elektronik z. B. Zur Erstellung von Stromlaufplänen oder dem Layout von Halbleitern ausdehnen lassen, sodass man heute feststellen kann, dass die CAD-Systeme für nahezu alle Entwicklungs- und Konstruktionsaufgaben von Produkten und Betriebsmitteln eingesetzt werden.Für spezifische Anwendungen wie beispielsweise das Design von Produkten aber auch für spezifische Sektoren wie beispielsweise den Bereich der Gebäude-Ausstattung oder die Architektur gibt es spezifische Lösungen.

Das folgende Bild (Abb. 6.18) zeigt als Beispiel die Darstellung eines Bauteils in 3D wie es sich einem Betrachter zeigen würde. Verdeckte Flächen und Formen werden ausgeblendet. Mit Farben lassen sich spezielle Formen und Formelemente sichtbar machen. Das Bauteil kann beliebig geschnitten werden oder als übliche 2D-Zeichnung ausgegeben werden.

Die Funktionen der CAD-Systeme erlauben sowohl eine Konstruktion in der üblichen 2D als auch in einer 3D-Arbeitsweise der Konstrukteure. Zusätzliche

Tools stehen zur Modellierung zur Verfügung, um aus Skizzen heraus Konstruktionen abzuleiten. Heute ist ein Trend zu Systemen mit vollständiger 3D-rechnerinterner Darstellung festzustellen, da sich hier die Chance zur höchstmöglichen Integration anderer Werkzeuge für Entwicklung und Produktionsvorbereitung ergibt.

Ein wesentlicher Aspekt der Vernetzung von CAD Systemen mit anderen Werkzeugen liegt in den Schnittstellen:

- Standards für die Beschreibung aller Produktdaten, die den unternehmensinternen und übergreifenden Austausch auch in heterogenen Systemlandschaften ermöglichen,
- der Einsatz von CSCW (Computer Supported Cooperative Work) - Werkzeugen, die das gleichzeitige Entwickeln an einem Produkt von mehreren Standorten aus unterstützen,
- die Bereitstellung von Werkzeugen, die ein effizientes und effektives Suchen in lokalen bis globalen Informationsbeständen ermöglichen,
- die Entwicklung von Werkzeugen, mit denen komplexe und dynamische Entwicklungsvorgänge parallelisiert und synchronisiert sowie teambasierte Problemlösungsprozesse optimal unterstützt werden können.
- die Entwicklung von Methoden des Virtual Engineering, bei dem Produkte im Rechner ganzheitlich beschrieben werden, sodass sich der Aufwand für Prototypenbau und Tests verringert.

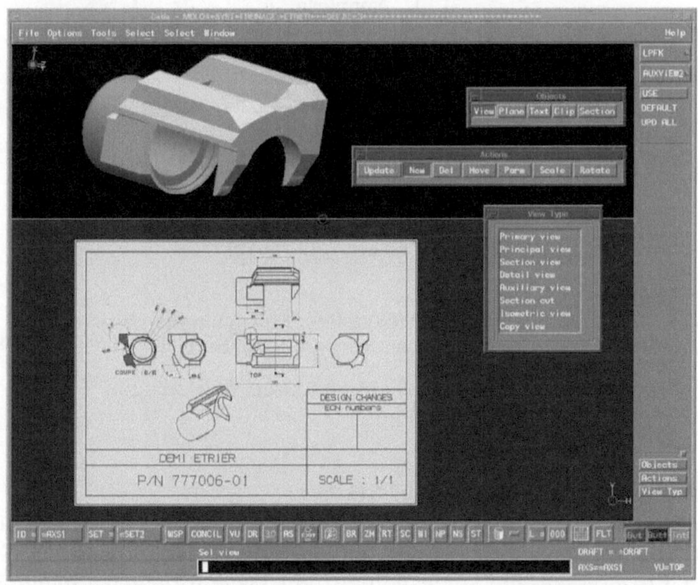

Abb. 6.18   Vollständig digitale Bauteilbeschreibung [Quelle: IBM]

CAD- Systeme werden dazu in ein Management-Konzept integriert, das alle Bereiche der Anwendung wie auch des Daten- und Informationsflusses in der Entwicklung umfasst. Es liefert auch die Daten und Informationen an die nachfolgenden Bereiche.

6.4.2 Product Data Management

Wie Abbildung 6.19 zeigt, ist es das Ziel der laufenden Entwicklungen, den Konstrukteur bei allen Fragen der Optimierung des Produktes für seinen gesamten Lebenszyklus zu unterstützen. Also nicht nur bei der konstruktiven Gestaltung, sondern auch bei der Berechnung und Optimierung der Eigenschaften der Produkte, bei der Analyse des Verhaltens in Strömungen oder bei der ergonomischen Gestaltung oder der Untersuchung der Herstellbarkeit. Das folgende Bild (Abb.6.19) zeigt die Verknüpfung von CAD mit anderen Systemen im Rahmen der digitalen Produktentwicklung. In diesen Umgebungen können auch Untersuchungen (Evaluationen) durch Simulationen vorgenommen werden, wie beispielsweise das Verhalten bei Kollisionen, das Bremsverhalten von Fahrzeugen oder die Optimierung unter aerodynamischen Gesichtspunkten.

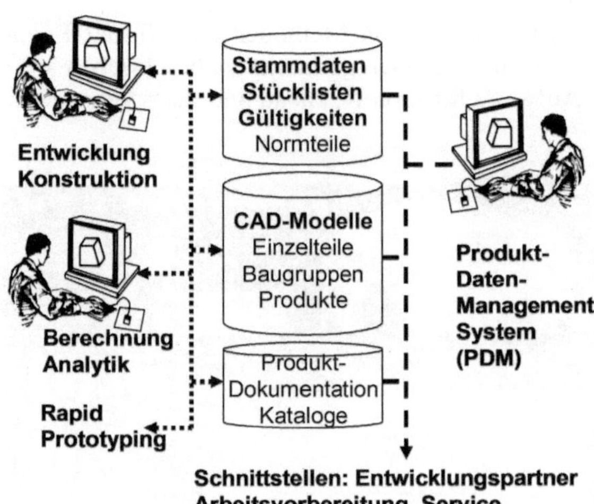

Abb. 6.19   Integration von CAD mit anderen Werkzeugen
                      der Produktentwicklung

PDM: Product Data Management System
ist ein Datenbank-System (verteilt oder zentral), in dem die Produktdaten gespeichert, verwaltet modifiziert und aktualisiert werden. Auf dieses System, das auch Prozessoren zur Umwandlung von Datenformaten (Schnittstellen) enthält, greifen die verschiedenartigen Anwendungen zu. So z.B. auch Entwicklungspartner, Arbeitsvorbereitung und Service.

In der modernen Produktentwicklung werden die CAD-Systeme dazu mit andern Werkzeugen verknüpft. So zum Beispiel mit Werkzeugen zur Berechnung der Festigkeit (Finite-Element-Systeme). Über eine gemeinsame Datenbasis und standardisierte Schnittstellen können die Werkzeuge zur Berechnung und Analyse oder zur Erstellung von Produktdokumenten unmittelbar auf die CAD-Daten-Modelle zugreifen.

Die große Menge an Daten wie auch die Sicherung der Aktualität oder die Verknüpfung mit zahlreichen Anwendungen erfordert ein eigenes Datenmanagement-System für Produktdaten. Dies wird PDM (Product Data Management) genannt.

Eine vollständige digitale Produktbeschreibung, wie sie in modernen Systemen vorhanden ist, ermöglicht die Realisierung eines „Digital Masters". Durch die Nutzung der Daten, beispielsweise zur Umsetzung so genannter Digital Mock-ups, können physische Versuche durch dynamische Simulationen und Virtual Reality Anwendungen ersetzt, Variantenkonfigurationen vereinfacht und die Wiederverwendbarkeit von Komponenten erhöht werden (Abb. 6.20).

Die Abbildung stellt die Vernetzung der Arbeiten in der Produktentwicklung dar. Es geht nicht allein darum, den Konstrukteur bei den Routinearbeiten zu unterstützen, sondern auch darum, die Vernetzung mit Informationen aus anderen Prozessen zur Berücksichtigung der o.g. Aspekte des Designs zu erreichen.

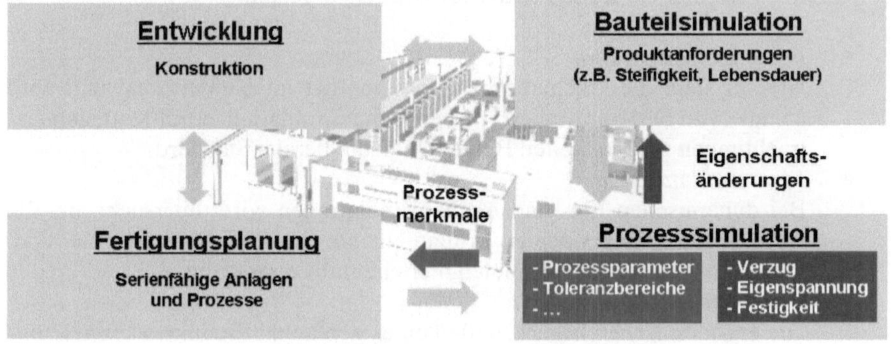

Abb. 6.20　　　Die durchgängige digitale Produktentwicklung

Für die Konstruktion ist der Bezug zur Berechnung der Bauteileigenschaften und ihres mechanischen und thermischen Verhaltens eine unabdingbare Voraussetzung. Die Berechnung der Steifigkeit oder Festigkeit einer Konstruktion kann gezielt zur Reduzierung des Gewichtes genutzt werden (Leichtbaukonstruktion).

Natürlich möchte man auf reale Prototypen verzichten. Dies würde aber bedeuten, dass die Produkte nicht nur vollständig mit allen Daten und Einzelteilen, sondern auch mit ihrem vollständigen technischen System, was heute nur teilweise gelingt.

Die Zusammenführung aller für das Produkt und dessen Herstellung notwendigen Daten in einem Produktmodell und deren Bereitstellung für weitere Betrachtungen, Simulationen und Optimierungen, führen zu einem Produktmodell. Diese rechnerbasierte und realistische Darstellung des Produktes wird „Digital Mock-Up" (DMU) genannt.

> **DMU Digital Mock-up:** eine vollständige Abbildung von Produkten im Rechner mit Produkt-Daten-Modellen. Als Mock-up bezeichnet man allgemein ein realisiertes Design- Modell, das dazu dient, komplexe Geometrien, Farben und Formen sowie Zugänglichkeiten anschaulich darzustellen.

Motivation zur Realisierung eines DMUs war der Wunsch, eine Vielzahl der bei der Produktentwicklung notwendigen Versuche nicht zeit- und kostenintensiv an realen Prototypen durchführen zu müssen, sondern dies schnell und effizient an digitalen Prototypen (DMU) mittels Simulationen umzusetzen. Über dies hinaus lassen sich an Hand von DMUs im Vorfeld weitere Untersuchungen durchführen, welche mit realen Prototypen nicht oder nur erschwert möglich wären. Neben einer Zeit- und Kostenersparnis soll durch den Einsatz von DMUs die Anzahl der Re-Design-Zyklen verringert, die Konstruktion aus fertigungstechnischer Sicht abgesichert und ein höherer Reifegrad zum Zeitpunkt des Serienstarts erreicht werden. Letztendlich fördert ein gemeinsam genutzter digitaler Prototyp die Kommunikation zwischen allen an der Produktentwicklung beteiligten Personen. Im Folgenden werden die Einsatzfelder für DMUs vorgestellt:

- *Produktfunktionalität*
  Hierbei steht die kinematische Funktionalität im Vordergrund und wird anhand von DMUs validiert. Dynamische Simulationen mit Kollisionsbetrachtungen sind in weiten Bereichen heute bereits Standard.
- *Montagesimulation*
  Bei dynamischen Ein- und Ausbausimulationen wird untersucht, ob alle Bauteile und Komponenten prinzipiell montier- und demontierbar sind. Kollisionsbetrachtungen spielen hier ebenfalls eine Rolle.
- *Ergonomieuntersuchungen*
  Die ergonomischen Eigenschaften eines geplanten Produktes können mittels DMUs zu jedem Entwicklungszeitpunkt getestet und validiert werden. Hierzu kommt immer mehr die Technologie der virtuellen Realität zum Einsatz, welche mittels verschiedener Techniken dem menschlichen Auge den Eindruck vermittelt, das Produkt dreidimensional frei im Raum betrachten und bewegen zu können.
- *Visualisierung*
  Eine wichtige Funktionalität des DMUs ist die Möglichkeit der realitätsnahen Visualisierung, welche es sowohl dem Konstrukteur, dem Designer und dem Management erleichtert, sich einen dreidimensionalen Eindruck des Produktes und seiner Funktionsweise zu verschaffen.

Die Arbeitsweise der Produktentwicklung ändert sich natürlich vor allem dadurch, dass die Gestaltung der Produkte „im virtuellen Raum" ausgeführt wird. Die räumliche Präsentation von ganzen Produkten in veränderbaren beliebigen Ansichten und Detaillierungsgrad nennt man auch „Gestalten in virtuellen Umgebungen".

Dennoch ist es in allen Entwicklungen notwendig, eine physische Realisierung in Form von Prototypen durchzuführen. Dazu wird eine schelle und datentechnische Verbindung zum „Rapid Prototyping" gesucht. Die folgende Abbildung (Abb. 6.21) zeigt dieses Konzept.

Der Einsatz von digitalen Prototypen hat die Anzahl realer Prototypen stark reduziert, den Produktentwicklungsprozess verkürzt und die Qualität der Entwicklungsdaten deutlich verbessert. Dennoch wird man um physische Prototypen nicht herumkommen. Die Kernfrage ist, ob man bei der simulierten Evaluation auch unter die wirklichen realen Bedingungen erreicht oder ob dies vollständig ist. Eine vollständige Ablösung der realen Prototypen durch DMUs wird aber auch in Zukunft noch nicht möglich sein. Deshalb benötigen wir Techniken, um möglichst schnell aus den Konstruktionsdaten reale Produkte entstehen lassen zu können.

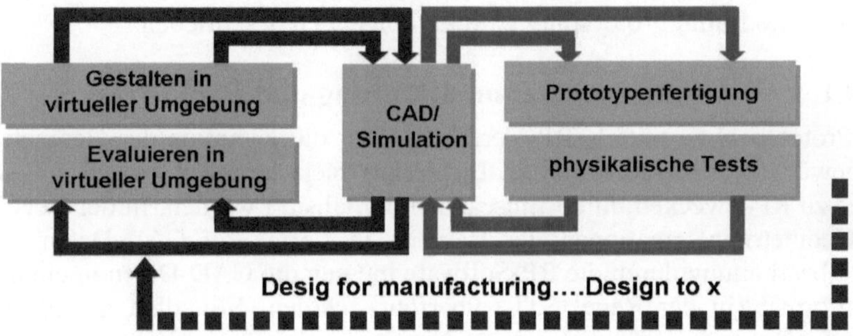

Abb. 6.21   Digitales und reales Prototyping

6.4.3 Rapid Prototyping

Die konventionelle Prototypenherstellung bedient sich neben Verfahren, wie dem Modellieren und manuellen Bearbeiten und Fügen von Materialien, vor allem der klassischen Fertigungsverfahren wie NC- und Kopierfräsen, Drehen, Schleifen, Erodieren und gegebenenfalls dem Urformen durch Gießen. Mittels Mehrachs-CNC-Bearbeitungszentren (siehe Kap.9) können Prototypen über ein NC-Programm direkt aus dem vollen Material gefertigt werden. Dieses Verfahren stößt aber bei komplexen Geometrien mit Hinterschneidungen und kompliziert ausgeformten Hohlräumen an seine Grenzen.

RPT: Rapid Prototyping Technologies
Sind Verfahren, die es gestatten aus einer CAD-Konstruktion unmittelbar Bauteile in einem Fertigungsprozess zu erzeugen. Sie

Die direkte Prototypenherstellung aus den CAD-Informationen eines Bauteils wird Rapid Prototyping genannt. Mit den heute eingesetzten Rapid Prototyping-Verfahren und deren Folgeprozessen lassen sich selbst komplizierte Bauteilgeometrien realisieren. Es können prototypische Bauteile und Werkzeuge (Rapid Tooling) aus Kunststoffen, Metallen und Keramiken in sehr kurzer Zeit hergestellt werden. Das derzeitige Haupteinsatzgebiet liegt in der Fertigung von Anschauungsobjekten, Funktionsprototypen und Vorserienwerkzeugen.

Zur Prototypenherstellung mittels Rapid Prototyping (RP) wird lediglich eine 3D-Geometriebeschreibung des zu fertigenden Bauteils benötigt, es muss kein NC-Programm erstellt werden. Als Schnittstelle zwischen den Geometriedaten (CAD) und der Rapid Prototyping Software hat sich das STL-Format (Stereolithography Language) durchgesetzt. Die RP-Software zerlegt die 3D-Informationen in dünne Schichten (Slicen) und generiert die für die RP-Anlage notwendigen Schicht- und Steuerinformationen. Diese Informationen werden von der RP-Anlage verarbeitet und das Werkstück wird Schicht für Schicht aufgebaut. Diesem Fertigungsprozess können sich noch Finishing- und Folgeverfahren anschließen. Die gesamte Prozesskette des Rapid Prototyping wird im Folgenden beschrieben:

6.4.3.1   3D-Geometriedatenmodellierung und Bauprozess

Der Prototypenbau mittels RP-Verfahren setzt die Kenntnis der Geometriedaten des gewünschten Bauteils voraus. Liegt ein Objekt bereits physisch vor, so muss dieses zu RP-Zwecken durch Einscannen digitalisiert werden. In der Regel liegen die Geometrieinformationen der Bauteile in Form von CAD-Daten vor. Zur Weiterbearbeitung durch die RP-Software müssen die CAD-Daten in ein neutrales Datenformat (in der Regel STL) überführt werden. Mit allen gängigen CAD-Systemen kann das STL-Format in Form von einer Exportfunktion erzeugt werden. Beim STL-Format wird die gesamte Geometrie des Bauteils durch Dreiecke beschrieben. Auf diese Weise ist jeder Dreieckspunkt auf der Randkontur mathematisch eindeutig beschrieben. Wird beim Zerteilen in Schichten (Slicen) eine Dreieckskontur durchgeschnitten, so kann dieser Schnittpunkt auf der Verbindungslinie zweier Punkte mathematisch eindeutig berechnet werden.

Aufgabe des RP-Bauprozesses ist es, aus den Geometrie- und Steuerdaten ein physisches Modell (Prototyp) zu fertigen. Hierzu muss zunächst über die mögliche Dicke der pro Ebene gefertigten Bauteilschicht die Zustellung in vertikaler Richtung bestimmt und festgelegt werden. Die Wahl der Schichtdicke bestimmt auch die Genauigkeit der Bauteilkontur. Wird die Schichtdicke zu groß gewählt, entsteht ein gestuftes Modell (treppenförmige Außenkontur). Außerdem muss der Bauteilquerschnitt für jede zu fertigende Ebene generiert und miteinander verbunden werden. Der Erzeugung eines physischen Modells stehen prinzipiell verschiedene physikalische Verfahren zur Verfügung:

- *Generierung eines Modells aus dem flüssigen Zustand* (Polymerisation)
- *Generieren aus dem festen Zustand* (Sintern von Pulvern, Verkleben und Aushärten von Pulvern mit Bindemitteln, Aufschmelzen mit anschließender Extrusion, Ausschneiden und Verkleben von Folien und Papierbögen)

- *Abscheidung aus der Gasphase* (besonders zur Erzeugung von Mikrostrukturen geeignet)

Nach dem Bauprozess in der RP-Anlage weisen die Prototypen meist nicht die gewünschte Oberflächengüte, Gefügestruktur, Dichte, Festigkeit und Härte auf. Aus diesem Grund müssen die generierten Modelle oft nachbearbeitet werden. Dies kann durch die klassischen Fertigungsverfahren wie Drehen, Fräsen, Schleifen oder z.B. durch Sandstrahlen und thermisches Abtragen erfolgen. Je nach angewandtem RP-Verfahren müssen z.B. noch Stützkonstruktionen und überschüssiges, anhaftendes Material entfernt oder die Bauteile noch anschließend in einem Ofen nachgesintert oder mittels ultravioletter Strahlung nachvernetzt werden.Die Abbildung zeigt zusammenfassend schematisch die RP-Prozesskette.

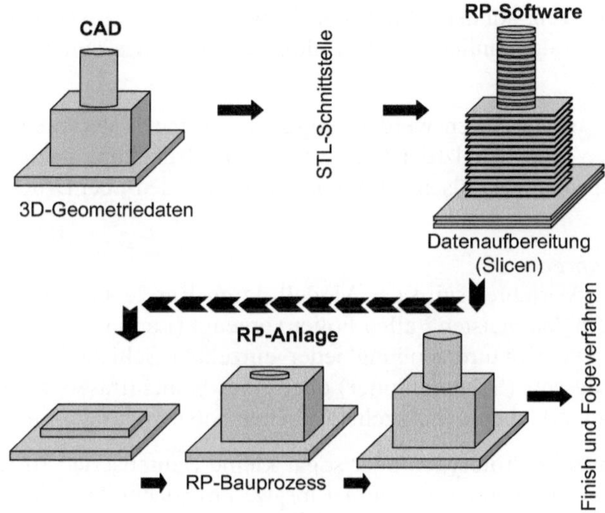

Abb. 6.22   Prozesskette des Rapid Prototyping

Bei einigen RP-Verfahren schließen sich an den RP-Bauprozess noch Folgeverfahren an, um aus dem RP-Prototypen ein seriennahes Modell oder eine Prototypenserie aus dem gewünschten Zielwerkstoff herzustellen.

6.4.3.2   Fertigungsverfahren des Rapid Prototyping

Im Folgenden werden die in der industriellen Anwendung am weitesten verbreiteten RP-Verfahren kurz vorgestellt:

Polymerisation
Ein flüssiges Monomer wird mittels Belichtung (in der Regel UV-Licht) örtlich ausgehärtet. Die unbelichteten Stellen des Monomers bleiben flüssig. Auf diese Weise wird das Bauteil Schicht für Schicht erzeugt. Die Belichtung kann durch

einen UV-Laser erfolgen, der die Bauteilkontur Ebene für Ebene abfährt. Eine weitere Möglichkeit der Belichtung stellt das Maskenverfahren dar. Hierbei wird für jede Schicht eine Maske erzeugt, durch die dann das Monomerbad belichtet wird. Die Masken werden in der Regel ähnlich dem XEROX-Kopierverfahren auf eine Glasscheibe aufgebracht.

Lasersintern
Ein vorverdichtetes Pulver wird mittels eines Lasers partiell aufgeschmolzen. Nach der Energieeinbringung durch den Laser erstarrt das Material, sodass nach und nach eine Bauteilebene nach der anderen gefertigt werden kann (siehe Kapitel 5, Selektives Lasersintern, Laserschmelzen).

3D-Drucken
Das Verfahrensprinzip des 3D-Druckens entspricht im Großen und Ganzen dem des Lasersinterns. Hierbei wird das Pulvermaterial jedoch nicht mittels eines Lasers aufgeschmolzen, sondern durch ein Bindemittel örtlich verklebt. Die Bindemittelinjektion erfolgt ähnlich dem Verfahrensprinzip eines Tintenstrahldruckers.

Extrusionsverfahren
Bei den Extrusionsverfahren werden aufgeschmolzene Materialien (in der Regel Polymere) über eine beheizte Düse oder einen Druckkopf gezielt Schicht für Schicht aufgespritzt. Bei Düsen erfolgt der Auftrag faden-, bei Druckköpfen tröpfchenförmig.

Laminate-Verfahren
Beim Laminate-Verfahren wird das Modell durch Verkleben aufeinander folgender Schichten (in den meisten Fällen Folien) erzeugt (Laminate Object Manufactoring, LOM). Die Konturerzeugung jeder einzelnen Schicht kann mittels eines Lasers, eines Messers (Schneidplotter) oder eines Schichtfräsers realisiert werden. Durch Aufeinanderkleben der einzelnen Ebenen entsteht das gesamte 3D-Modell.

Um serienidentische Prototypen oder sogar kleine Bauteilserien zu fertigen, kommen so genannte Folgeprozesse zum Einsatz. Folgetechniken sind in der Regel Abformverfahren, bei denen das in der RP-Anlage generierte und nachbearbeitete Bauteil als Urmodell verwendet wird. Hierbei werden meist Gießverfahren, bei metallischen Werkstoffen vorzugsweise das Feingießen, aber auch das Kokillen-, Druck- und Schleudergießen, bei Kunststoffen vor allem das Vakuumformverfahren und das Spritzgießen, angewandt. Bei Bauteilen aus Kunststoff wird außerdem das Silikongießen eingesetzt. Besonderheit dieses Gießverfahrens ist der Einsatz von Silikonkautschuk als Formmaterial.

Durch Folgetechniken können sowohl Duplikate des Prototypen als auch Formwerkzeuge gefertigt werden. Die Herstellung von kleinen Bauteilserien ist mittels der zuvor beschriebenen Folgeverfahren oft schneller und günstiger als die weitere Prototypenherstellung in der RP-Anlage. Das Erzeugen von Formwerkzeugen durch Abformen des RP-Modells wird *indirektes Rapid Tooling* genannt. Das direkte Fertigen eines Formwerkzeugs mittels des RP-Prozesses, z.B. durch Lasersintern, bzw. Laserschmelzen mit anschließender Nachbearbeitung wird als *direktes Rapid Tooling* bezeichnet.

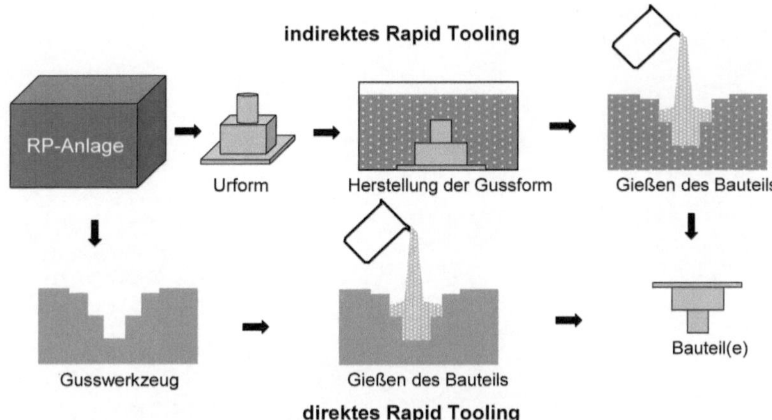

Abb. 6.23   Prozesskette des indirekten und direkten Rapid Tooling

Ziel der aktuellen Forschung auf dem Gebiet Rapid Prototyping/Tooling ist es, durch Weiterentwicklung bzw. Entwicklung neuer RP-Verfahren und die Erweiterung auf neue Werkstoffe diesen Fertigungsprozess zur direkten Herstellung von Serienbauteilen bzw. Serienwerkzeugen zur industriellen Anwendung zu führen. Die Aufzählung der Verfahren ist nicht vollständig. Zur Reduzierung der Entwicklungszeiten und zur Verifizierung der Entwicklungen werden in hohem Masse auch konventionelle Verfahren eingesetzt, um Bauteile mit den Eigenschaften zu erzeugen, die auch Funktionen der Produkte sichern. In diesen Fällen führt die Herstellung in der Regel über die Arbeitsvorbereitung und den Prototypenbau in den Unternehmen, in dem Universalmaschinen zur Anwendung kommen.

Mit der Erprobung und oftmals Zulassung der Produkte endet der Entwicklungsprozess. Aufgrund der hohen Einflüsse aus Technik und Märkten folgen diesen Prozessen aber die Serienbetreung und die konstruktiven Änderungen aufgrund von Erkenntnissen aus der Produktion oder den Erfahrungen aus dem realen Einsatz. Das Änderungswesen soll hier nicht behandelt werden. Stattdessen soll im Folgenden die Überleitung der Produkte in die Fertigung behandelt werden. Dies geschieht in einer Organisation, die die Bezeichnung Arbeitsvorbereitung trägt.

7 Die Vorbereitung der Produktion

Die im Rahmen der Industrialisierung einsetzende Arbeitsteilung führte zur Trennung von planenden und ausführenden Aufgaben in der Produktion. Dieses anfänglich sehr konsequent angewandte Prinzip basierte auf den seinerzeit praktizierten Arbeitsformen (Taylorismus), bei denen die Arbeiten an einem Produkt bis ins Detail zerlegt und optimiert und erst anschließend zur Ausführung freigegeben wurden (vgl. Abschnitt 2.3.4).

Hieraus entwickelte sich die Arbeitsvorbereitung (vielfach auch als Produktionsvorbereitung oder Fertigungsvorbereitung bezeichnet) als eigenständige Organisationseinheit im Unternehmen. Historisch gesehen wurde unter der Vorbereitung nur die reine *Fertigungsvorbereitung* verstanden. Die Vorbereitung der Produktion umfasst jedoch das gesamte Spektrum aller Planungen in der Wertschöpfungskette von der Entwicklung bis zur Fertigstellung und Lieferung der Produkte. Heute werden in der *Arbeitsvorbereitung* alle Maßnahmen zusammengefasst, die ein wirtschaftlich optimales Verhältnis von Aufwand und Produktionsergebnis gewährleisten. Die Arbeitsvorbereitung beschäftigt sich mit der Erstellung und Bereitstellung aller Unterlagen und Betriebsmittel, um mit einem Minimum an Ressourcen (Material, Personal und Betriebsmittel) ein Maximum an Produktivität und Wirtschaftlichkeit zu erreichen.

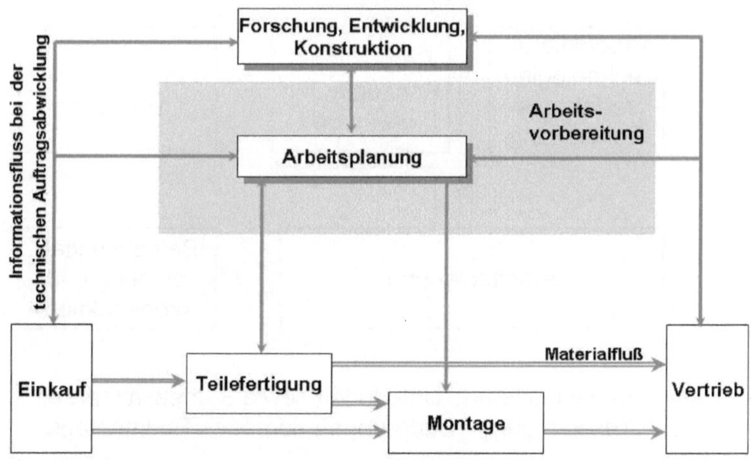

Abb. 7.1   Arbeitsvorbereitung in der betrieblichen Organisation

Die Arbeits- bzw. Produktionsvorbereitung steht in der Auftragsabwicklung zwischen der Konstruktion und der Herstellung der Erzeugnisse (Abb. 7.1). Sie arbeitet mit den in der Konstruktion erzeugten Unterlagen wie Stücklisten, Zeichnungen und ergänzenden Fertigungshinweisen und andererseits mit den verfügbaren Ressourcen der Fabriken (Maschinen, Personal, Betriebsmittel etc.). Ihr kommt damit in besonderem Masse die Aufgabe zu, die konstruierten Produkte in eine rationelle Fertigung und Montage zu überführen.

Die Arbeitsvorbereitung ist zugleich Partner der Entwicklung und Konstruktion und bringt die fertigungstechnische Beratung hinsichtlich wirtschaftlicher Herstellbarkeit in die Konstruktion ein.

Die Arbeitsvorbereitung erstellt Unterlagen für die Fertigung und Montage, in denen eine wirtschaftliche und qualitative Herstellung der Produkte ohne Bezug zu konkreten Aufträgen sicherstellen soll. Diese Arbeit wird auch als auftragsunbabhängige Planung der Herstellung von Produkten bezeichnet.

> Die *Arbeitsvorbereitung*
> umfasst die Planung der Gesamtheit aller Maßnahmen, einschließlich aller erforderlichen Unterlagen und Betriebsmittel, die zur wirtschaftlichsten Produktion von Erzeugnissen entsprechend der Produktionsstrategie erforderlich sind.

Oberstes Ziel ist es, durch ein methodisches Vorgehen und unter Nutzung des Wissens der Fertigung und Montage ein Optimum aus Aufwand und Arbeitsergebnis zu erreichen. Dazu nimmt die Arbeitsvorbereitung die in Abbildung 7.2 dargestellten Aufgaben wahr.

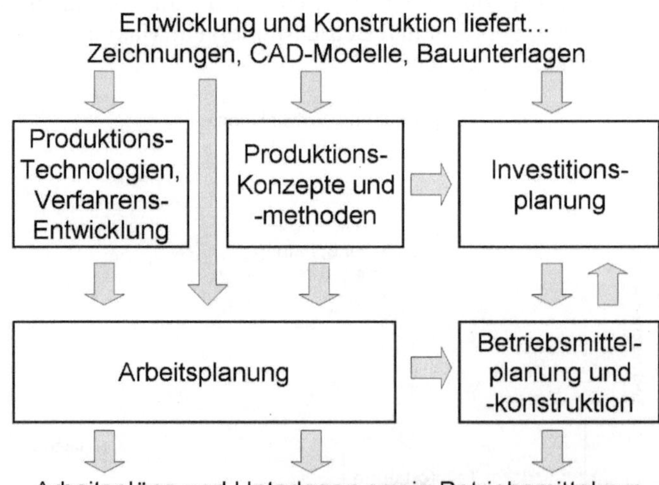

Abb. 7.2   Aufgaben der Arbeitsvorbereitung

Die Aufgaben der Arbeitsvorbereitung kann man in zwei Ebenen einteilen. Die obere Ebene wird oft auch als die strategische Ebene bezeichnet. Darin finden sich die Forschung und Entwicklung neuer Produktionsverfahren und Technologien, wie beispielsweise die Entwicklung von neuartigen Verfahren oder die Verbesserung der Verfahren. Ein weiterer Schwerpunkt strategischer Aufgaben sind die Ausarbeitung grundlegender Produktionssysteme (siehe Abschnitt 9) und die Planung der Investitionen, die für die Fertigung und Montage benötigt werden. Dies nennt man auch Arbeitssystemplanung mit dem Schwerpunkt mittel- und langfristiger Planung. Während innerhalb der kurzfristigen Tätigkeiten die wirtschaftliche Bearbeitung in den Bereichen Fertigung und Montage geplant und festgelegt wird, liefern die mittel- und langfristigen Tätigkeiten die Basis, um die Produktionsmethoden, Produktionseinrichtungen und Arbeitsabläufe den Marktanforderungen anzupassen. Auf die strategische Ebene soll hier nicht weiter eingegangen werden.

Zu den operativen und kurzfristigen Aufgaben gehören die Erstellung der Arbeitsanleitungen und Unterlagen für die Fertigung (Arbeitspläne) sowie die Montage (Montagepläne) und die Planung, Konstruktion und Herstellung spezifischer Betriebsmittel, wie beispielsweise von Werkzeugen und Vorrichtungen.

7.1 Arbeitsplanung

Die Arbeitsplanung hat zugleich eine planende und gestaltende Funktion. Sie kann in die zwei Bereiche *Arbeitsablaufplanung* (Prozessplanung und -gestaltung) und *Arbeitssystemplanung* (Betriebsmittelplanung und -gestaltung) unterteilt werden. Die Arbeitsablaufplanung umfasst die wirtschaftliche Fertigung und Montage von Produkten, während die Arbeitssystemplanung die wirtschaftliche Auslegung und Gestaltung von Fertigung und Montage betrachtet (siehe auch [34]).

7.1.1 Grundfunktionen

Die *Arbeitsplanung* stellt eine auftrags- und terminneutrale Planung dar. Zufällige Engpasssituationen oder Unterbelastung einer Arbeitsstation werden nicht beachtet. Vielmehr werden unter der Annahme verfügbarer Kapazitäten die Operationen und Vorgänge für eine technisch-wirtschaftlich optimale Fertigung und Montage bestimmt. So müssen z.B. die folgenden Fragen geklärt werden:

- Aus welchem *Material,*
- nach welchem *Verfahren,*
- in welcher *Folge,*
- mit welchen Betriebsmitteln und
- in welcher *Zeit*

wird ein Produkt hergestellt?

Die Arbeitsplanung liefert Unterlagen, die es den Mitarbeitern der Fertigung und Montage gestatten, die geplanten Operationen durchzuführen. Die dazu erforderlichen Anweisungen sind in den Arbeitsplänen und Montageplänen enthalten. Der Arbeitsplan beschreibt die Reihenfolge, in der ein Einzelteil, eine Baugruppe oder ein komplettes Erzeugnis zu fertigen ist. Er enthält die Informationen darüber, an welchem Arbeitsplatz, mit welchem Material, in welcher Zeit und mit welchen Betriebsmitteln der Arbeitsvorgang auszuführen ist.

Die Arbeitsplanung umfasst folgende Grundfunktionen:
- Arbeitsplanerstellung,
- Maschinenprogrammierung
- Zeitplanung
- Kostenplanung

je Bauteil oder je Produkt. Es ist offensichtlich, dass der Planungsaufwand einer detaillierten Planung sehr hoch ist und sich nur dann rentierte, wenn eine größere Menge an Bauteilen gefertigt werden muss.

Die in der Arbeitsplanung erzeugten Informationen dienen der Erstellung eines Arbeitsplanes und weiterer Dokumente, die in die Fertigung und Montage zur Durchführung der Arbeiten gegeben werden.

7.1.2 Arbeitsplanerstellung

Der *Arbeitsplan* ist zusammen mit der Werkstückzeichnung der wichtigste Informationsträger für die Produktion. Ähnlich wie bei der Stückliste unterscheidet man einen auftragsunabhängigen Arbeitsplan (Basis- oder Stammarbeitsplan), der durch Hinzufügen von Auftragsdaten zum auftragsabhängigen Fertigungsauftrag wird (siehe Kap 8).

Der **Arbeitsplan** ist die Vorgabe für den Herstellprozess eines Produktes oder einer Dienstleistung. Im Arbeitsplan werden die verschiedenen Arbeitsgänge in der Reihenfolge ihrer Durchführung aufgelistet, wobei für jeden Arbeitsgang angegeben wird, in welcher Kostenstelle er auszuführen ist und welche Vorgabeleistung (Vorgabezeit, dafür vorgesehen ist. Der Arbeitsplan ist somit die Basis für die Kalkulation der Fertigungskosten.

Der Arbeitsplan enthält die Beschreibung der Arbeitsgänge zur Herstellung eines Teiles, einer Gruppe oder eines Erzeugnisses. Er beinhaltet drei Datengruppen:

- Allgemeine, das Bauteil betreffende Daten wie Identifizierung, Ausgangsmaterial, Losgrößenbereich,
- Arbeitsvorgangsbezogene Daten
- Authentifizierung und Gültigkeiten

Der Arbeitsplan wird in der Regel für ein Bauteil und eine bestimmte Stückzahl von Bauteilen geschrieben. In der Regel handelt es sich dabei um die Stückzahl an

Bauteilen, die mit einem Fertigungsauftrag hergestellt werden sollen. Zur Erstellung eines Arbeitsplanes müssen folgende Arbeitsschritte ausgeführt werden:

- Festlegung des Ausgangs- und Rohmaterials,
- Ermittlung der Arbeitsvorgänge und -operationen,
- Ermittlung der Vorgangsfolgen,
- Zuordnung der Vorgänge zu Maschinen oder Kostenstellen,
- Erstellung der Programme für Maschinen und Roboter,
- Ermittlung der Vorgabezeiten.

Der Arbeitsplan enthält die Vorgangsfolge zur Herstellung eines Teiles, einer Baugruppe oder eines Erzeugnisses. Darin sind das Material, die Arbeitsplätze und die Maschinen, mit denen produziert werden soll, enthalten.
Einen der gängigen Praxis entsprechenden Arbeitsplan zeigt die Abbildung 7.3. Die Kopfzeilen enthalten alle allgemeinen Daten. Das Beispiel zeigt einen EDV verarbeitbaren Arbeitsplan nach der REFA-Methodenlehre. Arbeitspläne können den betrieblichen Anforderungen angepasst werden. Im Grundsatz erhalten sie aber einen Aufbau nach folgendem Schema:

Auftragsneutraler Teil

1. *Allgemeine Daten zum Arbeitsplan (Kopfzeilen)*
    - Unternehmen, Bereich, Teilbereich
    - Zeichnungsnummer, Sachnummer, Bezeichnung
    - Arbeitsplannummer
    - Teilefamiliengruppe
    - Werkstoff
    - Ausgangsmaße bzw. –zustand
    - Gewicht
2. *Daten zu jedem Arbeitsvorgang*
    - Arbeitsvorgangsnummer
    - Vorgangsbezeichnung, Beschreibung
    - Arbeitsplatzgruppe, Arbeitsplatz
    - Werkzeuge, Vorrichtungen, Hilfsmittel
    - Rüstzeit, Zeit je Einheit
    - Zeiteneinheit, Mengeneinheit
    - Lohngruppe, Arbeitswertgruppe
3. *Daten zur Authentifizierung (Fußzeilen)*
    - Verfasser, Prüfer
    - Freigabevermerk
    - Gültigkeiten
    - Erstellungsdatum

Auftragsangaben block

Auftragsangaben			Auftragsmenge	Menge je Los	L-Nr.	Auftragsart	Auftragsnummer
Erzeugnis	Gruppe	Teil / Abnahmevorschrift					
Sachnummer 32 768	Teilefamilie 04 166	Bezeichnung des Arbeitsgegenstandes (Teil, Gruppe, Erzeugnis) — Stirnrad 50 CrV 4					Zeichnungsnummer 8.25.4.597
Sachnummer 394	Materialfamilie 50CrV4	Bezeichnung des Ausgangsmaterials — Rundstahl 95 D 17 200	Menge 1	ME 4		Ausgangsmaß 95 X 38	Ausgangsgewicht 2,1 kg
Teil		Materialbezugshinweis	Menge	ME		Gesamtrohmaß	Ges.-Rohgewicht

Vorgänge

Vorg Nr	Vorgangsbezeichnung / Vorgangs-Familie	Arbeitsplatz/ Betriebsmittel	Werkz. Vorrichtung Hilfsmittel	U	SP	V	Rüst zeit tr/trB	Zeit je Einheit te/teB	Erh zeit ter	ZE	ZM	LG	EG	BV	bearb. Menge je VG	DF
							Vorgabezeit T/TbB			Anfangs-Termin AT			End-Termin ET			
10	trennsägen						10	1,35		1	3	5	1			
	3274	310 / 5104														
20	vordrehen						55	4,35		1	1	5	3			
	3201	320 / 5305														
30	fertigdrehen						65	2,35		1	1	6	3			
	3202	320 / 5305														
	6172	400														
90	Stirnflächen schleifen															
	3460	420 / 5906														
100	Bohrung rundschleifen						10	1,2		1	1	7	3			
	3462	420 / 5906														
110	Zahnflanken formschleifen						75	13		1	3	7	3	1/3	5	
	3462	390 / 5903	Schleifscheibe 01214													
120	Endkontrolle												1			
	7101	390 / 6904	Zahnflanken-prüfgerät 01502													

REFA-Arbeitsplan

REFA-Arbeitsplan	Unternehmen	Bereich	Teilbereich		Blatt	von	Blättern
erstellt	Z	geprüft	zustd.	Z / geändert	Mengenbereich	Arbeitsplan-Art	Arbeitsplan-Nr.
8.07.05	Fu	11.07.05		Hei			32768-1
ausgest.	Z	geprüft	zustd.	Z / Kostenträger	gültig ab		Auftragsarbeitsplan

Abb. 7.3   Beispiel eines auftragsunabhängigen Arbeitsplans [nach REFA]

Durch die Eintragung von Daten aus dem Auftragsmanagement wird der auftragsneutrale Arbeitsplan zum Fertigungsauftrag. Dazu sind folgende Daten erforderlich:

- Auftragsnummer, Auftraggeber
- Auftragsmenge, Menge je Los
- Auftragsart
- Bau- und Abnahmevorschriften
- Anfangs- und Endtermin
- Auftragszeit

Dieser auftragsabhängige Teil wird erst durch die Fertigungssteuerung erzeugt und ist häufig nicht Aufgabe der Arbeitsplanung.

Der Arbeitsplan ist der wichtigste Informationsträger der Produktion. Die in ihm enthaltenen Daten werden zu folgenden Zwecken benötigt:

- Lohnermittlung bei Akkord- und Prämienlohn
- Personaleinsatzplanung
- Steuerung der Materialflüsse im Unternehmen
- Kapazitätsplanung, Kapazitätssteuerung
- Betriebsmittelsteuerung
- Kalkulation der Kosten

Die Erstellung von Arbeitsplänen ist sehr zeitaufwendig. Deshalb werden Methoden zur Erstellung eingesetzt, welche den Aufwand durch Standardisierung und Verwendung von Ähnlichkeitsmerkmalen reduzieren.

7.1.2.1 Prinzipien der Arbeitsplanerstellung

Bei der *Neuplanung*, auch generative Planung genannt, wird der Arbeitsplan grundlegend neu erstellt. In Abb. 7.4 sind die oben genannten Planungsprinzipien zusammengefasst.

Bei der *Wiederholplanung* werden bereits bestehende Pläne für einen neuen Auftrag verwendet, indem nur formale, auftragsbezogene Veränderungen vorgenommen werden.

Bei der *Variantenplanung* werden Standardarbeitspläne innerhalb von Teilefamilien zugrunde gelegt. Arbeitsplanvarianten können sich aus geometrischen, technologischen (z.B. Oberflächen) oder organisatorischen Unterschieden (z.B. Stückzahl) ergeben.

Die *Ähnlichkeitsplanung* legt geometrisch und fertigungs-technisch ähnliche Werkstücke zugrunde, die z.B. durch einen Klassifizierungsschlüssel ermittelt worden sind. Die Planung erfolgt durch Änderung und Anpassung einzelner Arbeitsgänge.

Planungsmethode	Planungsfunktionen
Wiederholplanung	• Suchen bzw. Auswahl des Ausgangsplanes • Kopieren • Ausgabe des kopierten Plans
Variantenplanung	Auswahl des Standard- oder Komplexteilplans • Berechnung variabler Planungswerte • Ausgabe des variierten Plans
Ähnlichkeitsplanung	Auswahl eines ähnlichen Planes • Modifikation der Arbeitsvorgangsfolge • Modifikation des Arbeitsvorganginhaltes • Berechnung von Planungswerten • Ausgabe des modifizierten Plans
Neuplanung	Rohmaterialbestimmung • Arbeitsfolgenbestimmung • Betriebsmittelauswahl • Zeitermittlung • Ausgabe des neuen Plans

Abb. 7.4   Prinzipien der Arbeitsplanerstellung

7.1.2.2   Erstellung eines Arbeitsplanes nach dem Neuplanungsprinzip

Bei der Arbeitplanerstellung werden zunächst die technischen Zeichnungen sowie Stücklisten geprüft, um den Verwendungszweck des Erzeugnisses mit seinen Funktionen zu erkennen. Die Zeichnungen sind die Sollvorgabe für die Gestalt, Form, Abmessungen und Toleranzen eines Werkstückes. Zudem steht darin die Bezeichnung des Werkstoffes, aus dem das Werkstück gefertigt werden soll. Da es für einen Werkstoff zahlreiche Ausgangsformen gibt (Halbzeuge, Gussteile, Schmiedeteile), ist zunächst das für die Fertigung wirtschaftlichste Ausgangsmaterial zu ermitteln. Dies hängt maßgeblich von der zu fertigenden Stückzahl und den verfügbaren Fertigungsverfahren ab. Bei Halbzeugen (Stangenmaterial, Platten, Profile) wird im Allgemeinen nur die Werkstoffbezeichnung vorgegeben, die Bestimmung von Rohteilform und -abmessung obliegt dann der Arbeitsplanung.

Um aus dem Ausgangsmaterial ein verkaufsfähiges Produkt zu fertigen, müssen die einzelnen Arbeitsvorgänge mit den dazugehörigen Fertigungsverfahren und eine wirtschaftlich sinnvolle Reihenfolge festgelegt werden. Zum größten Teil wird an einem Arbeitsplatz auch nur ein separates Fertigungsverfahren eingesetzt, wie zum Beispiel: Drehen, Fräsen oder Härten. Welches Fertigungsverfahren das Sinnvollste ist, um einen Endzustand zu erreichen, bestimmt ein Wirtschaftlichkeitsvergleich alternativer Verfahren.

Sind die Bearbeitungsverfahren und die Reihenfolge der Arbeitsvorgänge festgelegt worden, werden jedem Vorgang eine Maschine und die entsprechenden Betriebsmittel wie Werkzeuge und Vorrichtungen zugewiesen. Hierbei ist abzuwägen, ob die vorhanden Kapazitäten im Unternehmen ausreichend sind oder ob eine Investition in neue Kapazitäten notwendig ist. Eventuell ist auch eine Fremdvergabe der Fertigung von Einzelteilen, von ganzen Baugruppen oder Modulen an Zulieferunternehmen eine wirtschaftlich sinnvolle Maßnahme.

Zur Auswahl der Maschinen werden den Bearbeitungsanforderungen und Verfahren der Werkstücke die Fähigkeiten und Eigenschaften der verfügbaren Maschinen gegenübergestellt. In erster Linie werden dabei Bearbeitungsverfahren, Arbeitsräume, Arbeitsbereiche und Funktionen sowie die Leistungsdaten und die erzielbare Genauigkeit als Auswahlkriterien herangezogen. Ferner wird der Automatisierungsgrad berücksichtigt, der von der Stückzahl und den Kosten abhängig ist.

Die Werkzeuge und Vorrichtungen sind im Allgemeinen den Maschinen zugeordnet und deshalb im zweiten Schritt zu bestimmen. Für viele Teile müssen spezielle Vorrichtungen geplant, konstruiert und gebaut werden. Einige Unternehmen verfügen über Werkzeugbaukästen, aus denen sich die spezifischen Vorrichtungen zusammenbauen lassen. Insgesamt werden so die zur Ausführung jedes Arbeitsvorgangs erforderlichen Fertigungsmittel (Maschinen, Werkzeuge, Vorrichtungen) bestimmt.

Für die Folge der *Arbeitsvorgänge* bieten sich in der Regel verschiedene Lösungsmöglichkeiten an. In Abb. 7.5 sind alternative Möglichkeiten zur Bearbeitung einer Welle dargestellt: Das Fertigteil kann entweder komplett gedreht, komplett geschliffen oder durch die Kombination Schmieden, Drehen und Schleifen hergestellt werden. Die Auswahl eines Verfahrens stellt ein multikriteriales Entscheidungsproblem dar.

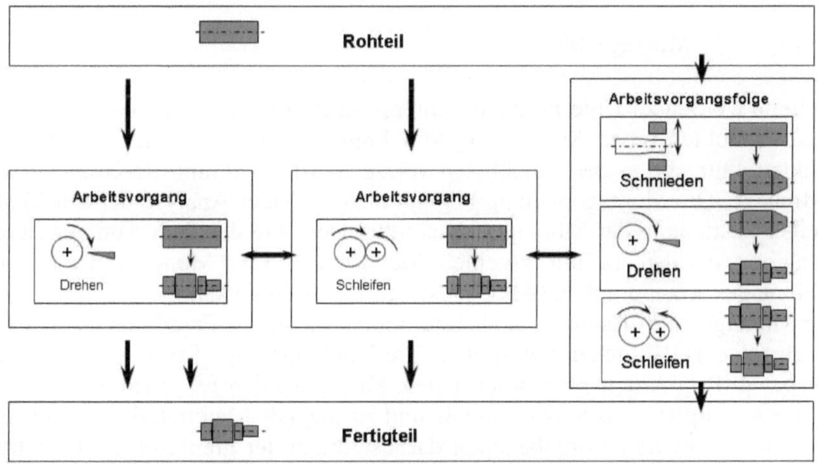

Abb. 7.5   Alternative Arbeitsvorgangsfolgen [nach Eversheim]

Für den Planer ist von Bedeutung, dass diese Entscheidung nicht nur einmalig zu fällen ist. Technologische Weiterentwicklungen und auch geringe Änderungen der Werkstücke, der Maschinen und Arbeitsplätze ziehen eine Änderung der Arbeitspläne nach sich, um permanent eine wirtschaftliche Bearbeitung sicherstellen zu können.

Nach der Ermittlung der Arbeitsvorgänge und Arbeitsvorgangsfolge werden die Prozess- und Bearbeitungszeiten ermittelt.

7.1.3 Montageplanerstellung

Die Montage ist das letzte Glied in der Produktionskette von den Einzelteilen zum fertigen Produkt. Aufgrund einer im Grundsatz anderen Vorgehensweise der Planung und ihrer hohen Bedeutung soll sie hier gesondert behandelt werden.

Ein grundlegender Unterschied zur Arbeitsplanung der Teilefertigung besteht in der Beachtung der Folgen beim Fügen. Der Montage-Ablauf ergibt sich aus der Struktur der Produkte, wie Abbildung 7.6 zeigt.

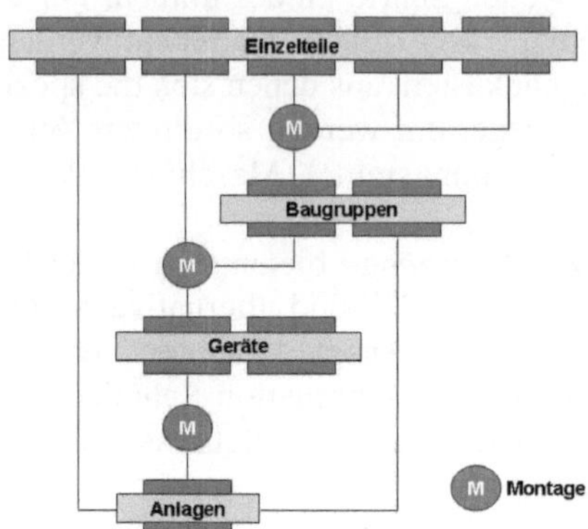

Abb. 7.6   Montageablauf

Einzelteile werden zu Untergruppen, Untergruppen zu Baugruppen und Baugruppen zu Produkten unter Anwendung von Fügeverfahren zusammengesetzt. Die Produktstruktur, die in den Stücklisten verankert ist, bestimmt die Grundstruktur der Montage. Die Montageplanung beginnt also mit einer Analyse der Stücklisten und einer Festlegung der Montage-Abschnitte. Der Fluß der Teile von der Bereitstellung am Arbeitsplatz führt zu einem logischen Bild der Montage, das in Form von Montagevorranggraphen (Abb.7.7) dargestellt werden kann.

Die Montage eines Bauteils, einer Baugruppe oder eines Erzeugnisses lässt sich so in einzelne Teilaufgaben unterteilen. Die Vorgangsfolge dieser einzelnen Teilprozesse wird im Arbeitsplan beschrieben. Hierin werden für jeden Montagevorgang der Arbeitplatz, das beizustellende und zu fügende Material, die Betriebsmittel und die ermittelten Vorgabezeiten dargestellt. In der graphischen Darstellung des Vorranggraphen werden diese Tätigkeiten jeweils als Knoten dargestellt und zum Zeitpunkt der frühesten Ausführung eingetragen. Die Abhängigkeiten dieser Tätigkeiten (Knoten) untereinander werden durch Verbindungslinien (so genannte gerichtete Kanten) visualisiert und in Montageflussrichtung von links nach rechts eingezeichnet.

Bei der Erstellung eines Vorranggraphen kann entweder von den Einzelteilen des Produkts oder vom fertig montierten Produkt ausgegangen werden. Im Folgenden wird kurz schematisch die Vorgehensweise bei der Erstellung eines Vorranggraphen von links, also den Einzelteilen ausgehend, dargestellt:

- Teilaufgaben werden zum frühestmöglichen Zeitpunkt, von links beginnend, in den Vorranggraphen eingetragen
- Beginn vieler zeitgleich ausführbaren Tätigkeiten möglich
- Die Anzahl der parallelen Äste nimmt mit zunehmendem Montagefortschritt immer weiter ab

TA.-Nr.	Teilaufgabe (TA)	Vorgabezeit (min./100 Stck.)
10	Schraube montieren	15
20	Vormontage Dichtung in Druckring	27
30	Ventil an Kappe verschrauben	32
70	Montage Baugruppe 1	67
80	Montage Baugruppe 2	40

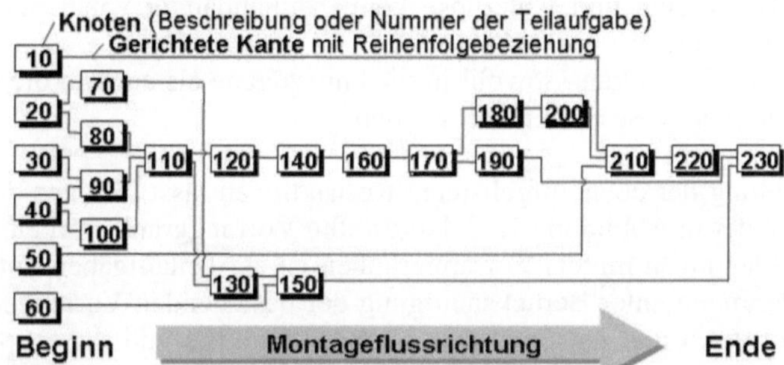

Abb. 7.7   Abhängigkeiten von Teilaufgaben im Vorranggraph

> Der *Vorranggraph* ist eine netzplanähnliche Darstellung von Teilaufgaben der Montage, wobei die Teilaufgaben als Knoten und die Abhängigkeitsbeziehungen als Verbindungslinie (Kanten) zwischen den Knoten dargestellt werden.
> Die Teilaufgaben werden zum Zeitpunkt der frühesten Ausführbarkeit eingetragen. Das Ende der von einem Knoten ausgehenden Kante verdeutlicht den Zeitpunkt, zu dem die Teilverrichtung spätestens ausgeführt sein muss.

Das prinzipielle Vorgehen soll nun anhand einer einfachen Montageaufgabe „Morgendliches Anziehen" verdeutlicht werden. Die Aufgabe weist folgende Teilaufgaben auf:

1. Unterhemd anziehen
2. Mantel anziehen
3. Krawatte binden
4. Endkontrolle im Spiegel
5. Jackett anziehen

6. Hose anziehen
7. Hut aufsetzen
8. Schuhe anziehen
9. Gürtel in Hose einfädeln
10. Socken anziehen
11. Unterhose anziehen
12. Hemd anziehen
13. Gürtel schließen

Bei der Montage sind folgende Restriktionen zu beachten:

- Beim Anziehen des Jacketts wird dieses geschlossen, sodass kein Zugriff mehr auf den Gürtel möglich ist
- Unterhemd und Unterhose können unabhängig voneinander angezogen werden
- Der Gürtel kann sowohl in die angezogene als auch in die nicht angezogene Hose eingefädelt werden

Unter Beachtung der oben aufgelisteten Restriktionen lässt sich aus der Liste der Teilaufgaben der in Abbildung 7.12 dargestellte Vorranggraph erarbeiten.

Ziel der Planungen mittels Vorranggraphen ist es, Teilaufgaben mit gleichartigen Anforderungen unter Berücksichtigung der bestehenden Vorrangbeziehungen zusammenzufassen und entsprechend die Betriebsmittel und Arbeitsplätze zuzuordnen.

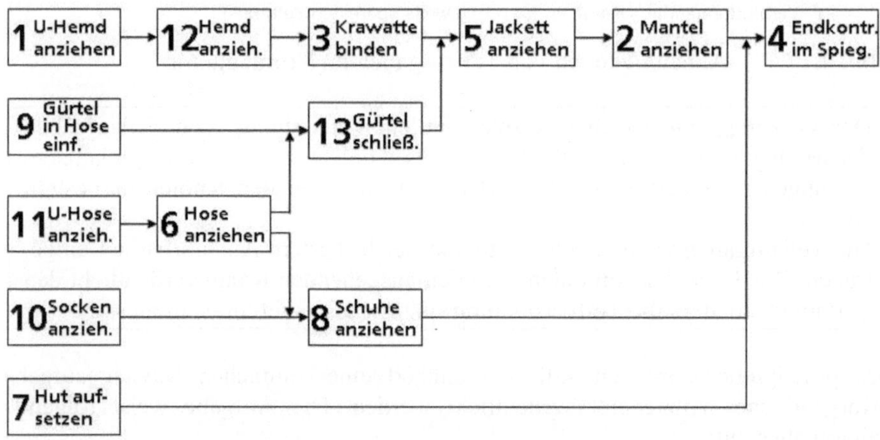

Abb. 7.8   Vorranggraph: „Morgendliches Anziehen"

Die Auflösung des Vorranggraphen in eine logisch richtige Montagefolge zeigt, dass mehrere Folgen die Restriktionen des Vorraggraphen erfüllen können. Im nächsten Schritt sind diese Varianten nach folgenden Gesichtspunkten zu bewerten:

- Kürzeste Wege zwischen den Operationen,
- Zusammenfassung mehrerer Vorgänge an einer Arbeitsstation,
- Fließprinzip und Möglichkeit der Taktung einzelner Arbeitsgänge.
- Gestaltung des Arbeitssystems und Einsatz automatisierter Montagesysteme.

In der Serienfertigung wird heute von einem Fließprinzip mit oder ohne Festen Zeittakt ausgegangen. In der Montageplanung werden dazu Alternativen bewertet.

In der Zeitplanung sowie in der Planung der Betriebsmittel wird so vorgegangen wie in Abschnitt 6 dargestellt.

7.1.4 Prüfplanung

Das Messen und Prüfen begleitet alle Arbeitsvorgänge in Teilefertigung und Montage. Auch diese Vorgänge bedürfen der Planung, um eine hohe Qualität sicherstellen zu können. Man unterscheidet dabei zwischen den prozessnahen Prüfungen, die Bestandteil der ausführenden Arbeitsvorgänge sein können, und den Prüfungen an und mit speziellen Prüfgeräten. Zur Planung der Prüfvorgänge müssen die zu prüfenden Kriterien aus den Konstruktionen abgeleitet werden.

Die *Prüfplanung* im Rahmen der Arbeitsplanung schafft die technischen und organisatorischen Voraussetzungen, um Qualitätsprüfungen wirkungsvoll ausführen zu können. Dazu sind sowohl kurz- als auch langfristige Aufgaben zu bearbeiten. Das Ergebnis der Prüfplanung ist der Prüfplan, der festlegt, welches Bauteil zu welchem Zeitpunkt mit welchem Prüfgerät auf welche Weise zu prüfen ist. Die Prüfplanung ist ein Bestandteil des betrieblichen Qualitätsmanagementsystems.

Die Prüfplanung umfasst alle Vorgänge, die notwendig sind, um festzulegen, welche Merkmale geprüft werden sollen, und wann, wo, wie häufig, womit und durch wen dies geschieht (Abb. 7.9). In eine erfolgreiche Prüfplanung müssen alle beteiligten Bereiche des Unternehmens, wie Konstruktion, Fertigungsplanung, Fertigung und Qualitätssicherung mit einbezogen werden.

In den zur Verfügung stehenden Unterlagen, wie Konstruktionszeichnung und Pflichtenheft, hat der Prüfplaner zunächst die qualitätsbestimmenden Faktoren zu identifizieren, diese auf prüfbare Merkmale herunter zu brechen und mit den Konstrukteuren abzustimmen. Daneben können auch Sicherheitsvorschriften, Normen oder eine Prozesssteuerung einen Prüfbedarf veranlassen.

Qualitätsmerkmale werden in jedem Schritt der Produktenstehung geprüft, beginnend mit Eingangsprüfungen der Rohmaterialien über Zwischenprüfungen bis hin zu Montage- und Endabnahmeprüfungen der Fertigteile. Um mehrfache Prüfungen eines Merkmals zu vermeiden, aber Abweichungen dennoch frühzeitig zu erkennen, ist eine umfassende *Prüfablaufplanung* notwendig.

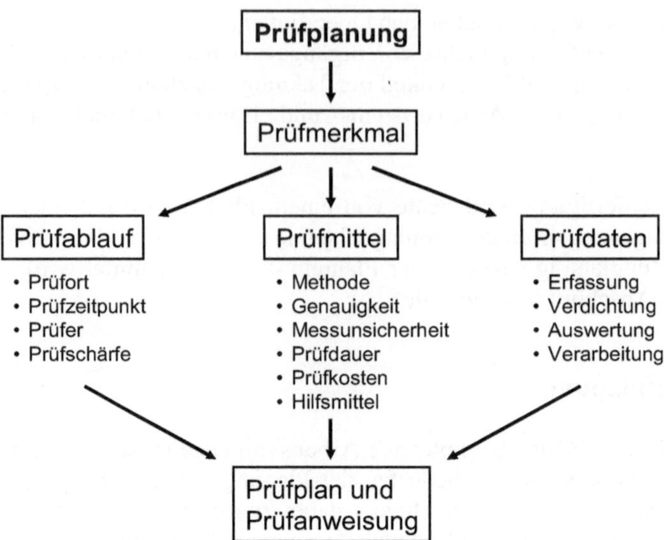

Abb. 7.9   Ablauf der Prüfplanung

Sind die zu prüfenden Merkmale und der Ablauf festgelegt, muss für jede Prüf-
aufgabe das geeignete Prüfmittel ausgewählt werden. In der *Prüfmittelplanung*
müssen neben den oben genannten Kriterien auch die Genauigkeit, mit der das
Merkmal geprüft werden soll, die Umgebungsbedingen, unter denen das Prüfmittel eingesetzt wird, und wirtschaftliche Anforderungen an den Prüfprozess berücksichtigt werden. Details zur Ausführung der Prüfung, wie z.B. zu verwendende
Hilfsmittel oder eine vorherige Reinigung des Prüfobjekts, werden ebenfalls festgelegt.

Aus diesen Informationen werden für jedes Fertigungsteil und für jeden Prüf-
vorgang ein Prüfplan und gegebenenfalls eine Prüfanweisung erstellt, in denen
alle notwendigen Angaben zur Durchführung der Prüfungen enthalten sind. Letztendlich ist festzulegen, auf welche Weise die Ergebnisse der Prüfungen zu doku-
mentieren und die Prüfdaten weiter zu verarbeiten sind.

Die Prüfplanung kann dynamisiert werden. Darunter versteht man eine Rückführung der Prüfergebnisse aus einer laufenden Produktion in die Prüfplanung. So
kann anhand des Verlaufes von Abweichungen von den Sollwerten ermittelt werden, wie scharf die Prüfungen durchgeführt werden müssen. Bei kritischen Teilen,
häufigen Abweichungen wird die Prüfhäufigkeit erhöht. Bei sicheren Prozessen
können Prüfungen auch vermindert werden.

Zum Prüfsystem gehört ferner die Sicherstellung der Prüfgeräte und Prüfmittel.
Sie müssen einer permanenten Wartung unterworfen werden, um sicherzustellen,
dass die Messgeräte auch tatsächlich die richtigen Werte liefern. Vielfach müssen
dazu regelmäßige Überprüfungen über Kalibrierdienste erfolgen.

7.2   Planung der Betriebsmittel (Arbeitssystemplanung)

Die Aufgaben der Arbeitsvorbereitung umfassen auch die Definition und Gestaltung der Betriebsmittel. Dazu gehört neben der Gestaltung des Arbeitssystems auch die Planung und Konstruktion der benötigten Werkzeuge und Vorrichtungen. In der modernen Fabrikorganisation werden diese Hardware-Betriebsmittel um Software-Betriebsmittel ergänzt. Darunter fallen die Programme zur Steuerung der Maschinen und Roboter.

7.2.1 Gestaltung von (manuellen) Arbeitsplätzen

Die Gestaltung der manuellen Arbeitsplätze wird schon in der Phase der Arbeitsplanung vorgenommen. Hierbei gilt es, den Arbeitsplatz für die Mitarbeiter so zu gestalten, dass er dauerhaft die verlangte Menge in der geforderten Qualität unter erträglichen Bedingungen und Belastung erreichen kann. Auf keinen Fall dürfen Bestimmungen zur Arbeitssicherheit außer Acht gelassen werden, auch die Arbeitsbedingungen müssen so gestaltet sein, dass sie den Fertigkeiten und Bedürfnissen des Menschen angepasst sind.

Bei der Gestaltung von Arbeitsplätzen gilt es, die Gestaltung des Arbeitsplatzes an sich und zum anderen die Arbeitsumgebung zu betrachten. Zur Arbeitsumgebung zählen Einflüsse wie Licht, Schall, Schwingungen, Strahlungen, Klima und der Umgang mit Gefahrstoffen. Im Speziellen wirken sich besonders eine laute Arbeitsumgebung und das Arbeiten unter hoher Luftverunreinigung direkt auf das Leistungsvermögen, das Arbeitsklima und die Gesundheit aus.

Die Arbeitsplatzgestaltung an sich klärt dagegen die Fragen, der *Ergonomie*, der *Arbeitsphysiologie*, der *Bewegungstechnik*, der *Informationstechnik* und der *Sicherheitstechnik*.

Die *Anthropometrie* beschäftigt sich mit der Gestaltung des Arbeitsplatzes hinsichtlich der aus den Körpermaßen resultierenden Anordnungen von Werkzeugen und Bedienelementen, unter Beachtung der Beweglichkeitsbereiche, der Reichweite und des Sehbereichs des Menschen. Die Abmessungen von Arbeitsplätzen müssen an unterschiedliche Körpergrößen anpassbar sein. Wahlweise ist sogar eine Kombination von Sitz- und Steharbeitsplatz möglich. Wird an einem Arbeitsplatz mit Gefahrstoffen gearbeitet, muss bei der Gestaltung die entsprechende Schutzkleidung berücksichtigt werden, da die Schutzkleidung eventuell den Bewegungsspielraum oder das Sichtfeld des Arbeiters einschränken kann.

Die Berücksichtigung der körperlichen Belastung ist hingegen Thema der *Arbeitsphysiologie*. Ist die Anforderung an den Arbeiter so gewählt, dass sie unter der Dauerleistungsgrenze liegt, können die Anforderungen permanent und in konstanter Qualität erbracht werden, arbeitsbedingte Ermüdungserscheinungen und Gesundheitsschädigungen treten kaum auf. Dies ist nur möglich, wenn einseitige oder statische Muskelarbeit, das Arbeiten in gebeugter Haltung und über Kopf vermieden werden.

Der bewegungstechnische Aspekt von Arbeitsplätzen ist in der Vereinfachung und Verdichtung von Bewegungsabläufen zu sehen. Durch eine geeignete Bereitstellung und Anordnung von Betriebsmitteln können möglichst kurze Bewegungen realisiert werden. Die Vermeidung von schwierigen Bewegungen oder von Arbeiten an unzugänglichen Stellen führt zu Zeitersparnis und reduziert die Fehlerquote. Die Verdichtung von Bewegungsabläufen durch Verringerung von nicht wertschöpfenden Tätigkeiten führt ebenfalls zu einer Verkürzung des Arbeitsvorgangs. Übersteigt die Bewegungsverdichtung die zumutbaren Fähigkeiten des Menschen, ist es sinnvoll, an solchen Arbeitsplätzen mit einer Teil- oder Vollautomatisierung zu arbeiten.

Weiter ist es von Bedeutung, die Integration von Mensch und Maschine so zu gestalten, dass ein eindeutiger Informationsfluss gewährleistet ist. Dieses Aufgabengebiet ist Teil der *Informationstechnik*. Eine sichere und eindeutige Wahrnehmung von Informationen durch akustische und optische Signale steht hier im Vordergrund. Erreicht wird dies durch ein optimales Layout von Anzeige- und Bedienelementen sowie durch eine angemessene Anordnung der Betriebsmittel und Werkzeuge. Zudem gilt es bei der Planung darauf zu achten, für welches Unternehmen, in welchem Land ein Arbeitsplatz gestaltet werden soll. Kenntnisse der Mitarbeiter über technisches Know-how, Sprache und Schrift müssen während der Planung Berücksichtigung finden.

Letztendlich ist die *Sicherheitstechnik* für den Arbeitsplatz ein entscheidender Faktor. Sicherheitstechnische Maßnahmen dienen dem Wohl der Mitarbeiter und beugen Unfällen und berufsbedingten Krankheiten vor. Vorrangig sollte darauf geachtet werden, dass durch konstruktive Maßnahmen eine Gefährdung der Gesundheit ausgeschlossen wird. Dieses ist jedoch nicht immer möglich. Eine Gefahrenstelle sollte deshalb nur schwer zugänglich sein, oder es muß durch optische und akustische Warnhinweise darauf aufmerksam gemacht werden. Muss an einer Gefahrenstelle gearbeitet werden, wie zum Beispiel in einer Lackiererei oder Gießerei, so muss dem Arbeiter eine entsprechende Schutzkleidung zur Verfügung gestellt werden.

7.2.2 Planung der Vorrichtungen und Werkzeuge

Technische Betriebsmittel wie Werkzeuge und Vorrichtungen sind in hohem Masse an der rationellen Durchführung der Arbeiten an manuellen wie auch an automatisierten Bearbeitungen beteiligt. Sie sind vielfach unabdingbare Voraussetzung, um eine geforderte Genauigkeit durch Positionierung der Bauteile zwecks mechanischer Bearbeitung oder Fügen durch Schweißen zu erreichen. Sie werden in der Regel mit herkömmlichen CAD-Systemen konstruiert und in Sonderfertigungen hergestellt.

In der Serienfertigung können durch technische Betriebsmittel hohe Leistungsverbesserungen erzielt werden. Beispiele sind Mehrfach-Spann-Systeme zur Reduzierung von Rüst- und Nebenzeiten oder Vorrichtungen zur Handhabung von Werkstücken. In der Massenfertigung werden die technischen Betriebsmittel vollständig auf einzelne Produkte ausgerichtet und zum Teil hoch automatisiert (siehe Kap.9)

Werkzeuge haben heute einen hohen Anteil an den spezifischen Betriebsmitteln. Sie werden insbesondere benötigt als:

- Formgebende Werkzeuge für die Urform- und Umformtechnik, Kunststofftechnik
- Montage- und Fügetechnik

Die Planung der Werkzeuge geschieht im Rahmen der Arbeitsvorbereitung unter Einbeziehung der Lieferanten aus dem Werkzeugbau.

7.2.3 Programmierung von Maschinen und Anlagen

Ohne programmgesteuerte Maschinen oder Anlagen ist eine zeitgemäße Fertigung nicht mehr möglich. In einer modernen Produktion werden heutzutage numerisch gesteuerte Bearbeitungszentren und Werkzeugmaschinen eingesetzt (siehe Kap. 9). Die numerische Steuerung, im englischen *Numerical Control* (allg. Abk.: NC), steuert die automatisch ausgeführten Arbeitsoperationen in einem Maschinen-Koordinatensystem (Abb.7.10). Der Ablauf wird in einem NC-Programm festgelegt. Das NC-Programm steuert die Antriebe, um eine relative Bewegung von Werkzeug und Werkstück zu erhalten. Ferner werden die Schnitt- und Vorschubgeschwindigkeiten einer Maschine geregelt. Einen erforderlichen Werkzeugwechsel führt die Maschine selbständig durch oder gibt die Anweisung dazu.

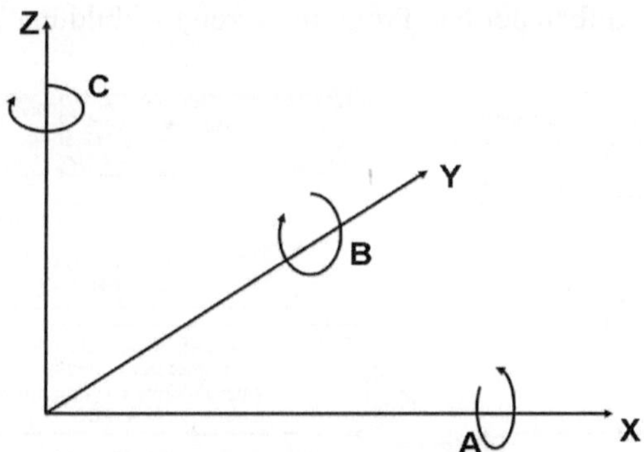

Abb. 7.10   Koordinatensystem von NC-Maschinen

Eine NC-Maschine hat mehrere unabhängig voneinander steuerbare Bewegungsachsen. Diese lassen sich in *translatorische (d.h. geradlinige)* und *rotatorische (d.h. drehende)* Bewegungsachsen einteilen. Die translatorischen Achsen bilden ein kartesisches Koordinatensystem, in dem die Achsen mit X, Y und Z bezeichnet werden. In der Regel wird der translatorischen Achse der Hauptspindel die Achse Z zugeordnet. Die rotatorischen Achsen ermöglichen Dreh- und Schwenkbewegungen. Sie werden mit den Buchstaben A, B und C bezeichnet. Das Maschinen-Koordinaten-System hat einen Nullpunkt. Je nach Bauart der Maschinen können diese 3 bis 5 und in Sonderfällen noch mehr gesteuerte Achsen haben, die simultan verfahrbar sind. Die Anzahl der gesteuerten Achsen bestimmt die Vielfalt der herstellbaren Formen. Mit 3-Achsen-Bohr/Fräs-Maschinen lassen sich in der Regel nur ebene Flächen und Bohrungen herstellen. Mit 4-Achsen-Maschinen können auch schräg liegende Flächen bearbeitet werden und mit 5-Achsen-Maschinen können mehrfach gekrümmte Flächen bearbeitet werden.

Mit CAD konstruierte Werkstücke besitzen ebenfalls ein Koordinatensystem, in dem sich die Lage der einzelnen Formelemente bezogen auf das Koordinatensystem definieren lässt. Das so beschriebene CAD-Modell wird nun in den Arbeitsraum der NC-Maschine transformiert, um daraus die zur Herstellung der einzelnen Formelemente notwendigen Relativbewegungen abzuleiten. Auf diese Weise kann ein NC-Programm auch unmittelbar aus einem CAD System abgeleitet werden.

Um eine Programmierung durchführen zu können, müssen alle dafür erforderlichen Steuerinformationen bekannt sein und mit Hilfe eines von den Steuerungen lesbaren Codes in die einzelnen Maschinen übertragen werden. Angaben über die Formen und Abmessungen bzw. Maße und die dazugehörigen Rohteilmaße sind notwendig, um Bearbeitungsschritte und Werkzeuge festzulegen und um eine vorgegebene Werkstückgeometrie zu erreichen. Dabei spielt die Art der Bearbeitungsbewegung eine Rolle, mehrere Bewegungsarten sind vorstellbar. Die Programmierung kann ein fest eingespanntes Werkstück vorsehen, welches durch ein umlaufendes Werkzeug bearbeitet wird. Genauso kann auch nur das Werkstück zu einem festen Werkzeug bewegt werden, aber auch eine kombinierte Bewegung von Werkstück und Werkzeug ist möglich. Ebenso müssen Geschwindigkeiten und Vorschübe festgelegt und in die Programmierung eingefügt werden. Den grundsätzlichen Aufbau der NC-Programme zeigt Abbildung 7.11.

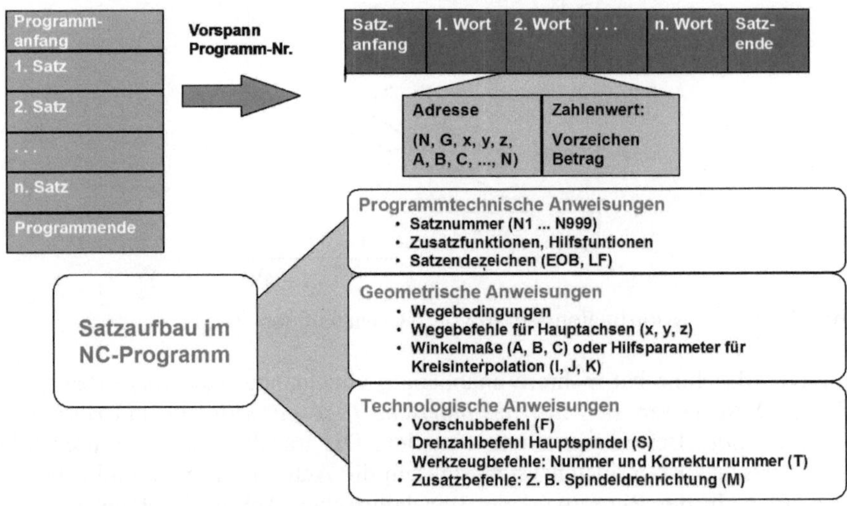

Abb. 7.11 Aufbau von NC-Programmen

Die numerisch zu übermittelnden Steuerungs-Informationen sind in den Normen der DIN 66025 beschrieben. Ein Programm erhält eine Identifizierungsnummer. Ein Satzaufbau kann z.B. wie folgt aussehen:

- N0080
- N0090 G00 X100 Y200
- N0100 G00 Z0
- N0110 G01 X110 F20
- N0120 Y100 F15
- N0130 G00 Z10
- N0140 ...

Das obige Beispiel teilt der CNC-Maschine folgenden Bearbeitungsablauf in Form von Sätzen mit:

Ein Fräswerkzeug (Satz N0090) soll im Arbeitsraum im Eilgang (G00) die bestimmte Position mit den Koordinaten X100 und Y200 anfahren. Danach (Satz N0100) soll das Werkzeug (weiterhin im Eilgang) auf die Tiefenposition Z0 gefahren werden. Nun ist die Startposition der Bearbeitung erreicht. Im nächsten Schritt (Satz N0110) verfährt das Werkzeug mit einer Vorschubgeschwindigkeit von 20 mm pro Minute (F20) in das Werkstück (Materialabtrag) auf die Position X110. Im Schritt N0120 verfährt das Werkzeug mit leicht verringertem Vorschub quer zur letzten Bewegung auf die Y-Koordinate 200 (zuvor 100, also um 100 mm). Im letzten Satz zieht sich das Werkzeug um 10 mm in der in Z-Richtung aus dem Werkstück per Eilgang (G00) zurück.

Die heutige Entwicklung der Programmierung von Maschinen und Anlagen macht es möglich, NC-Programme mittels Graphischer Systeme und Verknüpfung mit CAD-Systemen zu erzeugen, wobei die Werkstückdaten (Abmaße, Geometrien, Oberflächen) direkt aus einem CAD-System importiert werden. Als Beispiel sei hier das System STEP (Standards for the Exchange of Product Definition Data) genannt, welches als Austauschformat dient.. Das fertige NC-Programm kann im Direct-Numerical-Control-Betrieb (DNC-Betrieb) vom Programmierer über einen Server auf die entsprechende Maschine geladen werden. Eine Programmierung unmittelbar an der NC-Steuerung der Maschinen ist ebenfalls möglich, was dann Werkstattprogrammierung genannt wird.

Werkstattorientierte Programmierverfahren machen es dem Facharbeiter möglich, Fertigungsschritte, Einstellparameter für Geschwindigkeiten und andere Funktionen selbst zu programmieren oder herunter geladene Programme zu korrigieren.

7.3 Zeitplanung

Die Zeitplanung und die Zeitdatenermittlung gehören zu den grundlegenden Angaben der Arbeitsplanung. Zeitdaten sind maßgebliche Indikatoren, die eine Grundlage für Aufgaben und Entscheidungen über Terminierung, Kapazitätsplanung, Kostenberechnung, Angebotskalkulation, Investitionsplanung und Entgelt bzw. Lohn bilden.

Der Arbeitsplan enthält so genannte Vorgabezeiten. Vorgabezeit ist diejenige Zeit, die zur ordnungsgemäßen Durchführung einer Aufgabe bei Normalleistung benötigt wird. Vorgabezeiten sind also geplante Zeiten, die von den realen Zeiten in der Fabrik abweichen können. Sie beruhen auf einer Normalleistung eines durchschnittlichen Mitarbeiters, wobei Unternehmen und Planer auf grundlegende durch wissenschaftliche Arbeiten gestützte Merkmale der Normalleistung zurückgreifen können. Vorgabezeiten beinhalten auch die Bearbeitungszeiten der Maschinen. Beim Einsatz von Automaten hat der Maschinenbediener nur einen geringen Einfluss auf die Zeiten. Sie werden als Vorgabezeiten dennoch benötigt, um den Betrieb optimieren und steuern zu können. Vorgabezeiten lassen sich auf folgende Weise ermitteln:

- Schätzen mit Vergleichsleistungen,
- Messen (analytisch),
- Berechnen (synthetisch).

In den deutschen Unternehmen kommen überwiegend zwei unterschiedliche Methoden zur Ermittlung der Vorgabezeiten und der Normalleistung zum Einsatz:

7.3.1 Synthetische Zeitermittlung

Die *synthetische Zeitermittlung* (Systeme vorbestimmter Zeiten) zerlegt den menschlichen Bewegungsablauf bis in seine kleinsten Grundelemente, dabei werden Gesetzmäßigkeiten des zeitlichen Ablaufs von Tätigkeiten ermittelt. Durch empirische Zeiterfassung, wird der Zeitbedarf der einzelnen Grundbewegungen in Tabellen festgehalten. Der Zeitansatz für einen vollständigen Bewegungsablauf berechnet sich anschließend durch Addition der einzelnen, zu einem Bewegungsablauf gehörenden Grundbewegungen.

MTM (Methods Time Measurement) zählt zu den synthetischen Zeitsystemen mit vorbestimmten Zeiten. MTM kommt ausschließlich bei manueller Arbeit zum Einsatz.

> *MTM* ist ein Verfahren vorbestimmter Zeiten zur Ermittlung des Zeitbedarfs für bestimmte Bewegungselemente. MTM geht von 19 Bewegungselementen aus, denen eine empirische ermittelte Normalzeit zugeordnet ist. Die Zeit für einen Arbeitsablauf setzt sich aus den Zeiten für die einzelnen Bewegungselemente zusammen. [Antis/Honeycutt]

Zur Ermittlung von Gesetzmäßigkeiten des zeitlichen Ablaufs von Tätigkeiten werden die Bewegungsabläufe des Arbeiters in kleine, einzelne Schritte (elementare Grundbewegungen) unterteilt. Beispiele derartiger Grundbewegungen können z.B. Tätigkeiten wie „Loslassen", „Greifen", „Bringen" oder „Hinlangen" darstellen. Der Zeitbedarf für jede dieser Grundbewegungen ist normiert. Mit den elementaren Grundbewegungen lassen sich die meisten Arbeitsabläufe als ideale Folgen kleinster Elemente zusammensetzen und durch Addition der Einzelzeiten die geplante Bearbeitungszeit (Vorgabezeit) berechnen.

7.3.2 Analytische Zeitermittlung

Die *analytische Zeitermittlung* ermittelt die Normalleistung durch eine Zeitmessung (gemessene Zeiten). Da eine reine Zeitmessung jedoch nur die Ist-Leistung, nicht aber die Normalleistung ermittelt, ist hierzu jeweils der Leistungsgrad der Leistungseinheit als Verhältnis zwischen Ist- und Normalleistung zu schätzen.

> Das **REFA**-Zeitsystem (Verband für Arbeitsstudien und Betriebsorganisation) ist ein analytisches System, das auf der Beobachtung und Messung von Zeiten unter den realen Bedingungen der Arbeitsplätze beruht. Das REFA-Vorgabezeitsystem ist eine Methodik, die sich auf die Erkenntnisse organisatorischer, soziologischer, psychologischer und ökonomischer Arbeitsgestaltung stützt.

Die Durchführung von Zeitanalysen in der Fertigung und Montage ist gesetzlich und in Tarifverträgen geregelt. Das Zeitsystem beinhaltet auch Zeitelemente zur Erholung und für Nebentätigkeiten der Mitarbeiter im Betrieb (Verteilzeiten). Auch dieses Zeitsystem berücksichtigt die Normativen der Normalleistung bei der Festlegung der Vorgabezeiten. Als Basis dienen wissenschaftliche Zeit- und Ermüdungsstudien.

Die *Vorgabezeiten nach REFA* sind Soll-Zeiten für von Menschen und von Betriebsmitteln bzw. Maschinen ausgeführte Arbeitsvorgänge. Das Schema der Zeitgliederung zeigt Abbildung 7.12.

Die *Auftragszeit* ist die für einen Arbeitsvorgang geplante Gesamtzeit. Sie setzt sich aus den Teilen *Rüstzeit* und *Ausführungszeit* zusammen.
Rüsten nennt man die Summe der Tätigkeiten, die notwendig sind, um einen Arbeitsplatz oder eine Maschine zur Durchführung eines nachfolgenden Auftrages vorzubereiten. Dazu gehören die Bereitstellung von Material und Dokumenten, der Einsatz der Vorrichtungen und Werkzeuge, die Einstellung der Arbeitsparameter an der Maschine, das Durchführen von Testläufen, also alle einmalig pro Fertigungsauftrag auszuführenden Vorgänge.

Die *Rüstzeit* gliedert sich in eine *Grundzeit, Erholungszeit und Verteilzeit*. Die Grundzeit ist die Zeit für die Durchführung der Rüstoperationen. Das Rüsten wird üblicherweise von den Maschinenbedienern selbst oder von speziellen Rüstgruppen ausgeführt. Mitarbeiter haben einen physiologisch bedingten Anspruch auf Erholungszeiten, die prozentual auf die Rüstgrundzeit zugeschlagen werden. Ebenso werden für Abwesenheitszeiten der Mitarbeiter z.B. für Absprachen mit der

Leitung, Sondermaßnahmen, Gänge zur Verwaltung etc. die Verteilzeiten prozentual zugeschlagen.

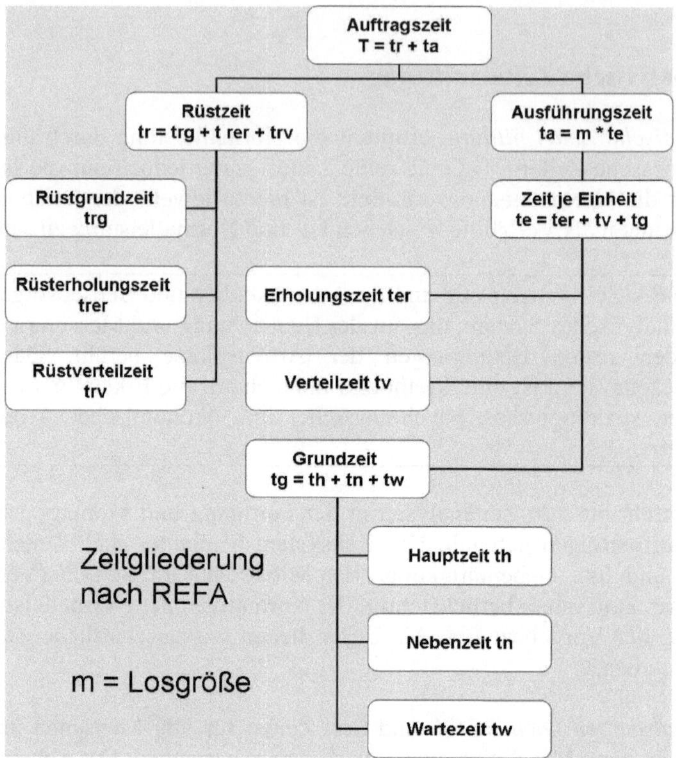

Abb. 7.12   Schema zur Gliederung der Vorgabezeiten

Die *Ausführungszeit* umfasst alle Operationen und Zeiten im Zusammenhang mit der Bearbeitung eines Auftrages an einem Arbeitsplatz. Sie wird bestimmt durch die *Zeit pro Stück* (*Stückzeit*) und die Anzahl der Werkstücke pro Auftrag bzw. die *Losgröße*. Die Zeit pro Stück gliedert sich in die *Grundzeit*, sowie die durch Zuschlag zu ermittelnden Erholungs- und Verteilzeiten. Die Grundzeit ist die Zeit für die Durchführung der Operationen eines Arbeitsvorganges. Auch diese lässt sich noch aufteilen in einen Anteil an Nebenzeiten, die in der Regel durch Stell- und Nebenfunktionen der Maschinen, wie beispielsweise den Wechsel von Werkzeugen oder Werkstücken bedingt ist. Ebenso gehen ablaufbedingte Wartezeiten in die Stückzeit ein. Die *Hauptzeit* schließlich umfasst die Operationen, mit denen ein tatsächlicher Fortschritt erzielt wird. Die Hauptzeit kann in vielen Fällen errechnet werden, da sie durch die Einstellparameter der Maschinen bestimmt wird.

Das analytische Zeitsystem gestattet nicht nur die Ermittlung einer Vorgabezeit für die Mitarbeiter, sondern auch der Zeiten der Maschinen und Betriebsmittel. Hieraus ergeben sich vielfältige Möglichkeiten der Optimierung. Insbesondere sei hier auf das Verhältnis von Rüstzeit zu Ausführungszeit verwiesen. Mit kleineren Stückzahlen und Losgrößen steigt der Anteil der Rüstzeiten. Dieser Zusammenhang hat unmittelbare Auswirkungen auf die Bestimmung der Losgrößen. Es bleibt festzuhalten:

- Höhere Auftragsmengen reduzieren die Rüstkosten und lassen die Kosten der Bestände und der Logistik steigen.
- Maßnahmen zur Reduzierung der Rüstzeiten verschaffen dem Unternehmen eine höhere Flexibilität.

Der Anteil der Hauptzeit an der Auftragszeit ist ein Indikator für die Produktivität einer Fabrik. Denn nur während der Hauptzeit wird Wertschöpfung an den Bauteilen erreicht. Auch hieraus leiten sich viele Verbesserungsmaßnahmen in der Produktion ab. So zeigt sich hier insbesondere die Wirkung der Automatisierung, die im Kern eine Reduzierung der Haupt- und Nebenzeiten bewirken kann. Eine Analyse der Zeiten wird in der Regel mit einer Kostenanalyse verbunden.
Die Kenntnis der Vorgabezeiten, die auf Normalleistungen beruhen, gestatten die Ermittlung der Stückkosten, indem die Auftragszeit mit dem jeweiligen Stundensatz der Maschinen oder des Arbeitsplatzes (siehe Kap. 5) multipliziert wird. Daraus lassen sich die Kosten für jedes Einzelteil ermitteln. Bewertet in Kosten pro Stück ergibt sich beispielsweise der dargestellte Zusammenhang von Losgröße und Stückkosten (Abb. 7.13; siehe auch [7]).

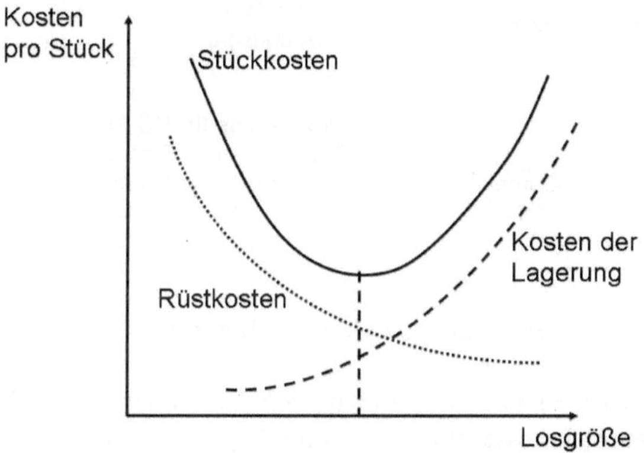

Abb. 7.13   Stückzahlen und Stückkosten

Die Stückkosten sinken generell mit einer höheren Auftragsmenge oder Losgröße. Innerbetrieblich bedeutet dies aber, dass sich höhere Bestände bilden, die einen Kapitalwert haben und für deren Verwaltung und Organisation Kosten anfallen. Die Gesamtkostenkurve zeigt also ein Optimum. Der Verlauf dieser Kurven ist in hohem Maße von den technischen Einrichtungen und der Gestaltung der Betriebsmittel und Arbeitsplätze abhängig.

Die Wettbewerbssituation zwingt die Unternehmen zu genauerer Planung und
Verfolgung des betrieblichen Geschehens. Die *Kostenplanung* liefert hierzu einen
wesentlichen Beitrag.
In der Kostenberechnung werden die entstehenden Kosten verursachungsgerecht
den Kostenträgern zugerechnet. Die zu verrechnenden Kostenarten sind Material-,
Personal- und Fertigungsmittelkosten (siehe Kap. 5).

7.4   Dokumente der Arbeitsvorbereitung

In der Arbeitsvorbereitung werden die wesentlichen Dokumente zum Betrieb
erstellt. Im Grundsatz sind die Dokumente auftragsneutral d.h. sie werden unabhängig von konkreten Fertigungs- und Montageaufträgen erstellt. Abbildung 7.15
gibt eine Übersicht der von der Arbeitsvorbereitung routinemäßig erzeugten Dokumente.

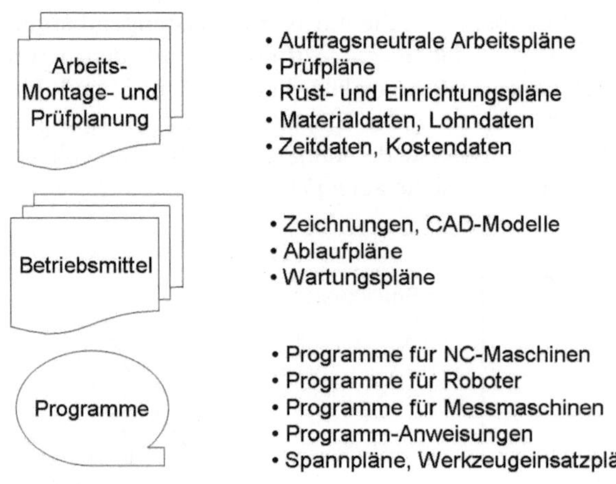

Abb. 7.14   Dokumente aus der Arbeitsvorbereitung

Die Dokumente werden überwiegend in den Bereichen der Arbeitsplanung, der
Betriebsmittelplanung sowie der Zeit- und Kostenplanung erzeugt. Sie werden
gemeinsam mit Auftragsdaten der Fertigung in einer Form zur Verfügung gestellt,
welche den jeweiligen Arten der Verarbeitung entspricht: Als Datenmodelle zur
Weiterverarbeitung, als Papier zur schnelleren Lesbarkeit oder auf elektronischen
Datenträgern zur Weitergabe. Die Arbeitsvorbereitung ist jedoch nicht allein Da-
tenlieferant für die Fertigung und Montage, sondern zugleich auch die Dokumen-
tationsstelle des Betriebes. Heute werden die Dokumente weitgehend mit EDV-
Systemen erzeugt. Dazu muss ein Dokumenten-Managementsystem vorhanden
sein, mit dem sich Dokumente systematisch speichern, verwalten und verändern
lassen. In den Dokumenten steckt ein hohes Maß an Erfahrungswissen. Das Wissen wird zur Optimierung der Prozesse selbst, zur Wiederholplanung, zur Ände-

rungsplanung oder auch zur Neuplanung benötigt. Aus diesem Grund beginnen viele Unternehmen, in den Planungsbereichen Wissensmanagement zusammen mit einem Dokumentenmanagement zu realisieren.

Die Arbeitspläne als zentraler Informationsträger der Produktion werden besonders für das Auftragsmanagement benötigt, um die Steuerung der Fertigung und Montage auf der Basis geplanter Prozesse ausführen zu können. Sie gehören neben den Zeichnungen und Stücklisten sowie den Datenbanken für die Ressourcen zu den Grunddaten der Betriebe. Aus den Grunddaten schöpft das Auftragsmanagement die Informationen zur terminlichen Steuerung der gesamten Produktion in Abhängigkeit vom Verkauf der Produkte. Dies ist Gegenstand des folgenden Kapitels.

8 Das Auftragsmanagement

Das Auftragsmanagement umfasst sämtliche Aufgaben und Bereiche, die notwendig sind, um den *Auftragsdurchlauf* in der Produktion (Abb.8.1) zu planen und zu optimieren. Hierzu gehören alle betriebswirtschaftlichen und technischen Prozesse, von der Erstellung der Angebote und der Bearbeitung eingehender Kundenaufträge, bis hin zur Auslieferung der Produkte an den Auftraggeber.

8.1   Grundsätzliche Aufgaben und Ablauf

Somit hat das Auftragsmanagement zwei Kernaufgaben zu erfüllen. Zum einen hat es die Aufgabe, den Prozess der Produkterstellung hinsichtlich Menge, Termin und Kapazität zu planen und zu steuern. Zum anderen hat es die Aufgabe, produktionsrelevante Daten und Informationen zu beschaffen, zu verarbeiten und weiterzuleiten.

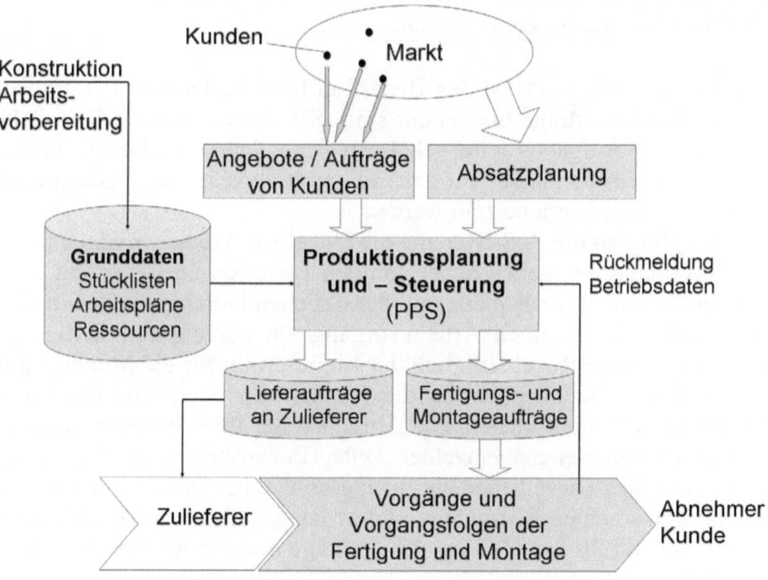

Abb. 8.1   Aufgaben und Abläufe im Auftragsmanagement

Diese Aufgaben bewältigt das Auftragsmanagement, indem es auf die Grunddaten der Produktion zurückgreift. Diese Grunddaten sind die auftragsneutralen Arbeitspläne und Stammdaten (Teileverzeichnis) sowie Stücklisten und die Verzeichnisse der Mitarbeiter, Kostenstellen und Betriebsmittel (Ressourcen).

Das Auftragsmanagement umfasst die Planung der herzustellenden Produkte, die als *Auftragsplanung* bezeichnet wird. Diese Planung basiert auf konkreten Kundenaufträgen sowie einer Prognose der erwarteten Auftragseingänge aus den jeweiligen Märkten. Die Abteilungen für das Angebotswesen liefern die aktuellen Angebote und Aufträge und der Vertrieb einen Absatzplan. Gemeinsam erzeugen erstellen sie den Plan der Herstellung der Produkte. Dieser Plan wird *Produktionsprogramm* genannt.

Das ***Auftragsmanagement*** umfasst die Aufgaben, die zur Organisation des Auftragsdurchlaufs in der Produktion notwendig sind. Ziel des Auftragsmanagements ist die Zufriedenheit der Auftraggeber durch termingerechte und fehlerfreie Lieferung der bestellten Produkte, ohne den vereinbarten Kostenrahmen zu überschreiten.

Der nächste folgende Schritt ist die so genannte Auflösung der Kundenaufträge in Einzelaufträge für die eigene Fertigung oder die Zulieferer. Dies geschieht heute mit PPS-Systemen (PPS Produktionsplanung und -steuerung).

PPS Produktionsplanung und -steuerung ist die EDV-gestützte organisatorische Planung, Steuerung und Überwachung der Produktionsabläufe von der Angebotsbearbeitung bis zum Versand.

PPS-Systeme ermitteln zunächst den Bedarf an Einzelteilen und Baugruppen, die für einzelne Kundenaufträge notwendig sind. Sie benutzen dazu die Stücklisten. Im Rahmen dieser Aufgaben wird geklärt, welche Teile oder besser Artikel sich bereits in den Lagern befinden. Nur das, was fehlt, muss in der eigenen Fertigung erzeugt oder bei Zulieferern bestellt werden.

Sodann terminieren die PPS-Systeme die einzelnen Arbeitsvorgänge in der Fertigung und Montage. Sie gehen dabei von den Lieferterminen aus und errechnen unter Verwendung der Arbeitspläne und der üblichen Durchlaufzeiten die Beginn- und Endtermine der einzelnen Arbeitsvorgänge in der eigenen Fertigung. Den Zulieferern wird in der Regel lediglich der Liefertermin für die Montage genannt. Im Rahmen dieser Planung werden die Kapazitäten überprüft. Bei Engpässen muss ein Ersatz gefunden werden. Die Aufgaben der PPS-Systeme enden mit der Vorgabe der Herstellmengen einzelner Teile (Losgröße) sowie der Fertigungs- und Montagetermine. Diese gehen als auftragsabhängige Daten in den Arbeitsplan ein und erzeugen so einen Fertigungs- und Montageauftrag. Die nachfolgene *Auftragssteuerung* sorgt für den Vollzug der Aufträge in den verschiedenen Bereichen der Produktion.

In Verbindung mit den Terminen und Mengenangaben der PPS entstehen so die verbindlichen Fertigungs- und Montageaufträge. Um ein erfolgreiches Auftragsmanagement garantieren zu können, unterliegt die Durchführung der Fertigungsaufträge einer permanenten Auftragsüberwachung. Dazu müssen die einzelnen Stellen des Betriebes den Grad der Erledigung von Aufträgen zurückmelden. Hierzu werden Betriebsdatenerfassungssysteme eingesetzt.

Galt es vor einigen Jahren noch, eine hohe und gleichmäßige Auslastung der Kapazitäten zu erzielen, um Stillstandkosten zu vermeiden, ist es heute wichtiger, mit Hilfe der PPS-Systeme kurze Durchlaufzeiten, eine hohe Liefertreue und niedrige Bestände an unfertigen Bauteilen (Halbfabrikaten) oder Artikeln in den Lagern zu erreichen. Die PPS-Systeme erfüllen deshalb auch eine unternehmerische Funktion. Von den darin eingesetzten Methoden hängen die Durchlaufzeiten und Bestände, aber auch die Auslastung der Maschinen wesentlich ab.

Aus Sicht des Unternehmens müssen die Bestände an Rohmaterial, Halbfabrikaten und Fertigwaren möglichst klein gehalten werden, um das dadurch gebundene Kapital sowie die Zinsen niedrig zu halten. Gleichzeitig gilt es, den logistischen Aufwand für die Lagerung, den Transport und die Handhabung zu minimieren.

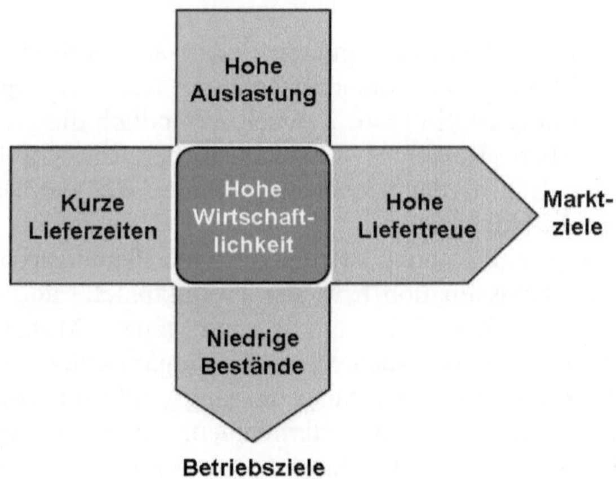

Abb. 8.2   Zielsystem der Programmplanung und Steuerung (PPS)

Aus Sicht der Kunden sollten die Aufträge zum Wunschtermin geliefert werden. Die starken Schwankungen der Kundennachfrage und der Auftragseingänge führen bei knappen Beständen jedoch zu unausgelasteten oder überlasteten Maschinen. Es handelt sich hier also um einen Zielkonflikt wie Abb. 8.2 zeigt. Die Anwendung von rechnergestützten Systemen der PPS verlangt deshalb ein zusätzliches Management der Ressourcen. Im Folgenden werden die Grundfunktionen des Auftragsmanagements behandelt.

8.2   Auftragsplanung

Der Ablauf der Programmplanung kann bei den Unternehmen sehr verschieden sein. Die Charakteristik der Märkte bestimmt die Art der Auftragsplanung. Hersteller von Massen- und Seriengütern planen oftmals aufgrund von Marktprognosen oder Vergangenheitswerten. Hersteller von kundenspezifischen Produkten können erst dann produzieren, wenn die Kundenaufträge vorliegen. In jedem Falle wird angestrebt, eine möglichst zuverlässige und vorausschauende Planung der Produktion zu erreichen und diese in einem Produktionsprogramm festzulegen. Diese vorausschauende Planung stellt die *Absatz- und Vertriebsplanung* dar. In ihr werden aus Erfahrungswissen Voraussagen über den zukünftigen Bedarf an verkaufsfähigen Produkten gemacht, die sich in einem Produktionsprogramm niederschlagen.

8.2.1 Produktionsprogrammplanung

Das Produktionsprogramm legt den primären Bedarf an Endprodukten nach Art, Menge und Termin für einen vordefinierten Zeitraum fest. Das Ergebnis der Produktionsprogrammplanung ist ein Plan, welcher verbindlich die zu produzierende Anzahl und deren zeitliche Reihenfolge festlegt. In der Automobilindustrie wird dabei auch häufig der Begriff der Sequenz verwendet, d.h. der Reihenfolge der Herstellung einzelner Produkte.

Die Produktionsprogrammplanung ist ein zyklischer Planungsprozess. Er ist individuell der Unternehmenssituation bzw. der Produktpalette angepasst und legt den Produktionsplan zwischen sechs und vierundzwanzig Monaten im Voraus fest. Die Sequenzen darin werden wöchentlich oder sogar täglich festgelegt.

Das Produktionsprogramm ist der Ausgangsgangspunkt für weitere Planungsprozesse in einem marktorientierten Unternehmen. Es liefert Aufschluss über mögliche Liefertermine und deren Umfang, wobei sich die Prognosen auf Erfahrungswerte, bestehende Aufträge und die Produktvielfalt stützen. Eine Fehleinschätzung kann entweder zu mangelnder Kapazitätsauslastung und damit unnötigen Stillstandskosten oder im umgekehrten Fall zu einem Mangel an Kapazitäten führen, sodass die Lieferzeiten nicht eingehalten werden können. In diesem Fall riskiert das produzierende Unternehmen eine Nichtzufriedenstellung des Kunden.

Im Vorfeld der Produktionsprogrammplanung werden die benötigten Rohdaten mit Hilfe verschiedener Methoden zur Ressourcengrobplanung verdichtet. Die Datenverdichtung ermöglicht eine schnelle und kostengünstige Planung. In der Praxis bedient man sich verschiedener Methoden, um die zukünftigen Ressourcen richtig abschätzen zu können. Im Folgenden werden 2 Methoden genauer erläutert:

- Der *Repräsentativmethode* dient der Umsatzplan als Grundlage. Dieser liefert Soll-Daten über den geplanten Umsatz. Hieraus ergeben sich über die Preislisten die angestrebten Stückzahlen. Durch die Mul-

tiplikation der Stückzahlen mit den benötigten Fertigungszeiten werden die Belegungszeiten der Kapazitätsbereiche errechnet.

- Die *Referenzmethode* geht ebenfalls vom Umsatzplan aus, allerdings
  bezüglich der Ist-Daten vorangegangener Stückzahlen und Bearbeitungszeiten der Fertigung. Daraus ergeben sich direkt die Fertigungs-
  stunden eines Erzeugnisses; sie werden durch eine Referenzliste, welche die zeitlichen Anteile der Fertigungstechnologien enthält, in
  Stunden pro Fertigungsverfahren umgerechnet.

Das Ergebnis der Produktionsprogrammplanung ist ein Zeitplan für die Herstellung der verkauften oder erwarteten Produkte. Einen derartigen Plan, der typisch
für Maschinenbau-Unternehmen oder Unternehmen mit kleinen Serien ist, zeigt
Abbildung 8.3.

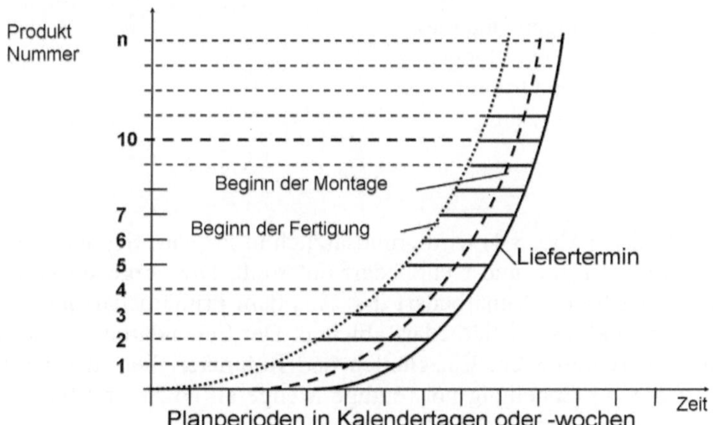

Abb. 8.3   Produktionsprogramm eines Kleinserienfertigers

Die Darstellung verzeichnet die einzelnen Produkte in einer Zeitskala aus Be-
triebskalendertagen oder -wochen. Liefertermine bilden die hintere Kurve. Sie
orientieren sich an den Bestellungen. Die vordere Kurve kennzeichnet den Beginn
der Fertigung und die mittlere den Beginn der Montage. Die Zeit zwischen dem
Beginn der Fertigung und dem Liefertermin ist die Durchlaufzeit eines Auftrages.
Der progressive Verlauf der Kurven ergibt sich einmal aus der erwarteten Steigerung der Produktionsrate und zum anderen aus der Verkürzung der Durchlaufzeiten.

Serien- und Massenfertiger benutzen in der Regel nicht diese Art der Darstellung, sondern eher Tabellen oder Listen mit der Anzahl der Produkte und Produktvarianten je Planzeitperiode für mittelfristige Zeiträume. Sie orientieren sich
dabei an der Normalkapazität, d.h. an der Menge, für die die Produktion bei Normalleistung ausgelegt ist. Im kurzfristigen Bereich von Tagen oder Wochen wird
genauer geplant und werden die Sequenzen mit einer Zuordnung der Produkte zu
Kunden festgelegt. Diese Programme sind die verbindliche Vorgabe für alle an der

Fertigung beteiligten Organisationen. Damit diese wissen, was zu produzieren ist, muss eine umfangreiche Materialbedarfsplanung durchgeführt werden.

8.2.2 Materialbedarfsplanung

Die Materialbedarfsplanung plant, ausgehend von den verkaufsfähigen Produkten, den Bedarf an Materialen: also an Einzelteilen und Artikeln, die für ein Produkt und seine Herstellung benötigt werden. Der Begriff Material setzt sich aus den Rohstoffen, den Hilfsstoffen, den Halb- und Fertigfabrikaten, den so genannten Werkstoffen sowie den Betriebsstoffen und den Handelswaren zusammen.

Die wichtigste materialwirtschaftliche Aufgabe ist es, die nötigen Ressourcen zur Leistungserstellung

- in der richtigen Qualität,
- in der richtigen Menge,
- am richtigen Ort und
- zur richtigen Zeit

bereitzustellen.

Der Materialbedarf (Abb. 8.4) wird grundsätzlich in Primär-, Sekundär- und Tertiärbedarf sowie in Brutto- und Nettobedarf unterteilt. Die vorgegebene Menge an Endprodukten stellt den Primärbedarf dar. Aus dem Primärbedarf lassen sich der Sekundärbedarf und der Tertiärbedarf ableiten. Der Sekundärbedarf ist die benötigte Menge an Baugruppen, Einzelteilen und Rohmaterialien, der Tertiärbedarf hingegen ist die zur Erstellung notwendige Menge an Hilfs- und Betriebsstoffen für die Durchführung der Produktion.

Primärbedarf, Sekundärbedarf, Tertiärbedarf
Den periodenbezogenen Gesamtbedarf an Erzeugnissen bezeichnet man als Primärbedarf. Der Sekundärbedarf enthält die tieferen Positionen der Stücklisten, also den Bedarf an Baugruppen, Untergruppen, Einzelteilen und Rohmaterialien sowie standardisierte Zukaufteile und Normteile wie z.B. Schrauben. Der Tertiärbedarf umfasst das zur Produktion benötigte Verbrauchsmaterial, wie beispielsweise Schmierstoffe.

Man kann den Materialbedarf auch nach einem Brutto- und Nettobedarf aufschlüsseln. Der Bruttobedarf ergibt sich unmittelbar aus der Auflösung der Stückliste eines Erzeugnisses. Subtrahiert man davon die Lagerbestände oder die bereits in Auftrag gegebenen Mengen an Erzeugnissen, Teilen und Artikeln, so erhält man den Nettobedarf.

Beträgt beispielsweise der Primärbedarf an zu liefernden Erzeugnissen 1000 Fahrzeuge im kommenden Monat und stehen bereits 800 fertige Fahrzeuge im Auslie-

ferpark, so entsteht ein Netto-Primärbedarf von 200 Fahrzeugen, die produziert
werden müssen.

Bruttobedarf – Nettobedarf
Den periodenbezogene Gesamtbedarf aller Ressourcen, ohne Berücksichti-
gung der Lagerbestände und der bereits erteilten Fertigungsaufträge, bezeich-
net man als *Bruttobedarf.*
Die Differenz aus Bruttobedarf und vorhandenen Beständen sowie erteilten
Aufträgen und Bestellungen bezeichnet man als *Nettobedarf.*

Da sich der Brutto- und Nettoprimärbedarf aus dem Produktionsprogramm ent-
nehmen lässt, ist es die Hauptaufgabe der Materialwirtschaft, den Sekundärbedarf
aus dem Primärbedarf zu ermittelt.

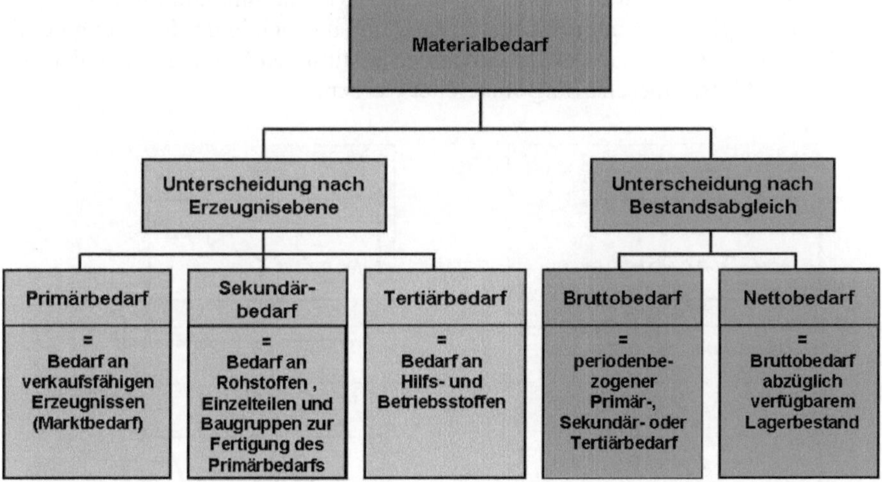

Abb. 8.4   Materialbedarfsarten

Zur Ermittlung des *Nettobedarfs* werden Lager-, Sicherheits-, Umlauf- und Mel-
debestände, reservierte Bestände sowie Bestellungen und der disponierbare Be-
stellbestand mit berücksichtigt und vermindern so den Bruttobedarf. Dieser Sekundärbedarf kann somit genau einer bestimmten Zeit-Periode zugeordnet werden
oder aber auf einen vorgegebenen Fertigungstermin abgestimmt sein.

8.2.2.1 Materialbedarfsermittlung (Disposition)

Um den zukünftig benötigten Materialbedarf nach Menge zeitgerecht und vor
allem in einem wirtschaftlich vertretbaren Aufwand ermitteln zu können, stehen
verschiedene Verfahren zur Verfügung. Die Ermittlung der Materialbedarfe wird
auch *Disposition* genannt. Basiswerte zur Bedarfsermittlung sind Produktionsprogramm und die Zusammensetzung der Endprodukte. Ist beides bekannt, so kann
für sämtliche Baugruppen, Einzelteile und Materialarten eine Materialprognose

berechnet werden. Aus Kostengründen ist eine exakte Bedarfsermittlung allerdings nicht in jedem Falle sinnvoll.

Im Folgenden werden zwei gängige Verfahren der Materialbedarfsermittlung, das stochastische und das deterministische Verfahren, näher erläutert.

Bei dem *stochastischen* oder auch *verbrauchsorientierten Dispositionsverfahren* richtet sich die Ermittlung des Bedarfs nach den empirisch belegbaren Verbrauchswerten der Vergangenheit. Geplante Aufträge, Produktions- oder Absatzprogramme werden in die Berechnung nicht mit einbezogen und spielen somit für die Beschaffung keine Rolle. Dieses Verfahren benötigt eine genaue Betrachtung und Integration der Lagerbestände, denn diese nehmen entscheidend auf die zu bestellende Menge Einfluss oder können sogar Initiator einer neuen Materialbeschaffung sein.

Durch ein geeignetes Prognosemodell, das sich aus den vorhergegangenen Bedarfsverläufen ergibt, wird regelmäßig der Bedarf für eine neue Periode berechnet. Anhand dieser Menge wird der aktuelle Nettobedarf bestimmt und mit den Lagerbeständen abgeglichen. Sind der Lagerbestand und die sich in der Fertigung befindenden Erzeugnisse nicht in der Lage, den neu bestimmten Nettobedarf zu decken, so muss eine Materialbeschaffung eingeleitet werden.

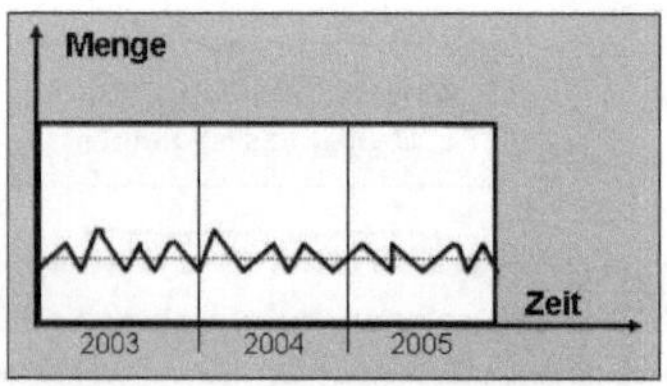

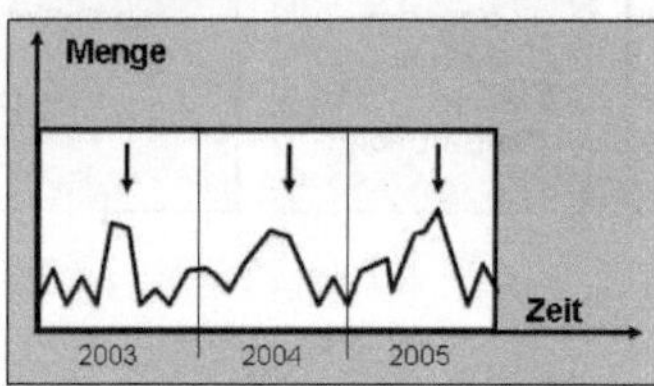

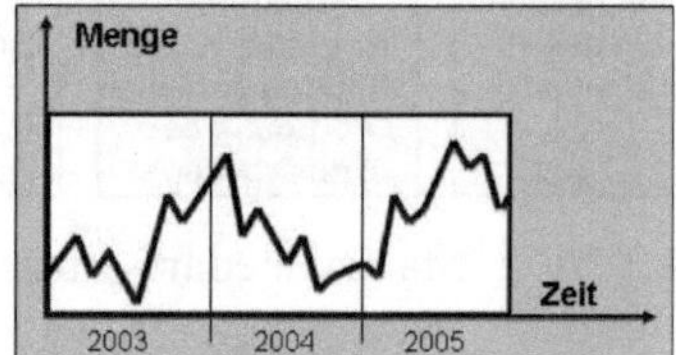

Abb. 8.5　　　　Bedarfsverläufe

Der Verbrauchsverlauf und damit auch der Verlauf des Bedarfes können für eine Materialart über mehrere Perioden hinweg Schwankungen unterworfen sein. Es lassen sich jedoch für viele Verlaufsmuster Charakteristika typische Bedarfsverläufe identifizieren (Abb. 8.5):

- *Gleichbleibender* (regelmäßiger) Bedarf, d.h., es liegt ein konstanter Bedarf vor, der nur geringfügige Schwankungen um ein konstantes Niveau aufweist.

- *Trendförmiger* Bedarf, wobei sich hier zumeist ein speziell linearer Trend abzeichnet.
- *Saisonaler* Bedarf (schwankend)
- *Unregelmäßiger* Bedarf

Die ersten drei Bedarfsverläufe weisen eine gewisse Regelmäßigkeit auf und können daher den regelmäßigen Verlaufsformen zugeordnet werden.Ferner gibt es unregelmäßige Verläufe, bei denen keine Gesetzesmäßigkeit zu erkennen ist und die somit mehr oder weniger dem Zufall unterliegen.

Das *deterministische Dispositionsverfahren* legt ebenfalls den Sekundärbedarf für eine Periode fest. Bei diesem bedarfsorientierten Verfahren werden jedoch keine Prognoseverfahren verwendet, als Grundlage dienen vielmehr das geplante Produktionsprogramm sowie bereits eingegangene Aufträge. Die daraus resultierenden Daten legen den Primärbedarf für die folgende Periode fest. Der Sekundärbedarf wird dann durch die Auflösung der Stücklisten und der Ergebnisse der Produktionsprogrammplanung ermittelt. Die Stücklisten werden entweder vom Endprodukt bis hin zum Rohmaterial (analytisch) oder aber, ausgehend vom Rohmaterial bzw. Einzelteile, zum Endprodukt (synthetisch) aufgelöst. Das deterministische Verfahren liefert eine sehr genaue Vorhersagegenauigkeit und ermöglicht es, den Lagerbestand zu minimieren und damit erheblich Kosten einzusparen.

Ergänzend sei das *heuristische Verfahren* erwähnt, welches sich auf Erfahrungen und Vorhersagen von Experten stützt. Dieses Verfahren wird in der Praxis jedoch hauptsächlich für Materialien geringer Kapitalbindung eingesetzt.

8.2.2.2 Die ABC/XYZ-Analyse

Die ABC-Analyse (Abb. 8.6) ist eine Methode, mit der untersucht wird, wie stark sich eine bestimmte Eigenschaft auf die einzelnen Elemente einer betrachteten Menge konzentriert. Im Beschaffungsbereich dient sie zur Analyse der mengen- und wertmäßigen Bedarfsstruktur an Einsatzmaterial.

Die ABC-Analyse basiert auf der Erkenntnis, dass meist ein relativ kleiner Teil der Gesamtzahl der zu beschaffenden Güterarten den Hauptteil am gesamten Lagerbestandswert repräsentiert. Die Wert-Häufigkeitsverteilung in Form eines Pareto-Diagramms (Abb. 8.6) gibt Aufschluss darüber, welcher Anteil am Gesamtwert des in einem bestimmten Zeitraum verbrauchten Materials auf einzelne Material- bzw. Teilearten entfällt.

Dabei ergibt sich zumeist ein starkes Ungleichgewicht der Verbrauchswerte, was sich in einer starken Kurvenkrümmung ausdrückt. Diese Kurve ermöglicht eine Klassifizierung der Materialien in drei (A, B, C) Gruppen, für die dann unterschiedliche Strategien der Materialbedarfsplanung, der Bestellmengenplanung und der Lagerdisposition verfügbar sind (siehe auch Abschnitt 8.1.2.1).

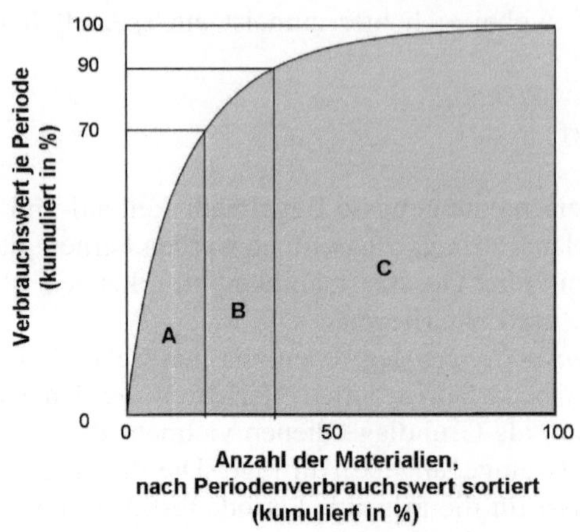

Abb. 8.6   ABC-Analyse zur Klassifizierung nach Verbrauchswerten

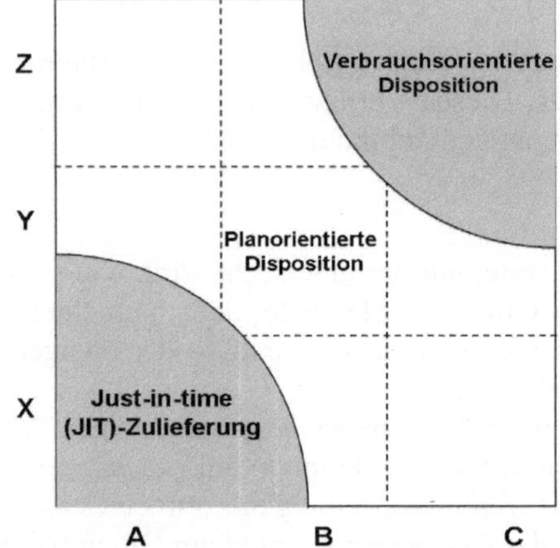

Abb. 8.7   XYZ - Klassifizierung

Bei der XYZ-Analyse (Abb. 8.7) erfährt die ABC-Analyse eine Erweiterung. Die
XYZ-Analyse segmentiert die Kaufteile nach ihrer Verbrauchsstruktur unter Verwendung der Kriterien der wöchentlichen Vorhersagegenauigkeit oder der monat-
lichen Verbrauchsschwankungen.

Anhand der kombinierten ABC-XYZ-Analyse kann dann festgestellt werden,
welche Kaufteile sich für welches Dispositionsverfahren eignen. Aus der ABC-
XYZ Klassifizierung lässt sich also die Art der Beschaffung des Bedarfs ableiten.

AX-Teile eignen sich beispielsweise für die produktionssynchrone Beschaffung, während CZ-Teile auf Vorrat beschafft werden.

Generell bietet sich bei Materialien geringen Wertes und gleichzeitig hohen Bedarfs eine *Vorratsbeschaffung* an. Hierzu sind Lager notwendig.

Die *Direktanlieferung* oder auch *Produktionssynchrone Anlieferung* (Just-in-Time) bietet sich bei hochwertigen Teilen an. Sie haben ein geringes Versorgungsrisiko, stellen dennoch eine sehr wichtige Komponente für die Produktion dar. Diese Form der Anlieferung senkt die Kapitalbindungskosten im Unternehmen. Die Frequenz der Lieferungen wird durch den Produktionsplan bestimmt, eine typische Lagerhaltung entfällt.

Eine *Beschaffung im Bedarfsfall* bietet sich bei unregelmäßigem, sporadischem Bedarf an, dies ist bei auftragsbezogener Einzelfertigung sowie bei der Fertigung von Prototypen der Fall.

8.2.3 Termin- und Kapazitätsplanung

Aufgabe der Termin- und Kapazitätsplanung ist es, die eingehenden Fertigungsaufträge zeitlich einer Kostenstelle (Kapazität) zuzuordnen und aufeinander abzustimmen. Der Produktionsstart eines Auftrages wird dabei so bestimmt, dass er zu einem geforderten Termin abgefertigt ist.

In der ersten mittelfristigen Planung wird für einen Auftrag geprüft, ob dieser ohne unnötige Verzögerungszeiten bearbeitet werden kann. Hierzu gehört in erster Linie die Feststellung, ob und wann der benötigte Materialbedarf (Rohmaterial, Baugruppen, Einzelteile) sowie Werkzeuge und Vorrichtungen zur Verfügung stehen. Anschließend wird die genaue Reihenfolge der Arbeitsabläufe festgelegt und der Auftrag den einzelnen Arbeitsplätzen bzw. Maschinen (Kapazitäten) zugewiesen. Weiter muss die Bereitstellung des Materialbedarfs zur richtigen Zeit an die betreffenden Kapazitäten veranlasst werden. Der Zeitansatz pro Fertigungsschritt wird der Arbeitsplanung entnommen oder stammt aus Erfahrungswerten vergangener Aufträge. Diese erste Planung wird auch *Durchlaufterminierung* genannt.

Anhand der Durchlaufterminierung kann bestimmt werden, wann der voraussichtliche Fertigstellungstermin ist bzw., wann mit einer Fertigung begonnen werden muss, damit der gewünschte Termin eingehalten werden kann. Um zukünftig genauere Terminierungen planen zu können und Abweichungen von den Planzeiten festzustellen, wird nach jedem Arbeitsgang die produzierte Menge und die dafür benötigte Zeit an das PPS-System rückgemeldet.

Die Beginn- und Endtermine eines jeden Auftrages können auf verschiedene Arten berechnet werden, die *Vorwärtsterminierung* oder die *Rückwärtsterminierung*.

Die *Vorwärtsterminierung* beginnt mit einem vorgegebenen Starttermin und addiert sämtliche Arbeitsganglaufzeiten hinzu. So ergeben sich mögliche Anfangs- und Endbearbeitungszeiten an jedem Arbeitsplatz und der frühest mögliche Fertigstellungstermin. Die Vorwärtsterminierung wird zur Einplanung von Eilaufträgen verwendet.

Die *Rückwärtsterminierung* erfolgt in umgekehrter Reihenfolge, ausgehend vom Ende des letzten Arbeitsganges. Diese Art der Terminierung ermittelt den Starttermin einer Fertigung bei einem vorgegebenen Endtermin der Aufträge.

Die gesamte Durchlaufzeit aller Arbeitsvorgänge setzt sich aus Durchführungszeit und der sogenannten Übergangszeit zusammen. Die Übergangszeit umfasst:

- Transportzeiten
- Wartezeiten vor der Bearbeitung
- Pufferzeiten
- Wartezeiten nach der Bearbeitung

Die Übergangszeit ist nicht unmittelbar von einem Fertigungsauftrag oder einer Losgröße abhängig, wodurch die Übergangszeit relativ konstant bleibt. Die Überganszeit, genauer die Wartezeiten vor der Bearbeitung (Zeit zwischen Prozessen), kann einen Großteil der gesamten Durchlaufzeit ausmachen. Pufferzeiten (Lager) werden verwendet, um kleinere Störungen ausgleichen zu können. Dies führt jedoch zu unnötigen Wartezeiten, da zwischenzeitlich an den gelagerten Teilen keine Wertschöpfung stattfindet. Sie sollten deshalb möglichst klein gehalten werden, um Kosten zu sparen.

Eine *Kapazitätsterminierung* kann wie die Durchlaufterminierung ebenfalls in Vorwärtsterminierung und Rückwärtsterminierung unterschieden werden. Jedoch berücksichtigt die Kapazitätsterminierung sowohl Übergangszeit als auch simultan laufende Aufträge. Sie wird daher vorwiegend benutzt, um Terminüberschreitungen zu vermeiden. Sie senkt die Wartezeiten und ermöglicht kürzere Durchlaufzeiten.

Die Terminierung mit Berücksichtigung der Kapazitätsgrenzen benötigt jedoch einen wesentlich höheren Datenstrom und eine ständige Aktualisierung des zu verplanenden Kapazitätsangebots und des Kapazitätsbedarfs. Eine wichtige Größe zur Terminplanung ist die Kenntnis über die effektiv verfügbare Kapazität. Sie ist die verfügbare Zeit, die ein Betriebsmittel oder Mitarbeiter theoretisch zur Verfügung steht. Theoretisch bedeutet in diesem Fall, beispielsweise 24h pro Tag, 7 Tage die Woche. Von dieser theoretisch verfügbaren Kapazität werden die arbeitsfreien Schichten und die Verlustzeiten abgezogen. So entsteht die praktisch nutzbare Kapazität. Verlustzeiten können vorhersehbar, wie z.B. Wartungsarbeiten, oder aber unvorhersehbar sein, wie Erkrankung von Mitarbeitern oder Maschinenstörungen. In Verbindung mit dem Leistungsgrad bildet die praktisch nutzbare Kapazität so die effektiv für die Planung verfügbare Kapazität.

Im Ganzen werden zwei Arten der Kapazitäten in der Fertigung unterschieden, die Mitarbeiter und die Betriebsmittel. Hier finden eine qualitative und eine quantitative Unterscheidung statt. Die qualitative Kapazität eines Betriebsmittels ist durch das Leistungsvermögen gekennzeichnet, die des Menschen durch seine fachliche Qualifikation. Quantitative Kapazität bedeutet dagegen die Anzahl der zur Verfügung stehenden Betriebsmittel und Mitarbeiter sowie die zeitliche Verfügbarkeit.

Um das Kapazitätsangebot genau festzulegen, wird der Produktionsbereich in Kapazitätseinheiten zerlegt. Nach VDI sind die fünf Kapazitätseinheiten der Produktion unterteilt in die Produktions-, Bereichs-, Teilbereichs-, Gruppen- und Einzelkapazität, wobei auch andere Kapazitätseinheiten denkbar wären, wie zum Beispiel die Einteilung nach Kostenstellen. Danach wird die Verfügbarkeit einer jeden Kapazität in Stunden pro Tag oder Stunden pro Periode ermittelt. Hierbei wird von der praktisch nutzbaren Kapazität ausgegangen. Im Anschluss kann der individuelle Leistungsgrad einer Kapazität bestimmt werden. Der Leistungsgrad ist die positive oder negative Abweichung der menschlichen Leistung zur Normalleistung und kann die effektiv verfügbare Kapazität erhöhen oder senken.

Ziel der Unternehmen ist eine gleichmäßige und hohe Auslastung der Kapazitäten (vgl. Abb. 8.2). Die Auftragslage lässt in der Praxis jedoch nicht immer eine hohe Kapazitätsauslastung zu oder im gegenläufigen Fall übersteigt sie sogar das Kapazitätsangebot. Das produzierende Unternehmen ist in solchen Fällen gezwungen, das Angebot an Kapazitäten zu senken oder zu erhöhen. Die Kapazitäten werden der Auftragslage kurzfristig oder langfristig angepasst (Abb. 8.8).

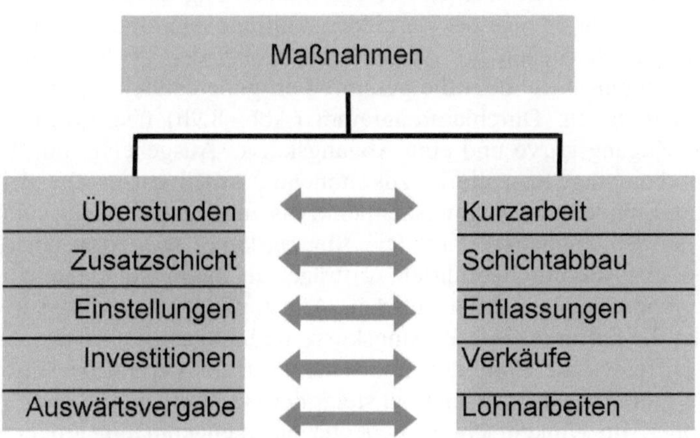

Abb. 8.8   Maßnahmen zur Kapazitätsanpassung

Im idealen Fall liegen genau so viele Aufträge vor, dass jede Kapazität zu jeder Zeit voll ausgelastet ist. Das bedeutet für den einzelnen Arbeitsplatz, ein neuer Auftrag liegt genau dann vor, wenn der vorherige abgeschlossen und weitergeleitet ist. Die Durchlaufzeiten würden bis zu einem Maximum minimiert, jedoch beinhaltet dieser „Just-in-Sequenz"-Ablauf auch die Gefahr von Stillstandzeiten, sollte einmal ein Auftrag ausbleiben. Da in der Praxis jedoch oftmals mehrere Aufträge gleichzeitig zu Bearbeitung anliegen, entsteht ein Bestand, der sich je nach Auftragszugängen und Abgängen verändert. Dieser Prozess lässt sich anhand des Trichtermodells (Abb. 8.9a) besonders gut darstellen.

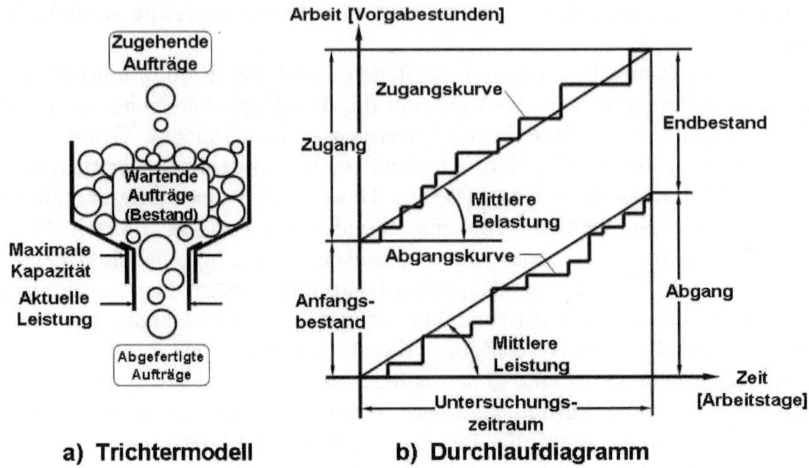

Abb. 8.9   Trichtermodell und Durchlaufdiagramm [Wiendahl]

Die eingehenden Aufträge werden vor der Bearbeitung in einem Trichter aufge-
fangen. Sie bilden die Menge der wartenden Aufträge (Bestand). Entsprechend der
genutzten Kapazität fließen die Aufträge ab, wobei der Trichter einen Arbeitsplatz, eine Fertigungsinsel oder die gesamte Fertigung darstellen kann. Das Trichtermodell kann in ein Durchlaufdiagramm (Abb. 8.9b) übertragen werden, es
enthält eine Zugangskurve und eine Abgangskurve. Ausgehend vom Anfangsbe-
stand der Arbeit trägt man die hinzukommende Arbeit entsprechend ihrem Arbeitsinhalt in Stunden und Zugangszeitpunkt bis zum Endzeitpunkt kumulativ auf
und erhält so den Zugangsverlauf. Die Abgangskurve wiederum entsteht in der
Weise, dass man die durchgeführten Aufträge mit ihrem Stundeninhalt, entsprechend den Abmeldezeitpunkten aufträgt. Am Anfang eines Untersuchungszeit-
raums bildet die Differenz von Zugangskurve und Abgangskurve den Anfangsbe-
stand, die Differenz am Ende den Endbestand. Ist im Verlauf der Untersuchung
der Zugang größer als der Abgang, so steigt der Bestand und die Durchlaufzeiten
werden größer. Im Umkehrschluss bedeutet ein mengenmäßig größerer Abgang
kürzere Durchlaufzeiten, jedoch nur soweit, bis der Bestand aufgebraucht ist. Ab
diesem Zeitpunkt entstehen Stillstandzeiten, die es zu vermeiden gilt. An diesem
Modell wird die Bedeutung von einer gleichmäßigen Kapazitätsauslastung besonders deutlich, denn sowohl hohe Durchlaufzeiten als auch Stillstandzeiten haben
unnötige Kosten zur Folge.

8.3   Auftragssteuerung

Nach der Planung der Aufträge müssen diese nun an die Produktion übergeben
und durch diese gesteuert werden. Wie bereits zu Beginn dieses Kapitels erwähnt,
gehört es zu den Aufgaben der Auftragssteuerung, den Auftragsdurchlauf durch

die Produktion nach terminlichen Vorgaben zu organisieren. Primäres Ziel ist hierbei ein rascher Durchlauf (kurze Durchlaufzeiten, hohe Termintreue) und kurze Wartezeiten vor den einzelnen Arbeitsstationen (geringe Bestände). Weiter muss die Auftragssteuerung für einen durchgängigen Materialfluss und somit hohe und gleichmäßige Auslastungen sorgen. Diese Forderungen an die Auftragssteuerung sind stark von der Struktur der Produktion abhängig. Grundsätzlich lassen sich zwei Arten an Steuerungsprinzipien unterscheiden (Abb.8.10).

Bei der *Push-(Schiebe)-Steuerung* wird der Auftrag für die Produktion von einer zentralen Stelle im Unternehmen ausgelöst und durchläuft dann (schiebend) die gesamte Wertschöpfungskette nach Maßgabe der Arbeits- und Montagepläne. Die Auftragsfreigabe erfolgt durch eine zentrale PPS. Das Produkt wird somit durch die Produktion geschoben. Nachteile der Push-Logik sind höhere Bestände vor den Arbeitsstationen und lange Reaktionszeiten, wenn die Kapazitäten nicht sorgfältig abgestimmt sind.

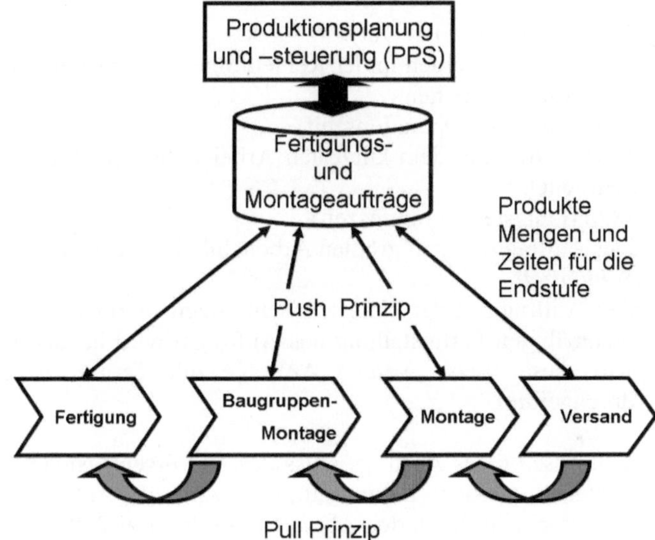

Abb. 8.10   Push- und Pull-Prinzipien der Auftragssteuerung

Bei der *Pull-(Zieh)-Steuerung* wird nur die letzte Produktionsstufe – in der Regel die Montage oder der Versand gesteuert. Aus dem Verbrauch an Material und Artikeln leiten sich die Bedarfe für die Vorstufen ab. Von der letzten Produktionsstufe wird so der Auftrag zur jeweiligen Vorgängerstufe durch die Produktion gezogen. Die Auftragsfreigabe wird durch den Produktionsplan gesteuert.

Push-Prinzipien eignen sich für vielstufige und komplexe Produkte, während Pull-Prinzipien bei der Herstellung standardisierter Produkte Vorteile bieten.

Vor der Auftragsfreigabe, also dem tatsächlichen Start der Produktion, muss sichergestellt werden, dass die benötigten (verplanten) Ressourcen (Personal, Material, Werkzeuge, Vorrichtungen, Maschinen, usw.) verfügbar sind. Die Auftragssteuerung muss ferner direkt auf mögliche Störgrößen (Krankheit, Maschinen- und Anlagenausfälle, Störungen, Unterbrechung der Just-in-Time-Lieferkette usw.) reagieren und ggf. gezielt umsteuern oder Aufträge zurückstellen.

Nach dieser Verfügbarkeitsprüfung werden der Auftrag für die Produktion freigegeben und die erforderlichen Dokumente bereitgestellt. Dies geschieht durch die *Auftragsveranlassung*. Hier können ebenfalls noch Anpassungen der aus der Auftragsplanung stammenden Informationen durchgeführt werden. Hauptaufgabe der Auftragsveranlassung ist die Zuordnung und Terminierung der Aufträge zu den jeweiligen Arbeitsplätzen, dem Personal, notwendigen Betriebsmittel usw. Für diese Aufgaben steht in der Praxis eine Vielzahl an Methoden zur Verfügung. In den meisten Fällen wird hierbei mit Prioritäten gearbeitet. Jedem von einer Maschine zu bearbeitenden Auftrag wird eine Prioritätszahl zugeordnet. Nach Beendigung des laufenden Auftrags wird als nächstes der Auftrag mit der höchsten Priorität aus der Warteschlange bearbeitet. Die industriell bedeutendsten Prioritätsregeln werden im Folgenden kurz besprochen:

- *FIFO* (First In - First Out)
  Die Aufträge werden in der Reihenfolge abgearbeitet, wie sie am Arbeitssystem ankamen.
- *KOZ* (Kürzeste Operationszeit)
  Der Auftrag mit dem kürzesten Arbeitsinhalt wird immer zuerst abgearbeitet.
- *LOZ* (Längste Operationszeit)
  Der Auftrag mit dem größten Arbeitsinhalt wird zuerst bearbeitet.
- *Schlupfzeit*
  Der Auftrag mit der kleinsten Schlupfzeit (verbleibende Zeit bis zur planmäßigen Fertigstellung des Auftrags) wird bevorzugt bearbeitet. Auf diese Weise werden Aufträge mit Terminverzug vorrangig durchgeführt.

Nach dem Veranlassen eines Auftrags muss dessen vorschriftsmäßige Durchführung zurückgemeldet werden. Diese Tätigkeit wird als Auftragsüberwachung bezeichnet. Dies geschieht durch den Abgleich von Ist- mit Solldaten hinsichtlich Termin, Qualität und Menge.

Fertigung und Montage besitzen einen eigenen kurzfristigen Handlungsspielraum. Sie können durchaus von der Planung abweichen. Der Grad des Handlungsspielraums hängt unmittelbar von dem Produktionssystem ab.

9 Produktionssysteme

Nach der Planung und Entwicklung des Produktes und dem Abschluss aller notwendigen Vorbereitungen in Arbeitsplanung und Auftragsmanagement können die geplanten Produkte produziert werden. Aufgabe des Produktionsprozesses ist die Umwandlung von Rohmaterial und Halbzeugen in Fertigteile oder Produkte unter Einsatz vorhandener oder zu beschaffender Ressourcen.

Für diesen Prozess müssen Werkstätten, Energie und Informationen bereitgestellt werden. Unmittelbar am Produktionsprozess sind Betriebsmittel sowie Mess-, Lager- und Transporteinrichtungen beteiligt. Zu ihrer Nutzung wird das entsprechende Personal eingesetzt. In Abb. 9.1 sind die Elemente eines Produktionssystems und deren Verknüpfungen untereinander grafisch dargestellt.

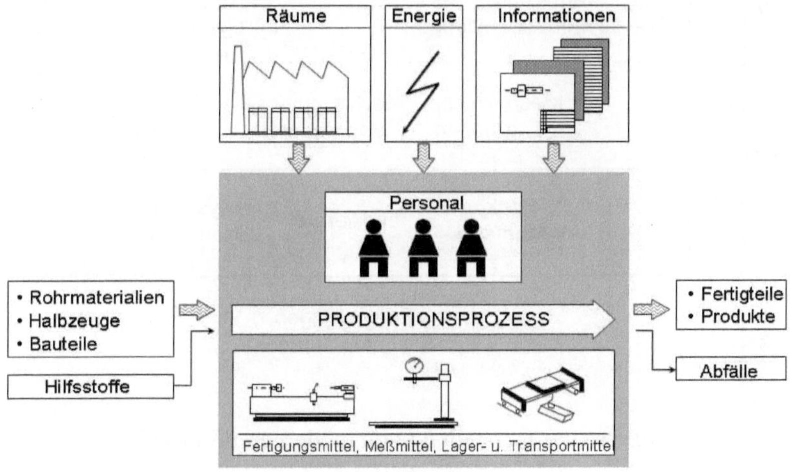

Abb. 9.1　　　Elemente eines Produktionssystems

Genereller Zweck des Produktionssystems ist die Herstellung der richtigen Produkte nach Art und Menge, zum richtigen Zeitpunkt, in einer spezifizierten Qualität und zu akzeptablen Kosten. Versteht man unter dem Begriff Produktion jede Kombination von Produktionsfaktoren, so umfasst die Produktion den gesamten betrieblichen Leistungsprozess.

In Abb. 9.1 ist die Produktion als Prozesskette dargestellt, die als Input Rohmaterialien, Halbzeuge, Bauteile und Hilfsstoffe (und Fertigungsaufträge) erhält und als Output die gewünschten Produkte bzw. Fertigteile an den Vertrieb abgibt. In der Regel entstehen während der Produktion Abfälle. Diese können entweder im idealen Fall erneut dem Produktionsprozess zugeführt werden oder fallen ebenfalls als Output der Produktion an. Entwicklung und Konstruktion sowie die Arbeitsvorbereitung und das Auftragsmanagement wirken an diesem Wertschöpfungsprozess unterstützend mit, indem sie die zur rationellen Herstellung benötigten Informationen bereitstellen. Innerhalb der Herstellung durchlaufen die Produkte mehrere Herstellungsstufen. Man spricht dann von einer mehrstufigen Produktion oder auch von Prozessketten.

Würde man moderne Produkte heute vollständig an einem Ort herstellen, so ergäbe sich für die Produktion eine Prozesskette wie in Abb. 9.2 dargestellt. Darin werden die direkt an der Herstellung beteiligten Prozesse gezeigt. Zu ihrer Funktion sind aber auch noch die Hilfsbetriebe wie beispielsweise die Instandhaltung notwendig, die hier nicht dargestellt sind.

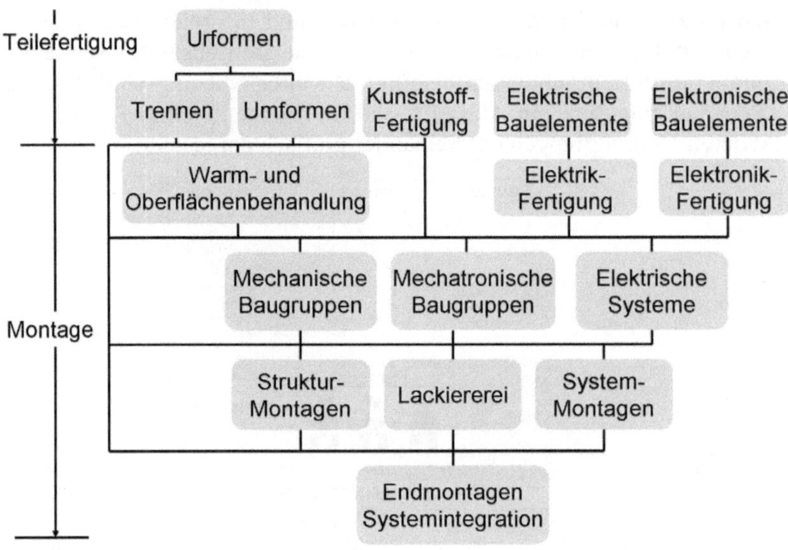

Abb. 9.2   Prozesse zur Herstellung von modernen Produkten

Moderne Produkte enthalten nicht nur mechanisch durch Trennen oder Umformen hergestellte Teile, sondern auch Teile aus Kunststoffen oder elektrische und elektronische Systeme, die aus Bauelementen und Kabeln hergestellt werden. Man kann die Produktion daher nach *technologischen Bereichen* wie der Urformung, Trenntechnik (spanende Bearbeitung) und Herstellung elektrischer und elektronischer Bauelemente und nach *produktorientierten Bereichen* wie der Montage von Baugruppen und Produkten gliedern. Aufgrund der in jedem dieser Bereiche festzustellenden hohen Spezialisierung ist es wirtschaftlicher, in jedem Bereich hochproduktive Konzepte einzusetzen und den Zusammenhang durch ein Materialfluss-System herzustellen. In der Praxis führt dies zu einem Produktionsverbund verschiedenartiger Produktionsbereiche.

Technologisch orientierte Bereiche der Teilefertigung unterscheiden sich grundlegend von den mehr produktorientierten Montagen. Der Grund liegt in der Variabilität der Arbeitsvorgangsfolgen (vgl. Abschn. 7.1.2.2). In der Teilefertigung werden die Vorgangsfolgen durch die Geometrie der Teile und die technologisch bedingten Abläufe geprägt. Jedes Teil hat eine spezifische Folge von Arbeitsvorgängen. In der Montage bestimmt die Struktur der Produkte die Vorgangsfolgen. Diese können variabel sein (Montagevorranggraph) und gestatten trotz Varianz der Produkte eine Vereinheitlichung. Die Montagen gestatten deshalb die Anwendung von Fließprinzipien auch bei variantenreichen Produkten. Die Montagen werden vor allem durch die Bereitstellung der Teile, d.h. das logistische System, geprägt.

Die heute anzutreffende Fremdvergabe von Fertigungs- und Montageaufgaben an Zulieferer ist auch eine Folge der hohen Spezialisierung und der Notwendigkeit zur Anwendung rationellster Fertigungs- und Montagekonzepte, um insgesamt günstigste Herstellkosten zu erreichen.

Die Teilefertigung kann aus Sicht der Wertschöpfung in Bereiche eingeteilt werden, die direkt oder nur peripher am Wertschöpfungsprozess (indirekt) beteiligt sind.

Direkte Bereiche sind sämtliche Fertigungsvorgänge, in denen die Werkstücke bearbeitet, behandelt bzw. gefügt oder montiert werden. Zu den direkten Bereichen zählen z.B. das Urformen, bei dem feste Körper aus flüssigem Zustand gefertigt werden, das Umformen, bei dem eine bildsame Verformung durch plastisches Ändern der Form erzeugt wird, alle mechanischen Bearbeitungen (Trennen), Fügetechniken sowie Verfahren der Warm- und Oberflächenbehandlung (Stoffeigenschaftändern, Beschichten) für alle Werkstoffgruppen (Metalle, Kunststoffe, Keramiken und nachwachsende Rohstoffe).

Die *peripheren Bereiche* stellen eine Voraussetzung für den Wertschöpfungsprozess dar. Es ist eine Voraussetzung für die Produktion, dass die Werkzeuge nach Art, Menge und Qualität zum richtigen Zeitpunkt bereitgestellt werden. Werkzeugwesen, Instandhaltung, Vorrichtungsbau sowie die Medienversorgung sichern erst die Qualität der Bearbeitung und die Verfügbarkeit der Produktionssysteme. Die Mess- und Prüftechnik trägt dazu bei, dass zum einen die Qualität des Erzeugnisses, zum anderen aber auch die Zustände von Maschinen und Anlagen überwacht werden können.

Die Grundkonzepte oder nach modernem Sprachgebrauch „Produktionssysteme" sollen nun eingehender am Beispiel der Teilefertigung und Montage behandelt werden. Abschließend wird auf die Hilfsbereiche der Produktion eingegangen.

9.1   Fertigungsarten und Fertigungsprinzipien

Die Produktion wird heute als ein komplexes und sich zeitlich veränderndes System verstanden (siehe Kap.3.6 Stuttgarter Unternehmensmodell). Ziel der Organisation ist es, dieses System permanent an die Aufgaben anzupassen und eine maximale Wirtschaftlichkeit und Effizienz sicherzustellen. Zum Verständnis der modernen ganzheitlichen Produktionssysteme sollen deshalb zunächst einige Grundlagen erläutert werden.

Modelle in Form von Prozessen und vernetzten Wirkungsketten ermöglichen eine umfassende und ganzheitliche Gestaltung und Optimierung aller Prozesse.

Produktionssysteme werden durch zwei grundsätzlich unterschiedliche Beschreibungsformen charakterisiert, die als Fertigungsart und als Fertigungsprinzip bezeichnet werden (Abb.9.3). Die Fertigungsart wird durch die herzustellenden Mengen bestimmt, während das Fertigungsprinzip durch räumliche und organisatorische Struktur des Arbeitssystems gekennzeichnet ist.

Es wird zwischen den Fertigungsarten einer Einzel- und Mehrfachfertigung unterschieden. Die Mehrfachfertigung kennt die Einteilung in eine Wiederholfertigung bei kleinen Stückzahlen, eine Variantenfertigung gleicher öder ähnlicher Produkte (Sorten) bei mittleren Stückzahlen sowie eine Serienfertigung und Massenfertigung. Die Häufigkeit der Wiederholung eines Produktes oder einer Produktgruppe ist also das zentrale Unterscheidungsmerkmal der Fertigungsarten (s. Kap. 2).

Fertigungsprinzipien lassen sich nach der räumlichen und organisatorischen Struktur kennzeichnen. Darin kommt auch der Grad der Arbeitsteiligkeit zum Tragen.

In einer *Baustellenfertigung* steht das einzelne Produkt im Mittelpunkt. Es wird während der Herstellung nicht vom Ort bewegt (lokale Montage). Alle Ressourcen werden an die Baustelle gebracht und dort findet auch die Vorverarbeitung wie beispielsweise die Herstellung einzelner Teile oder Baugruppen statt.

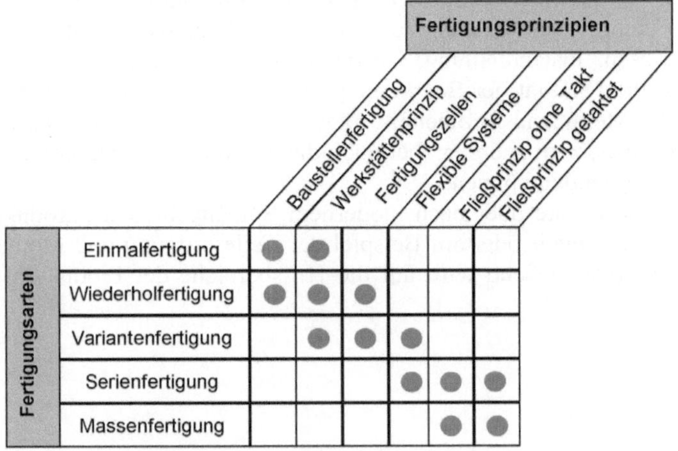

Abb. 9.3   Fertigungsarten und Fertigungsprinzipien

Das *Werkstättenprinzip* lässt sich durch technologisch orientierte Bereiche (Segmente) kennzeichnen. In den Werkstätten werden die Maschinen und Arbeitsplätze nicht nach dem Ablauf der Fertigung angeordnet, sondern nach einer sinnvollen Nutzung der räumlichen Gegebenheiten. In *Fertigungszellen* stellt man mehrere Maschinen zu einer Zelle zusammen, um darin eine bessere Arbeitsteilung, z.B. für eine Mehrmaschinenbedienung oder eine vollständige Bearbeitung einzelner Werkstückgruppen in einer Maschinengruppe, zu erreichen.

Fertigungssysteme sind nach den häufigsten Fertigungsfolgen mit Transporteinrichtungen verknüpfte Maschinen und Arbeitsplätze. Sie arbeiten noch nicht nach dem Fließprinzip. Das *Fließprinzip* ist durch bewegte Produkte gekennzeichnet, Produkte können dabei ohne feste Taktzeit oder im Zeittakt bewegt werden.

Fertigungsarten und Fertigungsprinzipien können im Grundsatz frei miteinander kombiniert werden. So gibt es durchaus Massenfertigungen nach dem Baustellenprinzip – durch eine Parallelisierung der Herstellprozesse – oder Einzelfertigungen im getakteten Fließprinzip. Die gebräuchlichen Kombinationen sind in Abb. 9.4 dargestellt.

Der Fertigungstyp, der in einem Unternehmen vorherrscht, richtet sich im Allgemeinen nach dem herzustellenden Produktionsprogramm und der Art der Leistungswiederholung. Je nachdem, ob eine breite Palette verschiedener Produkte oder nur einige wenige Typen gefertigt werden, ob man sich an einem speziellen Auftrag orientiert oder in großen Mengen erzeugt, ergeben sich Fertigungsarten, die für eine Unternehmung vorteilhaft sind.

Die Abgrenzung der Fertigungsarten sollte nicht nur unter Zugrundelegung der gefertigten Stückzahlen vorgenommen werden, es sind vielmehr noch eine Vielzahl anderer Kennzeichen, wie z.B. Auftragsfertigung, losweise Fertigung maßgebend. Die charakteristischen Merkmale der Fertigungsarten sind in Abb. 9.4 zusammengefasst.

| Stückzahlcharakter | Fertigungsart | Kennzeichen | Einzelfertigung | | Mehrfachfertigung | | |
			Einmalfertigung	Wiederhol-fertigung	Varianten-fertigung	Serienfertigung	Massenfertigung
			–Erzeugnisse werden nur einmal hergestellt –Auftragsproduktion, d. h. Fertigung nach Kundenwunsch –Hoher Kosten- und Zeitanteil entfällt auf Vorbereitungs-aufgaben (Projektierung, Konstruktion)	–Erzeugnisse werden in unregelmäßigen Abständen hergestellt –Bei Auftrags-wiederholung verminderter Vorbereitungs-aufwand	–Ähnliche Erzeug-nisse desselben Grundtyps –Im allgemeinen gleicher Fertigungs-aufwand für alle Varianten	–Begrenzte Stückzahl –Bildung von Fertigungslosen –Meist Auftrags-produktion standardisierter Erzeugnisse –Klein-, Mittel- und Großserien	–Große Stückzahlen –Häufige Prozess-wiederholung –Fertigung für anonymen Markt, Anpassung an Kundenwünsche nur im Rahmen geplanter Erzeugnistypen –Sehr hoher einmaliger, bezogen auf das Einzelprodukt aber geringer Aufwand

Abb. 9.4   Charakteristische Merkmale von Fertigungsarten

Im Allgemeinen ist es nicht möglich, einem Unternehmen eine einzige Fertigungsart zuzuordnen. In vielen Betrieben treten Einzel- und Mehrfachfertigung nebeneinander auf.

Heute wird versucht, die einzelnen Bereiche nach ganzheitlichen Gesichtspunkten zu gestalten und zu führen. Darin fließen auch die Gesetzmäßigkeiten des Stuttgarter Unternehmensmodells (vgl. Kap. 3.6) ein. Zum Verständnis ganzheitlicher Produktionssysteme sollen diese nach den Gesichtspunkten der Systemtechnik (vgl. Kap. 3.6.5) formuliert und am Beispiel der Teilefertigung illustriert werden.

9.2   Systemmodell der Fertigungsbereiche

Betrachtet man einen einzelnen Bereich, wie z.B. die Teilefertigung, nach systemtechnischen Gesichtspunkten, so lässt sich daraus ein Systemmodell formulieren (Abb. 9.5) in dessen Kern das Bearbeitungssystem mit dem direkten Wertschöpfungsprozess steht.

Das *Bearbeitungssystem* besteht aus Arbeitsplätzen oder Maschinen, welche einzelne Vorgänge eines Fertigungsauftrages nach Maßgabe der Arbeitspläne ausführen. Hier werden Werkstücke bearbeitet, die von einem Materialsystem bereitgestellt und transportiert werden.

Das *Materialsystem* – bestehend aus Lager- und Transportsystemen – hat die Aufgabe der termin- und ablaufgerechten Ver- und Entsorgung. Es verbindet die einzelnen Bearbeitungssysteme. Das Materialsystem einschließlich der Managementfunktionen wie „Bestandsführung" wird auch als *Materiallogistik* bezeichnet. Teile durchlaufen dieses System vom Eingang des Rohmaterials bis zur Fertigstellung und zum Warenausgang. Lager und Puffer übernehmen eine ausgleichende Rolle bei unterschiedlichen Arbeitszeiten.

Das *Betriebsmittelsystem* versorgt die Bearbeitungsstationen mit den benötigten Werkzeugen und Vorrichtungen und führt gebrauchte Betriebsmittel zur Wiederaufbereitung oder in ein Lager zurück. Ebenso wie im Materialsystem durchlaufen die Betriebsmittel das System mehrfach, bis sie nicht mehr benötigt werden oder verbraucht sind. Dieses System kann eine Instandsetzung und eine Vorbereitung des Einsatzes der Betriebsmittel enthalten.

Das *Betriebsstoffsystem* versorgt die Arbeitsplätze mit den notwendigen Stoffen, wie beispielsweise Kühlschmierstoffe, Druckluft oder mit Energie. Es umfasst deren Aufbereitung.

Das *Informationssystem* versorgt das Bearbeitungssystem mit den Arbeitsanleitungen (Fertigungsaufträge) und allen zur Durchführung benötigten Informationen in Papierform oder in modernen Systemen auch auf elektronischem Wege. Hiermit erhalten die Maschinen ihre NC-Programme. Das Informationssystem beinhaltet ferner ein Rückmeldesystem zum Stand der Ausführungen oder zum Zustand der Maschinen und Geräte. In das Informationssystem sind die Managementfunktionen des Bereiches integriert. Dabei handelt es sich um das so genannte Fertigungs- oder Betriebsleitsystem, das die Aufgabe der Betriebsleitung, -steuerung und -überwachung beinhaltet. Da die Begriffe nicht eindeutig definiert sind, finden sich in der Praxis auch Bezeichnungen wie Werkstattsteuerungssystem oder im modernen Sprachgebrauch „MES Manufacturing Execution Systems".

Abbildung 9.5 zeigt nun die Anwendung eines derartigen Systemmodells auf eine Teilefertigung. Erkennbar sind das Bearbeitungssystem (Arbeitsplatz), das im Zentrum der Wertschöpfung liegt, sowie die peripheren Systeme zur Ver- und Entsorgung der einzelnen Arbeitsplätze mit Informationen, Werkstücken, Werkzeugen und Vorrichtungen. Zwischen den Systemen gibt es Übergabefunktionen für den Wechsel bearbeiteter Werkstücke gegen neue oder verbrauchter gegen unverbrauchte Werkzeuge. Vorrichtungen werden in der Regel bei einem Auftragswechsel ausgetauscht.

In das Informationssystem wurden die Bereitstellung der Dokumente und Arbeitspapiere sowie die betriebsinterne Auftragsdisposition integriert. Das Rückmeldesystem enthält die Erfassung und Verarbeitung der Betriebsdaten (BDE: Betriebsdatenerfassung, BDA: Betriebsdatenauswertung). Ein Auftragsspeicher verwaltet die Fertigungsaufträge. In dieses System können noch weitere Managementsysteme zur Führung des Betriebes integriert werden.

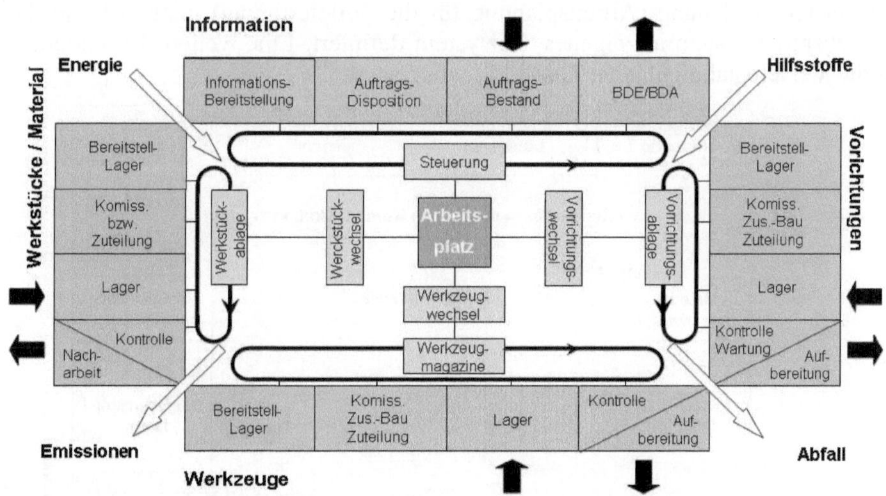

Abb. 9.5   Systemmodell eines Segments der Teilefertigung

Das Informationssystem besteht heute in der Regel aus einem Computer-Netzwerk, das einerseits dem Betriebsmanagement hilft, den Betrieb zu leiten, und andererseits, die technischen Systeme wie NC-Maschinen oder Lager- und Transportgeräte zu verknüpfen.

Für das Management des Gesamtsystems gelten die Gesetzmäßigkeiten nach Kap. 3.6.5).

Um ein derart komplexes und verzweigtes Gesamtsystem steuern und kontrollieren zu können, ist eine Gliederung in einzelne Teilsysteme sinnvoll. Bei der organisatorischen Gestaltung lassen sich verschiedene Teilsysteme zu einem Ganzen
integrieren. Integration ist also eine Verknüpfung von technischen und organisatorischen Prozessen zu Teilsystemen, wobei Teilsysteme durch Schnittstellen miteinander zu einem System verbunden werden.

> **Integration:** Zusammenfassung und Verknüpfung (Relationen) von Elemen-
> ten (Prozessen) zu einem strukturierten System. Die einzelnen Elemente kön-
> nen wiederum Teilsysteme aus Elementen und Prozessen sein.

Durch Integration entsteht in unserem Systemmodell ein Segment einer Teilefertigung S. Kap. 3.64). Autonomie der jeweiligen Teilsysteme erleichtert die Konfiguration eines komplexen Systems wie das der Teilefertigung. Jedes Segment
stellt somit ein eigenes autonomes Gesamtsystem dar Abb. 9.6 zeigt den Aufbau
und die Schnittstellen eines solchen Segmentes, in dem das Bearbeitungssystem
durch Integration mehrerer Arbeitsplätze zu Fertigungszellen wurde. Die Zellen
werden in diesem Segment an periphere Ver- und Entsorgungssysteme für Material und Betriebsmittel angebunden. Ferner wurden Leit- und Managementfunktionen zu einer Werkstattsteuerung zusammengefasst. In dieses System wurde ferner
die Fertigungsplanung (Arbeitsplanung für die Teilefertigung) integriert und das
Betriebsmittelsystem als eigenes Teilsystem definiert. Eine weitere Besonderheit
ist die Verselbständigung des Qualitätsmanagements.

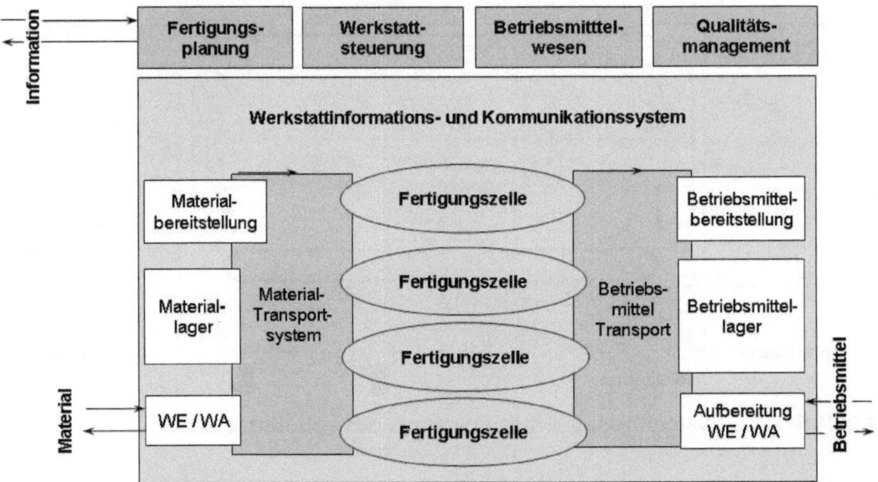

Abb. 9.6   Beispiel eines Segments der Teilefertigung

Das Informations- und Kommunikationssystem ist in dem Modell als eine Art
Infrastruktur des Segmentes gestaltet worden. Das erlaubt einheitliche Schnittstellen zu allen Benutzern und zu technischen Subsystemen.

Das Segment wurde so gestaltet, dass es die Autonomie wie ein Zulieferbetrieb besitzt. Die Fertigungsaufträge kommen vom Kunden, die Arbeitspläne erstellt das Segment ebenso selbständig wie auch die erforderlichen Betriebsmittel. Das Segment umfasst also die unmittelbaren Wertschöpfungsprozesse wie auch Prozesse der Planung, Steuerung, Überwachung und damit auch des Managements.

9.3   Technik der Produktionssysteme

Produktionssysteme enthalten einen technischen Kern aus dem Bearbeitungssystem und seiner Peripherie. Zunächst wird eine Gliederung der technischen Bereiche – bezogen auf die Gliederung der Fertigungsverfahren – vorgestellt. Dann sollen Beispiele aus den drei Bereichen der Einzelteilfertigung, der Elektronik-Fertigung und der Montage zur Erläuterung grundlegender Konzepte herangezogen werden.

9.3.1 Maschinen und Anlagen des Bearbeitungssystems

Die Teilefertigung umfasst Verfahren und Einrichtungen zur Herstellung von Einzelteilen nach Maßgabe der Konstruktion. Dazu werden Maschinen eingesetzt, deren Klassen sich aus den Gruppen der Fertigungsverfahren (DIN 8580) ableiten lassen.

> DIN 8580. Die Einteilung der Fertigungsverfahren ergibt sich aus der Art des Zusammenhalts von Material. Dieser muss erst einmal geschaffen werden (*Urformen*), er kann beibehalten oder leicht verändert werden (*Umformen, Stoffeigenschaftändern*) und er kann vermindert (*Trennen*) oder vermehrt werden (*Fügen, Beschichten*).

Abbildung 9.7 veranschaulicht die gängige Gliederung der Maschinen und Anlagen für die Herstellung von Teilen und Produkten.

Mit *Urformanlagen* können Bauteile durch Schaffen des Zusammenhaltes aus der Schmelze oder aus pulverförmigem Zustand erzeugt werden. Hierbei treten die Stoffeigenschaften des Werkstückes bestimmbar in Erscheinung. Bei vielen industriell hergestellten Produkten werden zur ersten Formgebung Gießprozesse eingesetzt. Gießverfahren ermöglichen der Produktentwicklung weitestgehend Gestaltungsfreiheit. Auf diese Weise können auch Bauteile mit komplexen Geometrien wirtschaftlich gefertigt werden.

Umformmaschinen werden zum Fertigen durch bildsames (plastisches) Ändern der Form eines festen Körpers benötigt. Dabei werden sowohl die Masse als auch der Zusammenhalt beibehalten. Zur Einordnung der mehr als 200 verschiedenen Umformverfahren mit unzähligen Verfahrensvarianten wird die beim Umformprozess hauptsächlich wirksame Beanspruchungsart (Spannungsart und -richtung) herangezogen. Die weitere Einteilung in Untergruppen geschieht nach Kriterien des Bewegungsablaufs und der Werkzeug- oder Werkstückgeometrie [DIN TB 109]. Dies findet sich auch in der Vielfalt der Maschinen wieder.

Schaffen der Form	Ändern der Form				Ändern der Stoffeigenschaften
Zusammenhalt schaffen	Zusammenhalt beibehalten	Zusammenhalt vermindern	Zusammenhalt vermehren		
Hauptgruppe 1 **Urformen**	Hauptgruppe 2 **Umformen**	Hauptgruppe 3 **Trennen**	Hauptgruppe 4 **Fügen**	Hauptgruppe 5 **Beschichten**	Hauptgruppe 6 **Stoffeigenschaftändern**
Urform-Anlagen	Umform-Maschinen	Werkzeug-Maschinen	Montage-Maschinen	Oberflächen-Anlagen	Warm-behandlungs-Anlagen

Abb. 9.7   Einteilung der Maschinen und Anlagen nach den Fertigungsverfahren [DIN 8580]

Trennen ist Fertigen durch Ändern der Form eines festen Körpers, wobei der Zusammenhalt örtlich aufgehoben, d.h. im Ganzen vermindert wird. Dabei ist die Endform des Werkstücks in der Ausgangsform enthalten. Dazu werden Werkzeugmaschinen benötigt, welche durch den Einsatz von formabbildenden Werkzeugen oder geometrisch unbestimmten Schneiden die Endkonturen erzeugen. Das Trennen (Zerspanung) wird auf Werkzeugmaschinen durchgeführt. Nach DIN 69651 werden Werkzeugmaschinen in Einzelmaschinen und Mehrmaschinensysteme eingeteilt.

Fügen ist das auf Dauer angelegte Verbinden oder sonstige Zusammenbringen von zwei oder mehr Werkstücken geometrisch bestimmter Form oder von ebensolchen Werkstücken mit formlosem Stoff. Dabei wird jeweils der Zusammenhalt örtlich geschaffen und im Ganzen vermehrt [DIN 8593]. Fügen ist also eine Verfahrensgruppe. Zum Fügen werden Maschinen und Anlagen eingesetzt, welche nicht nur die Fügeprozesse ermöglichen, sondern auch das Positionieren und Handhaben. Diese Maschinen nennt man auch Montagesysteme oder Montageanlagen.

> *Fügen* ist nicht mit Montieren gleichzusetzen. *Montieren* wird zwar stets unter Anwendung von Fügeverfahren durchgeführt, es schließt jedoch zusätzlich auch alle Handhabungs- und Hilfsvorgänge einschließlich des Messens und Prüfens mit ein.

Beschichtungsanlagen dienen dem Aufbringen einer fest haftenden Schicht aus formlosem Stoff auf ein Werkstück. Maßgebend ist der unmittelbar vor dem Beschichten herrschende Zustand des Beschichtungsstoffes. Die Gliederung der Hauptgruppe Beschichten erfolgt nach verfahrenstechnischen Gesichtspunkten bzw. nach dem Aggregatzustand des Beschichtungsstoffes. Als Beschichtungsstoffe kommen metallische, anorganisch-nichtmetallische (z.B. Email, Keramik) und organische (Lacke) Werkstoffe in Betracht. Beschichtungsanlagen enthalten deshalb in der Regel auch die Verfahrenstechniken zur Zuführung und Wiederaufbereitung der Beschichtungsstoffe.

Anlagen zum Ändern von Stoffeigenschaften verändern die metallurgischen Eigenschaften von Werkstoffen. Dies geschieht im Allgemeinen durch Veränderungen im submikroskopischen bzw. im atomaren Bereich, z.B. durch Diffusion von Atomen, Erzeugung und Bewegung von Versetzungen im Atomgitter und durch chemische Reaktionen. Unvermeidbar auftretende Formänderungen (z.B. Härteverzug) gehören nicht zum Wesen dieser Verfahren [DIN 8580]. Vorherrschend sind Anlagen, welche Wärme zur Änderung der Stoffeigenschaften nutzen.

Zur Herstellung eines Produktes, einer Baugruppe oder eines einzelnen Bauteils sind in der Regel mehrere Einzelprozesse notwendig. Diese Einzelprozesse müssen nach einem bestimmten Ablauf in einer vorgegebenen Reihenfolge durchgeführt werden. Jeder Prozess benötigt für seine Umsetzung verschiedene Betriebsmittel, Betriebs- und Hilfsstoffe. Betriebsmittel kann z.B. die zur Herstellung notwendige Werkzeugmaschine sein. Hilfsstoffe sind Stoffe, die bei der Herstellung in das Produkt mit einfließen, wie z.B. Schweiß- und Lötzusätze, während Betriebsstoffe rein für den Herstellprozess notwendig sind (Energie, Schmierstoffe, u.a.). Die sinnvolle Verkettung dieser einzelnen Prozesse zu einem gesamten Herstellungsablauf wird Prozesskette genannt. Sie ist im Einzelfall in den Arbeitsplänen durch die Vorgänge und Vorgangsfolgen festgelegt.

9.3.2 Automatisierung der Bearbeitungssysteme am Beispiel der Teilefertigung

Maschinen und Anlagen sind also Bearbeitungssysteme, die ein oder mehrere Verfahren unter Einsatz von Energie und Hilfsstoffen in technologisch sinnfälliger Folge ausführen können. Schon sehr früh begann man diese zu automatisieren. Unter Automatisierung versteht man die selbständige Ausführung von Prozessen nach einem vorgegebenen Programm. Früher benutzte man dazu mechanische Elemente wie Kurvenscheiben, in denen die Programme festgelegt waren. Jede Änderung eines Programms erforderte deshalb eine Änderung des „mechanischen Informationsträgers". Heute verwendet man zur Automatisierung elektronische Programme, die in Programmspeichern oder Computern abgelegt sind. Dies erlaubt eine schnellere Umstellung bei wechselnden Fertigungsaufträgen.

Eine Besonderheit sind dabei die flexiblen Automatisierungssysteme, welche auf ein maschineninternes Koordinatensystem zurückgreifen wie beispielsweise NC-Maschinen oder Roboter. Sie erlauben die Programmierung außerhalb der

Maschinen, also während des Betriebes. Aufgrund der hohen Bedeutung der Automatisierung sollen diese Technik und die damit realisierten Fertigungssysteme nachfolgend am Beispiel der NC-Technik erläutert werden.

> **Automatisierung** nennt man die reproduzierbare und selbständige Ausführung eines Prozesses durch eine Maschine nach einem vorbestimmten Ablauf. Der vorbestimmte Ablauf kann in einem Programm auf einem mechanischen oder elektronischen Programmträger gespeichert sein. Im Falle elektronischer Programme spricht man auch von flexibler Automatisierung.

Durch die flexible Automatisierung werden pro Stück Haupt- und Nebenzeiten reduziert. Die Programme erlauben eine beliebige Anzahl an Wiederholungen. Deshalb eignen sich flexible Automatisierungen in besonderem Maße auch für eine Wiederholfertigung, also für die Mehrfachfertigung von Varianten, und für die Serienfertigung.

Zur weiteren Reduzierung von Neben- und Rüstzeiten müssen mehrere Verfahren in die Maschine integriert werden. Dies spart den Wechsel von Vorrichtungen (Rüsten) sowie von Werkstücken bei losweiser Fertigung. Die Integration mehrerer Verfahren in einer Maschine bis hin zu einer Komplettbearbeitung erweitert die Funktionen der Maschinen.

Während der Durchführung von Rüstarbeiten an einer Maschine kann diese nicht zur Bearbeitung benutzt werden. Um auch diese Zeiten produktiv zu nutzen, muss das Rüsten und Vorbereiten außerhalb der Maschinen erfolgen. Dies bedingt die Integration und zugleich Automation von Lager- und Transportfunktionen und eine Verkettung der Maschinen. In der Folge entstanden die flexiblen Fertigungssysteme. Die Abbildung 9.8 veranschaulicht diesen Zusammenhang von Flexibler Automatisierung und Integration.

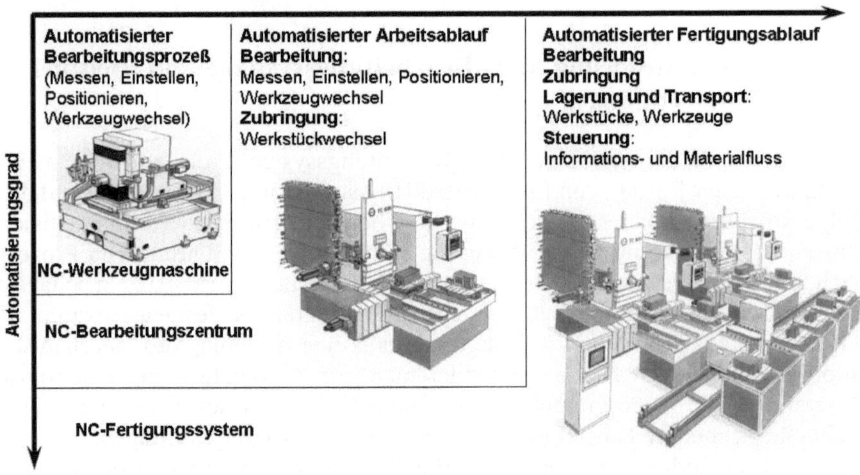

Abb. 9.8   Konzepte der flexibel automatisierten Fertigung

Eine *NC-Werkzeugschine* ist eine Einzelmaschine, d.h. sie führt ein einzelnes Fertigungsverfahren aus und besitzt eine automatische Ablaufsteuerung der einzelnen Maschinenfunktionen. Werden mehrere Fertigungsverfahren von einer Maschine ausgeführt, so spricht man von einem *NC-Bearbeitungszentrum*.

Fasst man in einer Zwischenstufe mehrere NC- Werkzeugmaschinen und/oder NC-Bearbeitungszentren zu einer Gruppe zusammen so entstehen Fertigungszellen (Fertigungssystem). Eine *Fertigungszelle* besteht aus einer oder mehreren Bearbeitungsmaschinen, die über einen gemeinsamen Werkstückspeicher verfügen. Zusätzlich können Messstationen und Handhabungsgeräte in die Zelle integriert sein. Mittels eines zentralen Rechners werden die Arbeitsabläufe koordiniert und die Maschinen mit Programmen versorgt.

Flexible Fertigungssysteme und *Flexible Transferstrassen* besitzen einen automatisierten Werkstückfluss zwischen den einzelnen Stationen. Während Transferstraßen aus vielen Einzweckmaschinen bestehen, die für eine bestimmte Bearbeitungsaufgabe ausgelegt sind, setzen sich flexible Fertigungssysteme aus numerisch gesteuerten Bearbeitungszentren und anderen flexiblen Einrichtungen zusammen. Ihr Einsatzspektrum ist auf ein breites Werkstückspektrum ausgerichtet. Bei flexiblen Fertigungssystemen kann der Werkzeugfluss zusätzlich automatisiert werden.

Die Einsatz- und Anwendungsgebiete dieser technischen Konzepte sind sehr unterschiedlich. Welche Konzepte jeweils zum Einsatz kommen, hängt wesentlich von der Varianz der Fertigungsaufträge ab. Bei Verrichtungsprinzipien sind die unverketteten und universellen Maschinen im Vorteil. Im Bereich der Großserien kann der Automatisierungsgrad für die peripheren Material- und Betriebsmittelsysteme zu wirtschaftlicheren Lösungen führen.

In Abb. 9.9 sind unterschiedliche Grundkonzeptionen für automatisierte Fertigungskonzepte in Abhängigkeit der Variantenzahl und der Stückzahl pro Variante dargestellt.

Der Automatisierungsgrad hängt also maßgeblich von der Varianz der Fertigungsaufgaben ab. Mit steigendem Automatisierungsgrad und Integrationsgrad steigt der Kapitaleinsatz und auch die Komplexität der Systeme. Eine optimale Lösung erfordert deshalb eine sorgfältige Planung und Konfiguration der Systeme.

Es gab zahlreiche Versuche, die Bearbeitungssysteme so hoch zu automatisieren, dass der Personaleinsatz bis zu einem Betrieb ohne Bediener minimiert werden konnte. Es zeigte sich aber sehr schnell, dass Maschinenbediener auch bei hohem Automatisierungsgrad notwendig sind, sie können aber zusätzlich andere Aufgaben zur Sicherung eines wirtschaftlichen Betriebes übernehmen.

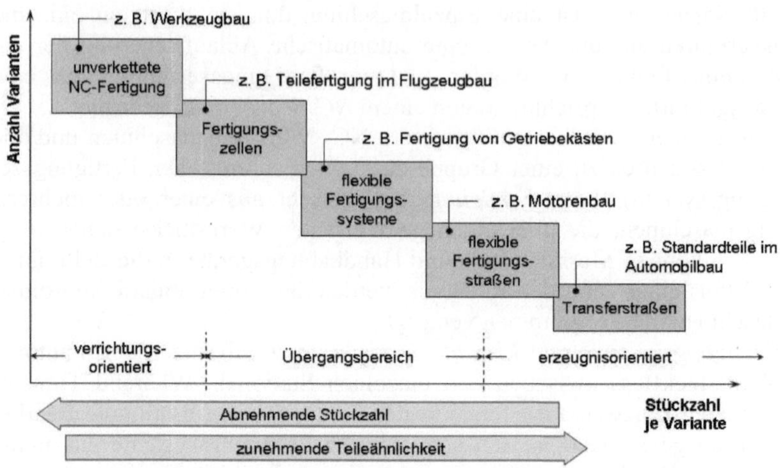

Abb. 9.9   Einsatzbereiche unterschiedlicher Grundkonzeptionen von automatisierten Fertigungskonzepten

9.3.3 Technische Konzepte zur Produktion im Reinraum

In vielen Bereichen unterliegen die Produktionskonzepte besonderen Umgebungsbedingungen, wie beispielsweise Temperatur, Raumklima oder Reinheit der Luft. Die Elektronikfertigung, die im Grundsatz eine Teilefertigung ist, steht hier stellvertretend für viele andere Bereiche mit hohen und außergewöhnlichen Anforderungen an die Produktionskonzepte. Neben den Verfahren und Anlagen, auf die hier nicht eingegangen werden soll, gibt es in der Elektronik-Fertigung zwei Besonderheiten: Miniaturisierung und Produktion unter reinen Bedingungen.

Dem Trend zur Miniaturisierung muss auf Produktionsebene durch eine Erhöhung der Fertigungsgenauigkeiten begegnet werden. Weiter werden erhöhte Anforderungen an die Prozesssicherheit und Arbeitsgeschwindigkeit gestellt. Dies lässt sich nur unter reinsten Fertigungs- und Umgebungsbedingungen realisieren. Diese kann man z.B. durch die Fertigung im Reinraum erreichen, der die äußere Hülle der Fertigungsumgebung darstellt. Er beinhaltet die Produktionsanlagen, die Handhabungs- und Transportsysteme sowie die Medienver- und -entsorgungssysteme, die zum Transport von Prozessmedien benötigt werden. Besonders hohe Reinheitsanforderungen werden dabei z.B. an

- die Raumluft,
- den Arbeitsplatz (Werkzeuge und Maschinen),
- die Prozessmedien (Gase, Chemikalien, Flüssigkeiten) und
- das Personal

gestellt.

Reinräume gewährleisten eine permanent klimatisierte, gefilterte und partikel-kontrollierte Luftströmung. Sie werden unabhängig von ihrem Einsatzgebiet in verschiedensten Größen erstellt. Das Spektrum reicht von so genannten Laminar-Flow-Boxen bis hin zu Großreinräumen mit einigen tausend Quadratmetern. Nach der Inbetriebnahme müssen bei allen Reinraumanlagen Abnahmemessungen zum Nachweis der spezifischen Qualität durchgeführt werden. Eine Reinheitsklasse ist erfüllt, wenn die gemessene Teilchenkonzentration die ausgewiesene Grenz-konzentration unterschreitet.

Die Reinraumtechnik hat nicht nur die Aufgabe, das Produkt vor dem Einfluss von Verunreinigungen aus der Fertigungsumgebung oder durch das Personal zu schützen, sondern auch den Personalschutz hinsichtlich gesundheitsschädlicher Partikel, Keime oder Bakterien zu gewährleisten (z.B. bei der Herstellung pharmazeutischer oder biochemischer Produkte). Faktoren, die die Reinraumtechnik beeinflussen, sind u. a. die

- Qualität der Zuluft (Reinheit, Temperatur, usw.),
- Verdrängungsströmung im Bereich des Produktes,
- Prozess und Fertigungsschritte sowie
- Arbeitsplatzgestaltung im Hinblick auf die Strömungsführung.

Die Reinheit der Luft wird durch die Konzentration bestimmter Partikelgrößen mit Hilfe von Partikelzählern (u.a. im Streulichtverfahren) bestimmt. Je höher die Reinheitsklasse, desto höher die Anzahl von Partikeln je Volumeneinheit Luft.

Zielsetzung der Reinraumtechnik ist es, die von außen auf den reinen Bereich und somit auf das dort zu fertigende Produkt einwirkenden Störgrößen möglichst gering zu halten. Um den von Mensch, Maschine, Werkzeug oder Zuluft einge-brachten Verunreinigungen vorzubeugen, werden verschiedene Vor-sichtsmaßnahmen getroffen. In erster Linie werden hierfür bauliche Maßnahmen, wie

- räumliche Trennung von Straßen- und Reinraumkleidung,
- Personal- und Materialschleusen mit Reinigungseinrichtung sowie
- Robotereinsatz

getroffen.

Als Zuluft wird die aus den Schwebstofffiltern in die reine Umgebung eintretende Luft bezeichnet. Diese so genannte Erstluft wird durch einen bestimmten Rein-heitsgrad, die Luftführung und durch die Größe des Reinraumes bestimmt.

Das zu fertigende Produkt muss zur Gewährleistung einer einwandfreien Funk-tionalität und eines hohen Qualitätsstandards bestimmte Spezifikationen erfüllen. Diese können nur erfüllt werden, wenn das verwendete Material der Fertigungs-umgebung das Produkt nicht schädigt. Die Qualität des Materials muss umso höheren Anforderungen genügen, je näher es zu dem Produkt gelangen oder mit diesem in Berührung kommen kann. Folgende Kontaminationsarten können dabei einen Einfluss auf das Produkt ausüben:

- Funktionale Kontamination (Partikel, Kleinstteilchen, Filme etc.)
- Biologische Kontamination (Mikroorganismen, Pyrogene etc.)
- Chemische Kontamination (Säuren, Basen, Fremdmetalle, TOC etc.)
- Energetische Kontamination (Schwingungen, elektro-magnetische Felder etc.)

Entscheidendes Auswahlkriterium bei der Wahl der Handhabungs- und Transportsysteme ist die Partikelemittierung durch bewegte Teile, da alle sich berührenden Oberflächen bei Reibung Partikel generieren. Transport- und Lagerbehälter sind im Allgemeinen aus Metall oder Kunststoff. Bei der Verwendung von Kunststoffbehältern ist das Ausgangsverhalten des Kunststoffes zu beachten. Untersuchungen haben gezeigt, dass die Ausgasung von Kunststoffen eine deutliche Kontamination der Produktoberfläche verursachen kann.

Den oben genannten Kontaminationsarten sind in der Regel eindeutige Ursachen zuzuordnen. Diese Ursachen müssen reduziert werden, wenn sie negativen Einfluss auf die Produktqualität haben.

9.4   Montagekonzepte

Nach dem Fertigen aller Einzelteile müssen diese zu Baugruppen und schließlich zum gesamten Produkt zusammengesetzt (montiert) werden. Unter Montage werden alle Vorgänge zusammengefasst, die zum Zusammenbau von geometrisch bestimmten Körpern notwendig sind. Das Montieren beinhaltet zwar immer Fügeverfahren, schließt aber alle Nebenfunktionen, wie das Handhaben, Justieren und Kontrollieren mit ein (DIN 8593; vgl Kap. 9.3.1).

In diesem Kapitel werden Konzepte für den Bereich der Montage vorgestellt. Dafür ist es notwendig, zunächst die Organisation und die unterschiedlichen Fertigungsstufen der Montage vorzustellen. Darauf aufbauend werden Tätigkeitsgruppen und Einflussgrößen betrachtet, die die Datenbasis zur Planung der Montagesysteme bilden. Anschließend werden die unterschiedlichen Montagesysteme vorgestellt, die sich in manuelle, hybride und automatisierte Systeme einteilen lassen.

9.4.1 Prozesse und Prozessfolgen

Die Tätigkeiten der Montage lassen sich in fünf Untergruppen unterteilen (Abb. 9.10). Zunächst müssen alle zur Montage notwendigen Einzelteile bereitgestellt und in richtiger Reihenfolge und Anzahl dem entsprechenden Montageplatz zugeführt werden. Da nur Bauteile verbaut werden sollen, die die geforderten Anforderungen und Qualitätsstandards erfüllen, schließt sich an die Bereitstellung eine Kontrolle der Teile an. Um die während der Fertigung unvermeidlichen Ungenauigkeiten und Abweichungen bei der Montage auszugleichen, sind beim Zusammensetzen in der Regel Tätigkeiten wie Nachstellen und Anpassen notwendig.

Dieses planmäßig notwendige Nachstellen wird als Justieren bezeichnet. Zum Verbinden der Einzelteile kommen die verschiedenen Fügetechniken zum Einsatz. Weiter sind in der Regel Hilfsfunktionen, wie z.B. Reinigen, Entgraten, usw. für eine funktionsgerechte Montage notwendig.

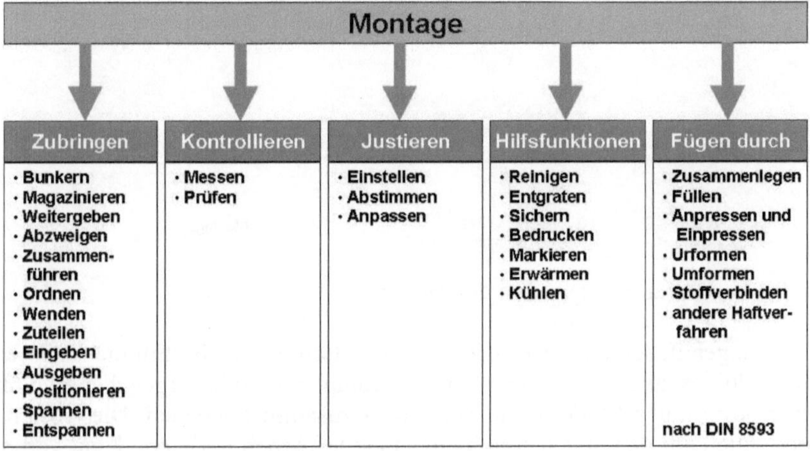

Abb. 9.10   Tätigkeitsfelder der Montage

Zur Auslegung einer Montage bzw. zum Lösen einer Montageaufgabe (z.b. die Montage einer Maschine) ist eine Vielzahl von Informationen notwendig. Diese beinhalten Randbedingungen und Einflussgrößen aus den Bereichen

- Produkt,
- Produktion,
- Organisation und
- Personal.

Zunächst sind Informationen über das zu montierende Produkt, wie Maße (Größe), Gewicht, Funktion, Qualitätsanforderungen, Einzelteilanzahl, Komplexität, usw. erforderlich. Natürlich hat auch das Produktionsumfeld Einfluss auf die Auslegung des geplanten Montagesystems. Hier spielen der Anlauftermin, die zu produzierende Menge, die Produktlaufzeit, die Losgröße, Kostenziele und räumliche/örtliche Restriktionen eine Rolle. Die Organisationsstruktur des Unternehmens sowie gesetzliche Rahmenbedingungen und arbeitswissenschaftliche Ansätze beeinflussen über dies hinaus ebenfalls die Planung und Umsetzung eines neuen Montagesystems. Die so erfassten Einflussgrößen bilden die Grundlage zur Planung der Montagesysteme, die in den nachfolgenden Kapiteln (9.4.2 - 9.4.3) eingehender betrachtet werden.

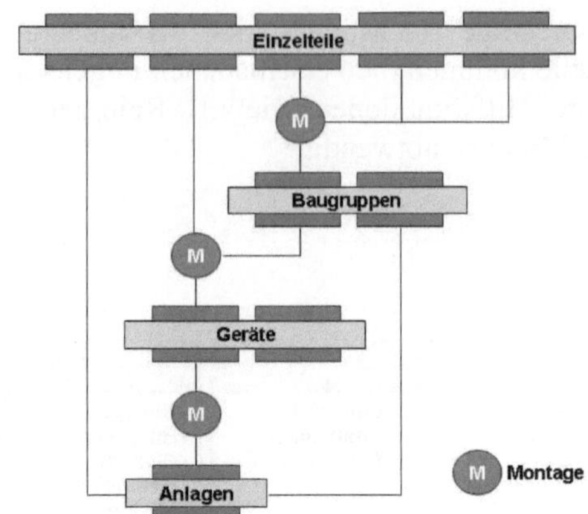

Abb. 9.11   Fertigungsstufen der Montage

Die Montageaufgaben ergeben sich aus der Forderung, bestimmte Teilsysteme eines Produktes zu einem System höherer Komplexität mit vorgegebener Funktion in einer bestimmten Stückzahl je Zeiteinheit zusammenzubauen. Die Kosten sind hauptsächlich auf den hohen Anteil an manueller Arbeit und dem damit verbundenen Zeitaufwand (bis zu 70% des gesamten Herstellungsaufwandes) in der Montage zurückzuführen. In Abb. 9.11 ist der prinzipielle Ablauf der Montage dargestellt. Aus Einzelteilen werden Schritt für Schritt Baugruppen, Geräte und komplette Anlagen zusammengesetzt.

9.4.2 Logistische Struktur von Montagesystemen

Der Kern der Montage besteht aus den Montagevorgängen. Wie bei der Teilefertigung werden aber auch bei der Montage zusätzliche periphere Funktionen benötigt, die erst in ihrer Gesamtheit das Montagesystem ergeben. Die Montageplätze müssen mit Information, Material, Werkzeugen und Vorrichtungen versorgt werden. Diese Versorgung wird von Logistiksystemen übernommen, wobei hier in der Regel keine Unterscheidung zwischen Material, Werkzeugen und Vorrichtungen getroffen wird. Die nötigen Informationen (Montageaufträge, Stücklisten, Montageanweisungen, ...) werden in der Montageplanung und -steuerung erzeugt und über ein Informationssystem an die einzelnen Montagestationen verteilt. Der Ablauf entspricht weitgehend dem der Teilefertigung.

Über die Rückmeldedaten der Montagestationen können die Betriebsdatenerfassung und die Leistungsabstimmung erfolgen, die wiederum die Grundlagen für weitere Kapazitätsplanungen liefern.

Neue Organisationskonzepte gehen weg von dieser zentralisierten Struktur hin zu autonomen Montagezellen, wie in Abb. 9.12 dargestellt. Ein besonderes Merkmal dieser Zelle ist, dass sie zwei unabhängige Montageständefahrzeuge. So kann ein Montagestand umgerüstet werden, während am Anderen produziert wird. Man erreicht damit ein Optimum an Flexibilität innerhalb einer Zelle. Außerdem sind die Werkzeuge und oft benötigte Einzelteile/Baugruppen in einem dezentralen Zellenlager vorhanden, sodass die Zelle unabhängiger gegenüber Terminschwankungen im Zentrallagerbestand wird (vgl. [26, 66]).

Ähnlich wie bei der Teilefertigung können auch bei der Montage die Montageprinzipien nach ihrer Struktur eingeteilt werden. Als Kriterien dienen die

- *Bewegungsgrößen*
    - der Montageobjekte (stationär/ bewegt),
    - der Arbeitsplätze (stationär/ bewegt), und die

- *Bewegungsparameter*, d.h.
    - Bewegungsablauf (periodisch/ aperiodisch) und
    - Bewegungsart (gerichtet/ ungerichtet).

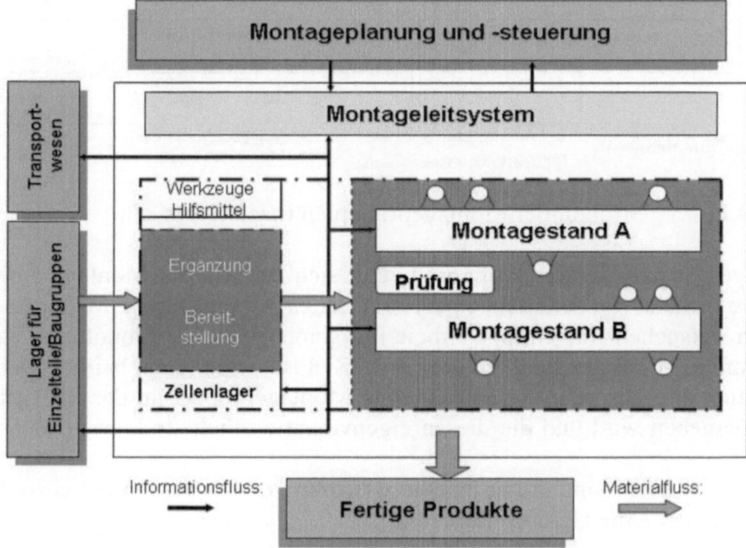

Abb. 9.12		Struktur einer autonomen Montagezelle

Nach den oben genannten Kriterien lassen sich Montagesysteme nach ihrer Struktur in fünf Prinzipen einteilen:
- Baustellenmontage
- Gruppenmontage
- Reihenmontage
- Taktstraßenmontage
- Kombinierte Fließmontage

Bei der Baustellen- und der Gruppenmontage liegen stationäre Montageobjekte vor. Bei den letzten drei Prinzipien kommen bewegliche Montageobjekte zum

Einsatz. Während bei der Baustellen-, der Reihen- und der Taktstraßenmontage an stationären Arbeitsplätzen gearbeitet wird, montieren die Mitarbeiter bei der Gruppen- und der kombinierten Fließmontage an bewegten Arbeitsstationen. Abb. 9.13 fasst die fünf Montageprinzipien und deren Strukturen zusammen.

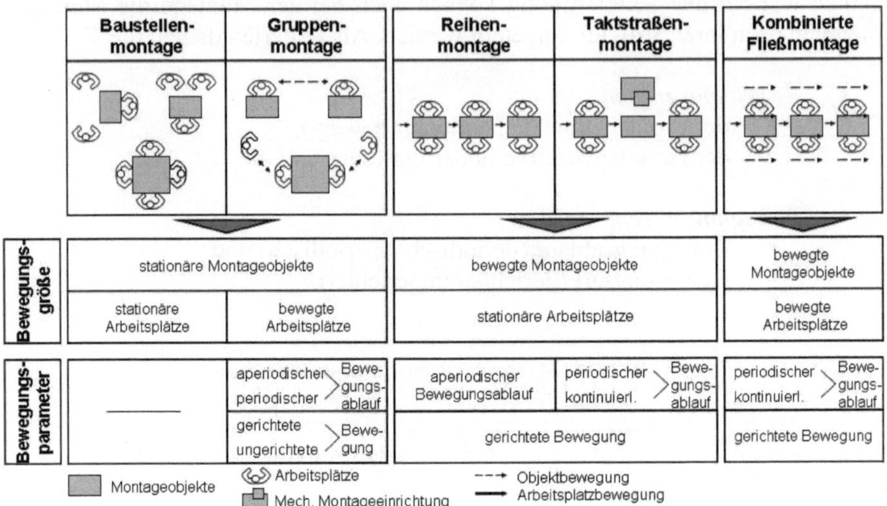

Abb. 9.13   Struktur der Montageprinzipien (nach Eversheim)

Im Zuge der Mitarbeiterorientierung zeigt sich auch in der Montage eine immer stärkere Abkehr von der strengen tayloristischen Arbeitsteilung. Moderne Arbeitsformen versuchen mit Gruppenarbeit Probleme, wie z.B. Monotonie, einseitige Belastung und Taktbindung, zu umgehen. Ziel ist – wie schon bei der Montageorganisation angesprochen – die autonome Montagegruppe, an die ein Gesamtauftrag übergeben wird und die diesen eigenverantwortlich strukturiert und abarbeitet.
In Abbildung 9.14 sind die Entwicklungsstufen von der starren Arbeitsteilung zur teilautonomen Arbeitsgruppe aufgeführt.

Wie zu Beginn des Kapitels bereist angesprochen, lassen sich Montagesysteme in manuelle, hybride und automatisierte Systeme einteilen. Die manuellen und hybriden Systeme werden im Folgenden kurz vorgestellt. Auf die Automatisierung in der Montage wird in Kap. 9.4.3 eingegangen.

9.4.2.1   Manuelle Montagesysteme

Viele Unternehmen sind einem hohen Innovations-, Zeit- und Preisdruck ausgesetzt, der sie zwingt, Montageprozesse zu optimieren. Dabei müssen einerseits Kosten gesenkt werden durch Erhöhung der Produktivität, andererseits verhindern eine steigende Variantenvielfalt, geringe Stückzahlen und abnehmende Produktlebenszyklen eine starre Automatisierung der Prozesse. In der Montage sind deshalb, trotz hoher Lohnkosten in Deutschland, vielfach manuelle Montageprozesse anzutreffen. Abbildung 9.15 zeigt vier verschiedene Grundformen manueller Montagesysteme.

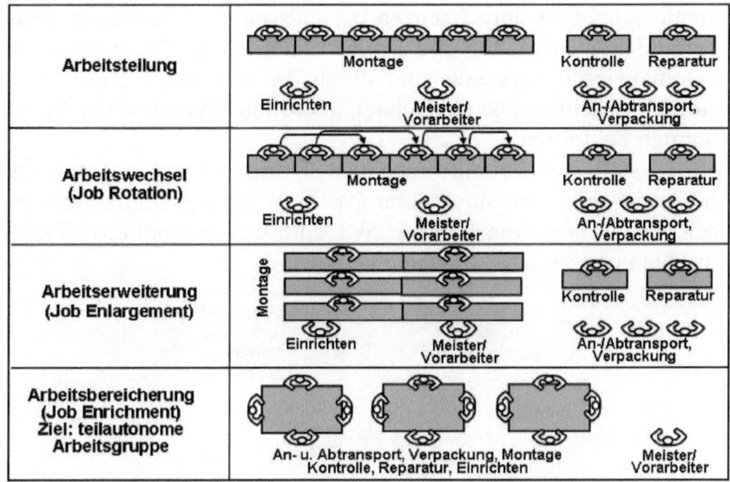

Abb. 9.14	Entwicklung der Arbeitsstruktur (nach Bullinger)

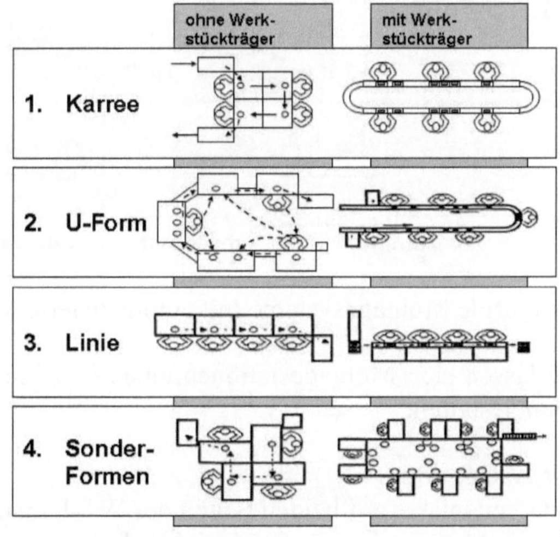

Abb. 9.15	Manuelle Montagesysteme ohne automatisierten Umlauf

Unterschieden wird zwischen der Weitergabe der Erzeugnisse auf Werkstückträgern (WT) und der Platz-zu-Platz-Weitergabe ohne Trägerplatte. Der Werkstückträger ist erforderlich, wenn das Erzeugnis keine stabile Auflagefläche besitzt oder wenn durch den Transport Beschädigungen zu befürchten sind. Ein Vorteil ist die durch den Werkstückträger definierte Montagelage.

9.4.2.2   Hybride Montagesysteme

Eine reine Erhöhung des Automatisierungsgrades zur Erhöhung der Produktivität stößt durch die Komplexität der Montagevorgänge und die Varianten- und Stückzahlproblematik schnell an ihre Grenzen. Es müssen deshalb andere, intelligente Konzepte gefunden werden, um die Produktivität in der Montage zu steigern. Hybride Automatisierungssysteme sind durch das synchrone Zusammenwirken von Mensch und Maschine gekennzeichnet, allerdings ohne dass der Mensch zum fremdbestimmten Faktor wird.

In Abb. 9.16 sind drei Grundformen von hybriden Montagesystemen dargestellt, bei denen jeweils Werkstückträger (WT) als Transporthilfsmittel zum Einsatz kommen. Durch den Transport auf WT entfallen unproduktive Nebenzeiten für das Ausrichten und Fixieren des Erzeugnisses.

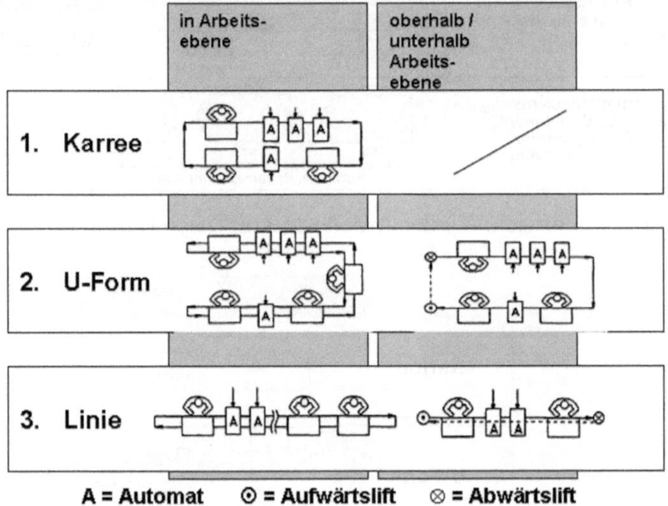

Abb. 9.16   Hybride Montagesysteme mit automatisiertem Werkstückumlauf

Nach Abb. 9.16 lassen sich Montagestationen einer seriellen Fertigung nach folgenden Prinzipien gestalten:

Karree in Arbeitsebene:
- Handarbeitsplätze auf beiden Seiten des WT-Umlaufsystems
- Zugänglichkeit im Innenbereich eingeschränkt
- Direkte Anlieferung an Arbeitsplätze oder zentrale An- und Ablieferung an Stirnseite möglich

U-Form mit WT-Rücklauf oberhalb Arbeitsebene:
- Handarbeitsplätze und Bedienseite im Innenbereich des WT-Umlaufsystems
- Zentrale An- und Ablieferung an der Stirnseite möglich

- WT-Rückführung oberhalb der Arbeitsebene mit Lift
- Gute Übersichtlichkeit
- Aufwendige Investition (Liftanlage)

Linie mit WT-Rücklauf unterhalb Arbeitsebene:
- Handarbeitsplätze und automatische Stationen im Hauptfluss
- Zentrale An- und Ablieferung an der Stirnseite möglich
- WT-Rückführung unterhalb der Arbeitsebene mit Lift
- Gute Übersichtlichkeit
- Aufwendige Investition (Liftanlage)

Hierbei kommen standardisierte Elemente und Baukästen von Montagesystemen zum Einsatz.

9.4.3 Automatisierung in der Montage

In den vergangenen Jahren wurde die Produktivität der Montage meist aufgrund organisatorischer Veränderungen gesteigert – heute wird neben hybriden Systemen wieder verstärkt automatisiert. Verbesserte und kostengünstige Technologien erweitern die Einsatzgebiete der Montageautomation sowohl in traditionellen als auch in neuen Branchen.

Die Montage und Justage von hochpräzisen und immer kleiner werdenden Produkten stellen immer größere Genauigkeitsanforderungen, die mit manueller Montage kaum noch reproduzierbar zu realisieren sind. Um kosteneffizient mit gleichbleibend hoher Qualität bei hoher Ausbeute fertigen zu können, wird eine Automatisierung des Montageprozesses in vielen Bereichen angestrebt. Die Automatisierungstechnik bietet heute hierfür eine Fülle an wirtschaftlichen Lösungen.

Eine kapitalintensive Montage, wie sie beim Einsatz von automatischen Montagemitteln vorliegt, ergibt erst bei relativ hohen Stückzahlen je Zeiteinheit und bei langer Amortisationszeit die angestrebten niedrigen Stückkosten. Andererseits besitzt eine Anlage, auf der eine Vielzahl von Produkten montiert werden kann, trotz ihres größeren Investitionsvolumens eine höhere Wirtschaftlichkeit aufgrund ihrer Flexibilität. Es können mit solch einem Montagesystem auch kleinere Lose kostengünstig montiert werden. Dies entspricht den steigenden Anforderungen des Marktes nach Produktvielfalt und kürzerer Produktlebensdauer.

Automatische Montagestationen werden durch die unterschiedlichen Ausführungen der Bewegungseinrichtungen, die teilweise auch für Prüf- und Kontrollaufgaben eingesetzt werden, charakterisiert. Sie lassen sich gliedern in:

- Montagestationen mit kurvengetriebenen Bewegungseinrichtungen, deren Kinematik sich hinsichtlich Bewegungsfolge und Wegen bzw. Winkeln nur durch mechanischen Eingriff verändern lässt (Austausch von Kurvenscheiben).
- Montagestationen mit pneumatisch (hydraulisch) angeriebenen Bewegungseinrichtungen, deren Bewegungen sich hinsichtlich Wegen bzw.

Winkeln nur durch mechanischen Eingriff verändern lassen (mechanisches Verstellen von Anschlägen).

- Montagestationen mit modular aufgebauten Bewegungseinrichtungen mit pneumatisch und elektrisch angetriebenen Achsen, deren Bewegungen sich hinsichtlich Bewegungsfolge und Wegen bzw. Winkeln teilweise (bei elektrischen Achsen) ohne mechanischen Eingriff frei programmieren und verändern lassen.
- Montagestationen mit Industrierobotern, deren Bewegungen hinsichtlich Bewegungsfolge und Wegen bzw. Winkeln in mehreren Achsen frei programmierbar und gegebenenfalls sensorgeführt sind.

Typische Merkmale der automatischen Montagesysteme sind:

- eine starre oder lose Verkettung der automatischen Stationen
- Einsatz von Handhabungseinrichtungen

In Abbildung 9.17 sind beispielhaft vier Grundprinzipien automatisierter Montagesysteme dargestellt.

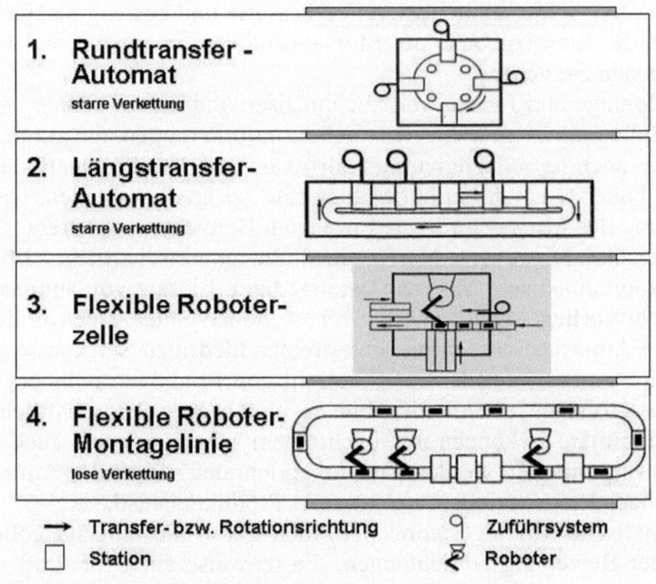

Abb. 9.17   Automatisierte Montagesysteme

Durch den Einsatz von Industrie-Robotern ist es möglich, eine automatisch arbeitende Montagezelle aufzubauen. Werden mehrere Verfahrensstationen im Arbeitsbereich des Industrie-Roboters angeordnet, so können Baugruppen mit hoher Typ-Varianz automatisch montiert werden. Weiter ermöglichen Industrieroboter eine einfache Umprogrammierung auf unterschiedliche Abgreif- und Fügepositionen, was dem Montagesystem Flexibilität verleiht.

Besonders geeignet für Erzeugnisse mit unterschiedlicher Typen- und Variantenvielfalt sind flexible Montagesysteme. Diese Montagelinien sind gekennzeichnet durch:

- Hohe Umrüstflexibilität
- Lose Verkettung der einzelnen Industrieroboter-Zellen und Verfahrensstationen über ein Werkstückträgerband
- Einfache Umprogrammierung.

Die Montage wird heute weitgehend durch hybride Systeme, d.h. Systeme mit manuellen und automatisierten Komponenten durchgeführt. Die Arbeitsplätze der Mitarbeiter werden dabei häufig auch unter Einbeziehung von Gruppenarbeit ausgelegt.

Die sich immer schneller ändernde Marktsituation erfordert einerseits eine steigende Produktvielfalt bei höheren Qualitätsansprüchen und andererseits kürzere Produktlebenszyklen und Lieferzeiten. Flexibilität und Wirtschaftlichkeit sind deshalb die zentralen Voraussetzungen, ohne die kein Unternehmen im internationalen Wettbewerb bestehen kann. Hierzu gehört neben markt- und herstellungsgerechten Produkten vor allem auch eine moderne flexible Montagestrategie, die es erlaubt, nachfragegerecht "Just in time" zu produzieren. Die sich hieraus ergebenden Forderungen, rationell und zum richtigen Zeitpunkt, in der richtigen Qualität und Menge am richtigen Ort zu produzieren, wirken sich sehr stark auf die Gestaltung der Montage aus, die das letzte Glied in der Produktionskette darstellt.

9.5 Mitarbeiterzentrierte Konzepte

Im Unterschied zu einer Vielzahl an technischen Ansätzen setzen die Mitarbeiterzentrierten Konzepte auf eine Optimierung der Arbeitsabläufe und des Ressourceneinsatzes nach Gesichtspunkten der synergetischen Zusammenarbeit der Mitarbeiter im Betrieb (Abb. 9.18). Sie benötigen dazu Formen der Gruppen- und Teamarbeit sowie Entlohnungssysteme, welche die Leistung von Gruppen und Teams berücksichtigen. Diese Entlohnungssysteme enthalten nicht nur Faktoren der Mengenleistung, sondern auch der Qualität, Anlagennutzung und Termintreue.

Im Hinblick auf die Arbeitsinhalte wird heute eine geringe vertikale und horizontale Arbeitsteilung angestrebt. Vielmehr werden planende, administrative, ausführende und kontrollierende Tätigkeiten zu ganzheitlichen Arbeitsinhalten zusammengeführt. Das Arbeiten in interdisziplinären Teams, so genannte teilautonome Gruppen, mit Mitarbeitern unterschiedlicher Qualifikationen und flachen Hierarchiestufen wird heute bereits in vielen Unternehmen aktiv gelebt. Auf diese Weise soll eine größere Identifikation mit der Arbeit und ein besseres Verständnis für die Arbeit von Kollegen erzeugt werden. Das vorhandene Know-How wird besser genutzt, was zu einer frühzeitigen Erkennung und Abstellung von Fehlern und somit zu einer Reduzierung von Nacharbeit und Ausschuss führt.

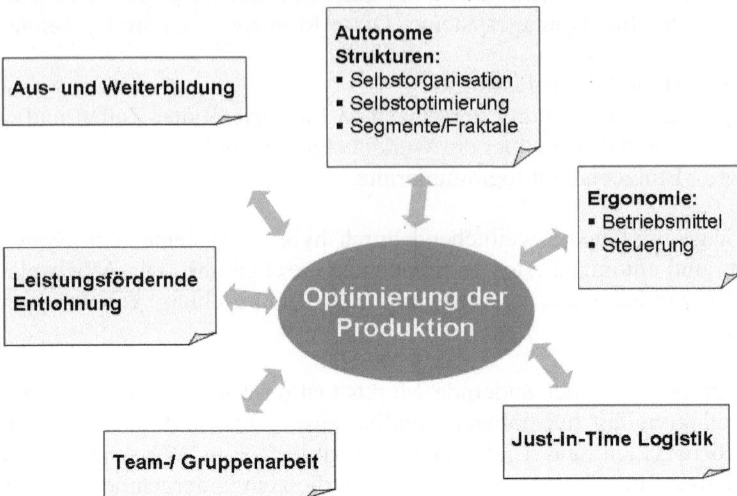

Abb. 9.18   Mitarbeiterzentrierte Ansätze zur Optimierung der Produktion

Für die Bildung von Gruppen ist eine Strukturierung der Produktionssysteme in abgrenzbare Aufgaben und Arbeitsbereiche notwendig. Dies kann mit der Frage nach einer Mehrmaschinenbedienung verknüpft werden. Um aber eine hohe Effizienz sicherzustellen, müssen den Gruppen auch Freiräume für ihre Arbeitsbereiche gegeben werden. Hier kommt das Stuttgarter Unternehmensmodell mit seinen spezifischen Merkmalen zum Tragen (vgl. Kap 3.6).
Man geht darin von einer Aktivierbarkeit des Erfahrungswissens und der Eigenverantwortung der Mitarbeiter aus. Arbeitsgruppen sollen sich selbst organisieren und sich an den Leistungszielen der Produktion orientieren. Dazu werden Zielvereinbarungen zwischen dem Management und den Mitarbeitern geschlossen.

Die Gruppen und Teams sollen Verantwortung für die Arbeitsergebnisse und insbesondere die Qualität übernehmen und können Prüfungen von Arbeitsergebnissen selbst durchführen. Dies geschieht in autonomen Organisations- und Leistungseinheiten (Abb. 9.19). Hier spricht man auch von der Werker-Selbstkontrolle und geht davon aus, dass Abweichungen selbst erkannt und selbst bereinigt werden. Aber nicht nur die Effizienz der Gruppe selbst, sondern ihre Rolle im Produktionssystem sollen die Gruppen aktiv wahrnehmen, Dazu wird von ihnen Kooperationsfähigkeit und die Bereitschaft zu Veränderungen und eigenständigen Verbesserungen erwartet. Die Leistungen und die Verantwortung werden in entsprechenden Entlohnungssystemen berücksichtigt.

Es handelt sich hier um ein soziales System, das Maschinen und Werkzeuge sowie betriebliche Ressourcen zum Zweck der Erbringung gemeinschaftlicher Leistungen im Sinne des Unternehmens nutzt. Wie alle sozialen Systeme hat auch dieses System einen spezifischen sozialen Hintergrund seiner Akteure und bedarf einer Führung und einer Integration in das Managementsystem des Betriebes.

Abb. 9.19   Elemente autonomer Organisations- und Leistungseinheiten

9.6   Methoden des Managements von ganzheitlichen Produktionssystemen

Welche Konzepte aber sichern die maximale Effizienz und Wirtschaftlichkeit der Produktionssysteme nach den zuvor beschrieben systemtechnischen Modellen? Es sind dies zum einen organisatorische Methoden, die sich in der Gestaltung der Fabriken niederschlagen, und technische Konzepte, welche von der Automatisierung Gebrauch machen.
Einer der Grundgedanken optimierter Produktionssysteme beruht auf der maximal möglichen Vereinfachung und Vermeidung überschüssiger Ressourcen bei jeder Operation und jedem Vorgang im Betrieb und einer Konzentration der Ressourcen auf jeden Wertschöpfugsprozess.

9.6.1 Lean Manufacturing

Wertschöpfung ohne Verschwendung zu erzeugen ist eines der großen Ziele, welches mittels „Lean Management/Manufacturing" erreicht werden soll. Das Konzept des Lean Manufacturing, Mitte des letzten Jahrhunderts in Japan bei Toyota entwickelt, wird heute auch in Amerika und Europa genutzt, um die eigene Wettbewerbsfähigkeit zu stärken. Zunächst hielt das Lean Manufacturing seinen Einzug in der Automobilindustrie. Schnell erkannten aber auch die Unternehmungen anderer Branchen, dass die auf Lean Manufacturing setzenden Unternehmen im Hinblick auf Qualität, Produktivität, Flexibilität und kurze Durchlaufzeiten spürbar überlegen waren. Lean sollte in diesem Zusammenhang im Deutschen nicht mit „schlank" im Sinne von minimalem Personaleinsatz übersetzt werden. Der Begriff Lean steht für „einfach und schlank" und ist mit effektiven Prozessen und Abläufen gleichzusetzen (Abb. 9.20). Die Kernelemente liegen in der Dezentralisierung, der Gruppenarbeit und der kurzen Wege des Material- und Informationsflusses, die eine erhebliche Reduzierung des Zeit- und Kostenaufwandes in der Produktion zur Folge haben.

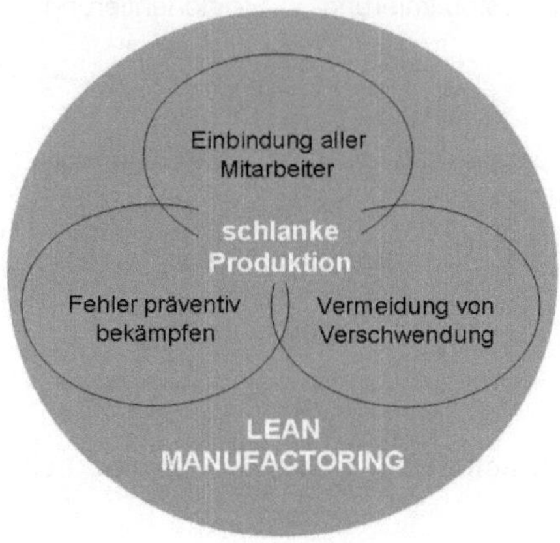

Abb. 9.20   Kerngedanken des Lean Manufactoring

Japanische Unternehmen verbanden mit dem Lean Manufacturing eine radikale Vereinfachung der betrieblichen Abläufe in der Produktion. Alle Vorgänge im Unternehmen wurden daraufhin überprüft, ob sie sich vermeiden oder vereinfachen lassen. Damit begegneten sie vor allem der Gefahr der zeitlichen Verluste durch Störungen in den komplexen Systemen. Ein besonderes Merkmal war die Einbeziehung und Aktivierung aller Mitarbeiter in dieses Gedankengut. Ferner wurden große Anstrengungen unternommen, Störungen sofort und nachhaltig zu eliminieren. Mitarbeiter durften Montagelinien beim Auftreten von sofort selbstständig stoppen. Die Beseitigung von Störungen in den Bearbeitungssystemen hatte höchste Priorität.

Der Grundgedanke des Lean-Manufacturing wird heute mittels der Wertstromanalyse und Wertgestaltung (Wertstromdesign) in den Produktionssystemen realisiert. Das Wertstromdesign ist eine Methode, um eine „schlanke" Fertigung in die Realität umzusetzen.

Als Wertstrom werden alle wertschöpfenden Prozesse, die am Hauptstrom zur Herstellung eines Produktes beteiligt sind bezeichnet (Bearbeitungssystem): vom Rohmaterial zum Endprodukt.

Das Wertstromdesign ist ein Werkzeug, das mit einfachsten Mitteln, wie Bleistift und Papier auskommt, um den Material- und Informationsfluss in einer Fertigung zu erkennen und zu verstehen. Wichtigster Bestandteil ist dabei das Skizzieren des Ist-Zustandes, indem von der Ablieferung des Produkts ausgehend die einzelnen Fertigungsschritte bis zum Wareneingang zurück skizziert werden. Für jeden Prozess werden die wichtigsten Daten für den Material- und Informationsfluss und die Zeiten notiert. So können die Hauptflüsse in der Produktion „sichtbar" gemacht werden. Im Anschluss daran werden die notwendigen Veränderungen in einem so genannten Wertstromplan aufgelistet und die Umsetzung in die Realität geplant.

Ziel der Methode des Wertstromdesigns ist nicht die Optimierung einzelner Fertigungsprozesse, sondern des ganzen Segmentes und der Versuch durch Verändern einzelner Komponenten, das Ganze zu verbessern. Dabei steht die Einbringung der Lean-Prinzipien in die Produktion stets im Vordergrund.

Dem Wertstrom folgend, werden in ähnlicher Weise auch die Abläufe der Zulieferer analysiert und vereinfacht. Während die Wertstromanalyse einmalig und meist als Projekt durchgeführt wird, zielt die Methodik der kontinuierlichen Verbesserung (KVP) auf eine permanente Optimierung der Produktionssysteme durch die Mitarbeiter selbst.

9.6.2 Kontinuierliche Verbesserung

Eine kontinuierliche Verbesserung der Effizienz eines Produktionsystems kann durch eine einzelne Maßnahme zur Optimierung eines Teilprozesses erreicht werden. Auch hierbei spielen Grundgedanken des Lean Manufacturing eine wesentliche Rolle: Vereinfachen, Verschwendung vermeiden.

Dem Prinzip der *kontinuierlichen Verbesserung* (KVP) liegt das Verständnis zu Grunde, dass jedes System ab dem Zeitpunkt seiner Einrichtung einem Effizienzverlust und einer Veralterung ausgesetzt ist, wenn es nicht permanent erneuert und verbessert wird. Kontinuierliche Verbesserung ist somit eine Philosophie der ständigen Veränderungen und der Flexibilität, um auf Veränderungen und geänderte Rahmenbedingungen zu reagieren. Diese Philosophie der kontinuierlichen und unendlichen Verbesserung in allen Bereichen einer Unternehmung unter Einbeziehung aller Mitarbeiter, von der Geschäftsführung über die Führungskräfte bis zu jedem Arbeiter wird auch Kaizen genannt (japanisch: Kai = Veränderung, Wandel; Zen = zum Besseren; Kaizen = kontinuierliche Verbesserung). Die kontinuierliche Verbesserung setzt einen kooperativen Führungsstil voraus. Die Hauptbotschaft von Kaizen beinhaltet, dass kein Tag im Unternehmen ohne eine Verbesserung vergehen soll. Im Gegensatz zur Innovation (großer Schritt) ist Kaizen somit eher ein Weg der vielen kleinen Schritte. Der Produktionsfaktor Mensch steht bewusst im Mittelpunkt dieser Managementstrategie.

KVP ist eine, insbesondere in der Privatwirtschaft, erprobte Methode, bei der die Mitarbeiterinnen und Mitarbeiter das Wissen um die Arbeitsabläufe an und um ihren Arbeitsplatz einbringen und damit Veränderungen in Gang setzen. Verbesserungsvorschläge von Mitarbeitern werden durch systematische Projektorganisation unterstützt. Die Mitarbeiterinnen und Mitarbeiter werden damit als potentielle Träger des Wandels in den Mittelpunkt gestellt und der Idee Rechnung getragen, dass der notwendige ständige Erneuerungsprozess nicht nur von oben nach unten verfügt, sondern vor allem von den Beschäftigten in einer Organisation mitgetragen und mitgestaltet werden muss. In der Möglichkeit der Beschäftigten, selbst etwas ändern zu können, liegt das Erfolgsrezept dieses Ansatzes. Grundvoraussetzung für die Umsetzung und Aufrechterhaltung der kontinuierlichen Verbesserung im Unternehmen ist ein umfassender Informationsfluss über alle Hierarchiestufen hinweg, d.h. sowohl von oben nach unten als auch umgekehrt. Wichtig ist hierbei, dass Entscheidungen nicht nur von der Geschäftsleitung getroffen und diktiert werden, sondern dass diese gemeinsam mit den betroffenen Mitarbeitern erarbeitet werden. Auf diese Weise werden von Allen akzeptierte und gewollte Unternehmensziele formuliert. Durch die Arbeit in aktiven Mitarbeitergruppen wird die Verantwortung und somit Motivation auf alle Mitarbeiter gleichmäßig verteilt. Probleme durch mangelnde Qualität der Produkte oder Prozesse und der Zusammenarbeit sollen im Team erkannt, analysiert und mögliche Lösungsansätze erarbeitet werden. Jeder Mitarbeiter ist angehalten, selbstständig eigene Vorschläge (Verbesserungsvorschläge) für effizientere Arbeitsabläufe zu unterbreiten. Das Vorschlagswesen ist ein integraler Bestandteil dieses Managementsystems. Verbesserungsvorschläge werden individuell anerkannt und entlohnt.

Ziel dieser Philosophie ist es, eine Identifikation der Mitarbeiter mit dem Unternehmen und seiner Tätigkeit im Unternehmen zu schaffen bzw. zu vertiefen und somit seine Motivation zu steigern. Hierzu gehört auch, dass innerbetriebliche Abläufe und Regeln von den Mitarbeitern nachvollzogen und somit akzeptiert und eingehalten werden. Das Streben nach Verbesserung soll im gesamten Unternehmen gelebt werden, von der Führungsspitze bis zum Hilfsarbeiter. Jeder soll erlernen, Probleme frühzeitig zu erkennen und zu beseitigen oder zu verhindern. Auf diese Weise entsteht (theoretisch) ein Unternehmen mit motivierten, eigenverantwortlich handelnden Mitarbeitern.

9.7   Hilfsbetriebe der Produktion

Neben dem eigentlichen Fertigungs-, Montage- und Justiervorgang beeinflussen Fertigungsschritte wie Transport, Handhabung, Magazinierung, Reinigung und Inspektion, aber auch Fertigungssteuerung, Losverfolgung und die Gewährleistung einer reinen Produktionsumgebung die Produktion, die Produktqualität und die Produktstückkosten.

Es ist hier von den so genannten peripheren Bereichen der Produktion die Rede. Diese stellen eine Grundvoraussetzung für den Wertschöpfungsprozess dar. Es ist eine Notwendigkeit für die Produktion, dass die Werkzeuge nach Art, Menge und Qualität zum richtigen Zeitpunkt bereitgestellt werden. Werkzeugwesen, Instand-

haltung, Vorrichtungsbau sowie die Medienversorgung sichern erst die Verfügbarkeit der Produktionssysteme. Die Mess- und Prüftechnik trägt dazu bei, dass
zum einen die Qualität des Erzeugnisses, zum anderen aber auch die Zustände von
Maschinen und Anlagen abgefragt werden können.
Diese Aufteilung der Produktion hat auch eine große Bedeutung für die Kostenrechnung. Die Kosten für die direkten Bereiche lassen sich durch Einzelkosten
erfassen. Dagegen können Werkzeugkosten, Vorrichtungskosten usw. nicht für
jedes einzelne gefertigte Teil erfasst werden, sondern werden als Gemeinkosten
mittels Zuschlägen verrechnet.

In Kapitel 9.7.1 werden die einzelnen peripheren Bereiche Lager und Transportwesen, Werkzeugwesen, Vorrichtungsbau und Instandhaltung vorgestellt.

9.7.1 Logistisches System

Der Wunsch nach einer flexiblen und wandlungsfähigen Unternehmensstruktur
und somit immer schlankeren Betrieben führte in letzter Zeit zu einer Verringerung der Fertigungstiefe in den einzelnen Fabriken. Um im internationalen Markt
schnell auf Veränderungen reagieren zu können, muss sich ein Unternehmen unabhängig von seiner Fertigungstiefe als Bestandteil der Kunden-Lieferanten-Kette
verstehen. Neben der richtigen Produktauswahl mit entsprechender Qualität ist
heute vor allem die Liefertreue, also Einhaltung der kalkulierten Durchlaufzeiten,
entscheidend. Voraussetzung für die Einhaltung dieses Zieles ist eine gut organi-
sierte Logistik innerhalb und außerhalb des Unternehmens (siehe hierzu auch [71,
72, 77]). Aufgabe der Logistik mit dem Lager- und Transportwesen ist hierbei das
Zuführen und Bereitstellen des richtigen Materials, der Halb- und Fertigerzeugnis-
se, Vorrichtungen, Werkzeuge, Prüfmittel und sonstigen Hilfsmittel der Fertigung
in der richtigen Menge und Qualität zum richtigen Zeitpunkt. Darüber hinaus
müssen Fertigteile, Abfälle und verbrauchte Betriebsstoffe aus der Produktion
abgeführt und weitergeleitet werden. Im Folgenden wird das Lager- und Transportwesen anhand der klassischen Kunden-Lieferanten-Kette (Abb. 9.) näher
betrachtet.

Zunächst wird das entsprechende Material beim Lieferanten bestellt und ein ter-
mingerechter Wareneingang erwartet. Die gelieferten Teile kommen im Unternehmen zunächst in ein *Wareneingangslager*. Nach der Wareneingangsprüfung
(diese kann auch entfallen) findet die Um- und Einlagerung der Teile statt. Werden die Materialien nicht direkt der Produktion zugeführt (Just-in-Time), kommen
hierzu *Rohstofflager, Hilfsstofflager, Betriebsstofflager und Reservelager* zum
Einsatz. Diese Lagerarten werden allgemein als *Rohlager* bezeichnet.

Nach Abruf durch die Produktion werden die benötigten Materialien kommissi-
oniert und der Produktion angeliefert. Werden die Materialien nicht sofort verarbeitet bzw. verbaut, werden diese direkt am Arbeitsplatz in so genannten *Handla-
gern* der Produktion zwischengelagert. Diese Lagerart kann allgemein als *Produk-
tionslager* bezeichnet werden.

Den Abschluss dieser logistischen Kette bildet der Vertrieb der Erzeugnisse. Vor Auslieferung der hergestellten Produkte an die Kunden bzw. die Händler kommen wiederum *Fertigwarenlager* und *Versandlager zum Einsatz*. Diese Lagerarten werden auch als *Absatzlager* bezeichnet.

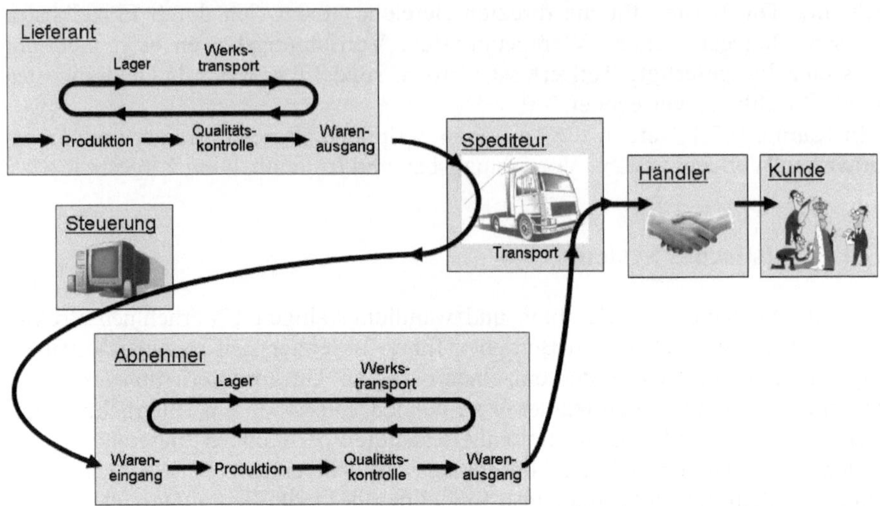

Abb. 9.21   Schematische Darstellung der klassischen Kunden-Lieferanten-Kette

Unter dem Begriff Logistik wird das Gesamtsystem aus Lagern und Transportieren, Bereitstellen und Kommissionieren und die hierfür notwendige Organisation verstanden. Prinzipiell lässt sich der Oberbegriff Logistik in drei Bereiche einteilen:

Beschaffungslogistik
Unter Beschaffungslogistik wird die Planung und Durchführung aller Maßnahmen verstanden, die zur optimalen Beschaffung aller Materialien und Informationen von den Beschaffungsmärkten bis in die Produktion erforderlich sind. Im speziellen bedeutet dies:

- Festelegen der Beschaffungsstruktur
- Bestimmung und Kontrolle der Liefertermine und -mengen
- Festlegung der Transportrahmenbedingungen (Verpackungsvorschriften, Gewicht, Größe, …)
- Wareneingangskontrolle und interne Einlagerung

Produktionslogistik
Als Produktionslogistik wird die Planung und Durchführung aller Maßnahmen zur optimalen Gestaltung des Material- und Informationsflusses von der Übernahme der bereitgestellten Materialen und Informationen bis zur Übergabe der fertig gestellten Produkte an die Distribution bezeichnet. Die Hauptaufgaben der Produktionslogistik umfassen:

- Material- und Informationsflussplanung
- Zwischenlagerung in der Fertigung
- Innerbetriebliches Transportwesen

Distributionslogistik
Aufgabe der Distributionslogistik ist die Planung und Durchführung der Übernahme der Produkte aus der Produktion und deren Weiterleitung an die Kunden und die Händler. Dies umfasst hauptsächlich die folgenden Aufgaben:

- Lagerung und Kommissionierung der Fertigteile
- Verpackung und Vorbereitung für den Versand
- Auftragsabwicklung

Bei der Erfüllung der oben aufgeführten Aufgaben steht die Logistik in der Regel vor verschiedenen Zielkonflikten. Zum einen sorgen große Bestellmengen in der Beschaffungslogistik für niedrigere Einkaufspreise, zum anderen sollen aber auf Grund der hohen Lagerhaltungskosten und der Kapitalbindung niedrige Bestände umgesetzt werden. Der gleiche Zielkonflikt bietet sich in der Produktionslogistik, die für einen reibungslosen Materialfluss in der Produktion möglichst hohe Verfügbarkeiten von Rohmaterial und Zulieferteilen gewährleisten, aber gleichzeitig auf niedrige Bestände achten muss. Ebenso verhält es sich am Ende der Logistikkette, die sich über hohe Fertigwarenbestände freuen würde, um schnell und zuverlässig auf Kundenwünsche eingehen zu können (siehe auch [78]).

Für den außer- und innerbetrieblichen Tarnsport stehen eine Reihe von genormten Transportmitteln wie Paletten, Behälter und sonstige Ladehilfsmittel zur Verfügung. In den meisten Fällen kommen speziell für ein Produkt entwickelte Ladungsträger zum Einsatz, mit denen sich die Teile sicher und in einer vordefinierten Position transportieren und anliefern lassen.

Zur Optimierung der Materialbereitstellung stehen verschiedene Methoden zur Verfügung. Prinzipiell unterscheidet man zwischen einer bedarfs- und einer verbrauchsgesteuerten Materialbereitstellung. Bei der bedarfsgesteuerten Bereitstellung werden ausgehend vom Produktionsprogramm zentral die Menge und der Zeitpunkt der Materialversorgung gesteuert. Liegt eine verbrauchsgesteuerte Materialbereitstellung vor, so wird das Material dem realen Verbrauch entsprechend bereitgestellt. In der Regel „bestellt" der produzierende Mitarbeiter selbst nach Bedarf den Materialnachschub.

Im Folgenden werden die wichtigsten Methoden zur Materialbereitstellung vorgestellt.

Bei der *Kanban-Methode* handelt es sich um eine auftragsneutrale und verbrauchsgesteuerte Materialbereitstellung. Wird ein vordefinierter Mindestbestand an Teilen am Arbeitsplatz erreicht, so „bestellt" der Mitarbeiter durch das Abschicken einer Kanban-Karte (Bestellkarte) den Materialnachschub. Nachgefüllt wird dann immer eine konstante festgelegte Standardmenge. Hauptanwendung findet das Kanban-System vor allem bei unkritischen Teilen mit kontinuierlichem Verbrauch.

Das *Mehr-Behälter-System* ist ein der Kanban-Methode sehr ähnliches Materialbereitstellungsprinzip. Es ist ebenfalls ein verbrauchsgesteuertes und auftragsneutrales Bereitstellungsverfahren. Am produzierenden Arbeitsplatz wird mit zwei oder mehr Behältern gearbeitet. Ist einer der Behälter leer, so wird dieser durch einen gefüllten Behälter ausgetauscht. Angewandt wird das Mehr-Behälter-Prinzip bei unkritischen Teilen mit einem kontinuierlichen Verbrauch.

Bei der *Zielsteuerung (Just In Time, JIT)* handelt es sich um eine bedarfsgesteuerte Materialbereitstellung auf Basis eines Produktionsprogramms. Das Material wird hierbei termingenau in der richtigen Reihenfolge am Produktionsarbeitsplatz angeliefert bzw. bereitgestellt. Voraussetzung hierfür ist ein stabiles Produktionsprogramm. Industriell wird die Zielsteuerung hauptsächlich bei Basisteilen, Teilen mit kurzen Beschaffungszeiten und bei großen, sperrigen oder empfindlichen und teuren Teilen eingesetzt (siehe auch [75]).

Die bereits angesprochene Verringerung der Fertigungstiefe führt nicht nur zu einer Verschiebung der wertschöpfenden Prozesse in Richtung der Zulieferunternehmen, sondern auch zu einer Verlagerung des logistischen Aufwandes in Richtung der Zulieferindustrie. Aktuelle Trends zeigen, dass zukünftig die komplette Beschaffungs- und Produktionslogistik an den Zulieferbetrieb abgegeben wird. Dieser sorgt für die korrekte und termingerechte Anlieferung und Bereitstellung der richtigen Teile in der geforderten Qualität direkt am Produktionsarbeitsplatz. Nicht nur die Transportrisiken, sondern auch die Kapitalbindung ist somit auf Seiten des Zulieferers, da die gelieferte Ware erst nach Verkauf des Fertigproduktes abgerechnet wird.

9.7.2 Fertigungsbetriebsmittel

Der VDI definiert Betriebsmittel als Anlagen, Geräte und Einrichtungen, die zur betrieblichen Leistungserstellung dienen [VDI2815]. In der industriellen Praxis hingegen wird der Begriff Betriebsmittel in der Regel auf die Fertigungshilfsmittel eingeschränkt. Hierunter sind alle für die Durchführung eines Fertigungsauftrags bereitzustellenden Hilfsmittel zu verstehen.

Bei Berücksichtigung der betrieblichorganisatorischen Betrachtungsweise werden im Rahmen dieses Buches unter dem Begriff „Betriebsmittel" die nachfolgenden Fertigungshilfsmittel betrachtet:

- Werkzeuge,
- Vorrichtungen sowie
- Mess- und Prüfmittel.

Fertigungshilfsmittel sind Objekte, die zur Durchführung eines Vorgangs, der an den Fertigungsprozess gekoppelt ist, an einem bestimmten Arbeitsplatz benötigt werden. Im Gegensatz zu Maschinen und technischen Geräten sind Fertigungshilfsmittel mobil, d.h. sie sind nicht an einem bestimmten Standort gebunden.
Die Definitionen der einzelnen Betriebsmittel Werkzeuge, Vorrichtungen und Mess- und Prüfmittel sind in Abb. 9.22 zusammengefasst.

Das Betriebsmittelwesen umfasst alle Maßnahmen, die direkt oder indirekt die Planung und Steuerung von Betriebsmitteln beeinflussen [72, 73]. Das logistische Ziel dabei ist es, die zur Durchführung der betrieblichen Aufgaben benötigten Betriebsmittel termingerecht in der erforderlichen Qualität und Anzahl zur Verfügung zu stellen. Aufgrund der vielfältigen Aufgabenstellungen ist das Betriebsmittelwesen, wie die Logistik auch, nicht einem einzelnen Betriebsbereich zuzuordnen, sondern ist als ein Teilsystem des Produktionssystems zu verstehen.

Betriebsmittel		
Werkzeuge	Vorrichtungen	Mess- und Prüfmittel
DIN 8580:	DIN 6300:	AWF:
Werkzeuge sind Fertigungsmittel, die durch Relativbewegung gegenüber dem Werkstück unter Energieübertragung die Bildung seiner Form oder Änderung seiner Form und Lage, bisweilen auch seiner Stoffeigenschaften bewirken.	Vorrichtungen sind Fertigungsmittel, die an Werkstücke gebunden sind und unmittelbar in Beziehung zum Arbeitsvorgang stehen. Sie dienen dazu, Werkstücke zu positionieren, zu halten oder zu spannen und gegebenenfalls ein oder mehrere Werkzeuge zu führen.	Mess- und Prüfmittel sind Betriebsmittel, die bei der Durchführung von Fertigungsaufgaben zum Prüfen von Güte, Menge, Eigenschaften und Funktionen dienen.

Abb. 9.22   Definition der Betriebsmittel Werkzeug, Vorrichtungen und Mess- und Prüfmittel

9.7.2.1 Werkzeuge

Der Aufwand für die Gewährleistung der Verfügbarkeit, der Einsatzbereitschaft, die Aufbereitung und Verwaltung der Werkzeuge, hängt maßgeblich von ihrer Komplexität ab. Zunächst lassen sich Werkzeuge in einteilige, sog. Einzelwerkzeuge und in modular aufgebaute, sog. Systemwerkzeuge unterteilen. Weiter ist es sinnvoll, Werkzeuge in verschiedene Komplexitätsklassen einzuordnen. In Anlehnung an Romberg kann die Systemkomplexität und die technologische Komplexität von Werkzeugen unterschieden werden. In der von ihm gewählten Portfoliodarstellung in Abb. 9.23 wird diese Systemkomplexität in Einzelwerkzeuge und Systemwerkzeuge unterteilt. Bei der technologischen Komplexität werden Universalwerkzeuge einerseits und Spezial- und Sonderwerkzeuge andererseits unterschieden. Die Portfoliodarstellung zeigt daher vier Komplexitätstypen von Werkzeugen.

Für eine spezifische Bearbeitungsaufgabe kann durch bedarfsgerechten Zusammenbau unterschiedlicher Komponenten ein geeignetes Komplettwerkzeug zusammengestellt werden. Die unterschiedlichen Montageschnittstellen der Module untereinander bzw. die Kopplungsmöglichkeiten der Werkzeuge zu den Fertigungseinrichtungen müssen eindeutig und verständlich beschrieben werden. Die Darstellung der einzelnen Verbindungsmöglichkeiten kann am besten in einer Montagestückliste erfolgen, deren Verständlichkeit durch eine Explosionszeichnung unterstützt wird.

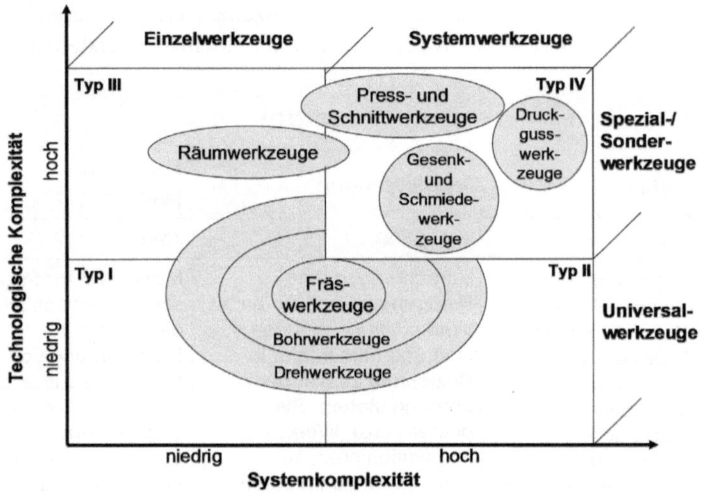

Abb. 9.23   Klassifizierung von Werkzeugen

9.7.2.2   Vorrichtungen

Um Fertigungseinrichtungen bedarfsgerecht zu nutzen und damit zur Optimierung des Produktionsablaufes beizutragen, werden für die Werkstückbearbeitung Vorrichtungen verwendet. Ihre Hauptaufgabe ist es, die Werkstücke während der Bearbeitungszeit zu positionieren, zu spannen oder zu halten. Die Vorrichtungen können nach ihrem Verwendungszweck, nach der Art des Einsatzes und nach ihrem konstruktiven Aufbau unterschieden werden [77].
Hinsichtlich ihres Verwendungszwecks lassen sich die Vorrichtungen untergliedern in:

- Universal-,
- flexible Spezial- und
- Spezialvorrichtungen [VDI].

Universalvorrichtungen sind für ein breites Teilespektrum ausgelegt. Ihr Aufbau erfolgt vielfach während des Rüstvorganges direkt an der Maschine und verursacht damit zusätzliche Rüstzeiten, da meist aus Kostengründen nicht während der laufenden Produktion eine zweite Universaleinrichtung zur Verfügung steht und vorbereitet werden kann. Die mögliche Nutzung dieser Vorrichtungen für mehrere Werkstücke bewirkt dagegen eine Reduzierung der auf die Arbeitsfolge bezogenen Rüstzeiten. Voraussetzung dafür ist die rüstoptimale Planung der Reihenfolge der zu bearbeitenden Arbeitsvorgänge.

Flexible Spezialvorrichtungen können für ein eingeschränktes Teilespektrum genutzt werden. Dagegen sind Spezialvorrichtungen nur für die Aufnahme von Werkstücken mit eingeschränkter und festgelegter Geometrie ausgelegt. Diese Spezialvorrichtungen werden komplett aufgebaut an der Bearbeitungsstation bereitgestellt.

Hinsichtlich des konstruktiven Aufbaus ist zu unterscheiden zwischen:

- Kompakten Vorrichtungen und
- Baukastenvorrichtungen.

Kompakte Vorrichtungen werden aus nicht-, teil- und vollstandardisierten sowie aus normierten Funktionsträgern konstruiert und gefertigt. Ein bedarfsgerechter Umbau oder eine Zerlegung und Weiterverwendung von Einzelkomponenten derartiger Vorrichtungen ist in den meisten Fällen nicht möglich oder aus wirtschaftlichen Gründen nicht sinnvoll.

Baukastenvorrichtungen werden dagegen nur unter ausschließlicher Verwendung vollstandardisierter und genormter Funktionsträger konstruiert und nach Bedarf zusammengebaut. An dieser Stelle seien die teilweise verbreiteten herstellerinternen Normen und Verbindungstechniken erwähnt.

Vorrichtungen bestehen immer aus verschiedenen Bauelementen, die durch den Vorrichtungskörper und die Verbindungselemente zu einer Vorrichtung verbunden werden. Die Vorrichtungselemente erfüllen unterschiedliche Funktionen und werden daher als Funktionsträger bezeichnet.

Die Bereitstelldisposition hat bei der Planung des kurzfristigen Werkzeugbedarfs zu berücksichtigen, ob die zu nutzende Vorrichtung nur ein Werkstück, mehrere gleiche oder verschiedene Werkstücke aufnehmen kann.

9.7.2.3 Mess- und Prüfmittel

Die Überprüfung der gefertigten Werkstücke hinsichtlich der festgelegten Qualitätsanforderungen erfolgt mit Hilfe von Mess- und Prüfmitteln, wobei unter Prüfen die Erfüllung bestimmter Vorgaben und unter Messen das Feststellen eines Zahlenwertes als Vielfaches einer Messgröße verstanden wird. Zur Sicherstellung ihrer ordnungsgemäßen Funktionsfähigkeit und ihres aktuellen, zum Beispiel vom

Verschleiß abhängigen Zustandes, sind diese Betriebsmittel in angemessenen Zeitintervallen oder einsatzabhängig unter Verwendung von Kenngrößen zu erfassen. Diese Aufgabe umfasst üblicherweise die Kalibrierung, eine eventuell notwendige Justierung oder Reparatur und Rekalibrierung sowie jede durch Vorschriften und Normen verlangte Siegelung und Kennzeichnung der Betriebsmittel. Als Arbeitsunterlagen für die Überprüfung sind auf die jeweiligen Geräte bezogene Prüfpläne zu erstellen und in der Betriebsmitteldatenbank abzulegen. Die Anweisungen enthalten Angaben über vorbereitende Arbeitsgänge, zu prüfenden Merkmale und zulässige Toleranzen, einzusetzende Prüfmittel sowie Hinweise für die Auswertung, Ausschleusungskriterien und die Ergebnisdokumentation [VDI2618].

Kalibrier- und Prüfergebnisse der metrologischen Bestätigungen müssen unter reproduzierbaren und exakt aufgezeichneten Rahmenbedingungen ermittelt werden. Die Erfassung dieser Ergebnisse dient als Nachweis der Funktionsfähigkeit jedes einzelnen Mess- und Prüfmittels. Aus Gründen der Rückverfolgbarkeit ist sicherzustellen, dass die Ergebnisse jeder durchgeführten Überprüfung weder verändert noch gelöscht werden können, solange das Mess- oder Prüfmittel in Gebrauch bzw. seine Messergebnisse für Garantie oder Haftungsansprüche von Bedeutung sein können.

9.7.2.4 Entwicklung der Betriebsmittelverwaltung

In den 80er Jahren des 20. Jahrhunderts begann man, die vielen manuellen Tätigkeiten im Betriebsmittelwesen als eine Schwachstelle mit erheblichem Rationalisierungspotential zu betrachten. Aus diesem Grund wurden elektronische Hilfsmittel für die Erfassung und Verarbeitung von Betriebsmitteldaten verwendet. Diesem Vorhaben mussten aber einige Maßnahmen, wie zum Beispiel die Untersuchung aller generellen Abläufe innerhalb des Betriebsmittelwesens, vorausgehen. Ebenso musste ein Überblick über die gesamt verfügbaren und erfassten Datenbestände erstellt werden. Dies war ein großes Problem, da die unterschiedlichen Funktionsbereiche im Betriebsmittelwesen mit eigenen, teilweise widersprüchlichen Daten arbeiteten. Abhilfe konnte hier durch die Einführung von einheitlichen, für alle Bereiche gültigen Nummernsystemen geschafft werden.

Ein weiterer wichtiger Schritt war die Einführung von Datenbanken, die alle Daten des Betriebsmittelwesens verwalten und allen Bereichen Zugriff auf diese Daten gewährleisten konnten. Aufgrund dieser Zusammenstellung konnte erstmals ein Überblick über den tatsächlichen Werkzeugbestand, den Werkzeugverbrauch und den Werkzeugbedarf gewonnen werden. Auf Basis dieser Daten wurden Betriebsmittelkataloge erstellt, mit denen man eine Sortenbereinigung und damit eine Reduzierung der Betriebsmittelbestände und die damit verbundene Reduzierung von gebundenem Kapital erreichen konnte. Als Folge dessen wurden Systeme zum einen für die eindeutige Identifizierung von Betriebsmitteln und zum anderen für die automatische Übertragung von Werkzeugdaten per DNC (Distributed Numerical Control bzw. Direct Numerical Control), eingesetzt.

Unter DNC versteht man die zentral gelenkte numerische Prozessdatenverarbeitung zur Steuerung von Bearbeitungsvorgängen auf Werkzeugmaschinen. Durch den Einsatz von DNC wurden die Maschinenstillstandzeiten deutlich reduziert, die durch fehlerhaft vorbereitete Betriebsmittel und Maschinenschäden, zum Beispiel in Folge einer falschen Voreinstellung von Werkzeugen entstanden. All diese Vorgänge führten außerdem zu Kosteneinsparungen durch die Reduzierung des benötigten Personals.

Der dritte große Fortschritt war die Einführung der EDV-unterstützten Betriebsmittelflusssteuerung und Betriebsmitteldisposition in den 90er Jahren. In der Mitte der 80er waren die Steigerung der Flexibilität und der Wirtschaftlichkeit durch völlig neue Ansätze und Konzepte in den Blickpunkt der Forschung getreten. Durch den CIM-Gedanken gerieten Vorstellungen von einer computergesteuerten Fertigung ins Zentrum des Interesses. Bei diesen Forschungen und Entwicklungen wurde das Betriebsmittelwesen vorerst eher vernachlässigt. Als nun in den 90er Jahren begonnen wurde, die Betriebsmittel in der Planung zu berücksichtigen, gingen alle Entwicklungen von einer hierarchischen Steuerungsarchitektur mit einer zentralen Planung aus. Zu dieser Zeit setzte sich aufgrund der kostenintensiven Technologie die allgemeine Erkenntnis durch, dass die technische Realisierung einer vollautomatischen Fertigung noch nicht möglich war. Seit diesem Zeitpunkt, verbunden mit den Fortschritten in der Computer- und Softwaretechnologie, ist ein verstärkter Trend zu kleinen überschaubaren Fertigungssystemen zu erkennen. Als Stichworte sind hier neue Formen der Produktionsorganisation, wie z.B. Flexible Fertigungszellen oder Montagezellen, zu nennen.

Grundsätzlich ist die Betriebsmittelverwaltung als eine Teilkomponente so genannter MES-Systeme (Manufacturing Execution Systems) anzusehen. Produzierende Unternehmen in Deutschland stehen seit langem unter erheblichem Wettbewerbsdruck. Als Schlüssel zur Sicherung der Wettbewerbsfähigkeit erweist sich neben der Entwicklung neuer Produkte oder dem Einsatz innovativer Fertigungstechnologien insbesondere die konsequente Erschließung von Optimierungspotentialen im Bereich der Fertigungsplanung und -steuerung. Hierbei geht es vor allem darum, Durchlaufzeiten und Lagerbestände zu senken sowie die Kapazitätsauslastung zu erhöhen. Unter dem Begriff MES haben sich Softwarelösungen etabliert, die Unternehmen bei dieser Herausforderung unterstützen. MES-Lösungen sind nach der Definition der MESA (Manufacturing Execution Systems Association) darauf ausgerichtet, die termingerechte und Ressourcen schonende Abwicklung von Fertigungsaufträgen zu unterstützen.

9.7.3 Instandhaltung

Die Verfügbarkeit von oft kapitalintensiven Produktionsmaschinen und -anlagen sind wesentliche Faktoren für den Unternehmenserfolg. Grundvoraussetzung für eine optimale Anlageneffizienz sowie die Vermeidung ungeplanter Stillstände sind regelmäßige Überprüfungen aller Funktionen und Verschleißteile der Produktionsanlagen durch versierte Fachkräfte. Dank innovativer Mess- und Analyseverfahren lassen sich Störfälle weitestgehend verhindern. Weiter sind vorbeugende Wartungsarbeiten, zustandsabhängig oder in festen Intervallen, eine Grundvoraussetzung für den Werterhalt teurer Anlagentechnik und deren zuverlässige Verfügbarkeit.

Die Begriffe Instandhaltung und Instandsetzung werden umgangssprachlich zur Bezeichnung einer Unternehmensfunktion oder einer aufbauorganisatorischen betrieblichen Struktureinheit verwendet. In der DIN 31051 steht das Wort "Instandhaltung" als Oberbegriff für die zugeordneten Begriffe "Wartung", "Inspektion", und "Instandsetzung".

Fast alle Elemente einer Produktion unterliegen im Gebrauch einem Verschleiß, der die Funktionsfähigkeit der Elemente beeinflusst. Die DIN weist hierfür jedem Element einen „Abnutzungsvorrat" zu und definiert diesen als Vorrat der möglichen Funktionserfüllungen unter festgelegten Bedingungen, welcher einer Betrachtungseinheit aufgrund der Herstellung oder aufgrund der Wiederherstellung durch eine Instandsetzungsmaßnahme innewohnt. Bei der Inbetriebnahme einer Anlage ist von einem Abnutzungsvorrat von 100 % auszugehen, der sich im Laufe der Betriebszeit verringert, wodurch sich die Sollzustandsabweichung vergrößert. Die Erfassung des Ist-Zustandes einer Betrachtungseinheit erfolgt im Rahmen der "Inspektion". Die Bewahrung des Sollzustandes, d.h. die Verzögerung des Abbaus an Abnutzungsvorrat erfolgt durch die "Wartung". Das Produzieren eines neuen Abnutzungsvorrates, möglichst vor dem Überschreiten der Schadensgrenze, und eine Wiederherstellung des Sollzustandes erfolgt durch die "Instandsetzung". Mit dem Begriff *Schaden* wird im Wesentlichen ein technischer Zustand beschrieben. Im Gegensatz dazu stellen die Begriffe *Störung* und *Ausfall* zunächst temporäre Ereignisse dar.

Die Instandhaltung lässt sich in zwei Kategorien unterteilen:

- Die planbare, vorbeugende Instandhaltung
- Die nicht planbare, reagierende Instandhaltung.

Grundsätzliches Ziel der Instandhaltung ist die Verhinderung von Ausfällen. Aus diesem Grund ist die frühzeitige Erkennung von Anzeichen eines Ausfalls notwendig. Diese Ausfallerkennung kann durch

- automatische Meldung,
- regelmäßige Inspektion oder
- nutzungsabhängige Prüfung

erfolgen.

Dieser technisch-organisatorische Instandhaltungsablauf wird durch das Personal, die Aufbauorganisation, das Ersatzteilwesen, das Auftragswesen sowie durch wirtschaftliche Überlegungen geprägt.

10 Die Architektur von Informationssystemen

In den vorangegangenen Kapiteln wurde bereits an vielen Stellen deutlich, dass neben Rohstoffen, Personal und technischem Equipment heute vor allem Know-how und Information eine der wichtigsten Ressourcen darstellen. Moderne Informations- und Kommunikationssysteme kommen zur Unterstützung eines effizienten Informationsflusses in fast allen Branchen zum Einsatz. Durch die Globalisierung und Nutzung verfügbarer Ressourcen auf dem gesamten Globus und die damit einhergehende weltweite Arbeitsteilung gewinnen Informationssysteme immer mehr an Bedeutung (Abb. 10.1). Die rasante Entwicklung auf dem Elektroniksektor trägt hier ebenfalls einen großen Teil dazu bei und ermöglicht immer effizientere und weiter reichende Informationssysteme bis hin zu Konzepten der Digitalen Fabrik (vgl. Kap. 10.4).

Abb. 10.1   Potentiale globaler Ressourcen

In den Strategien der Unternehmen spielen global vernetzte Informations- und Kommunikationssysteme heute bereits eine zentrale Rolle. Durch Informationssysteme gelingt es, die Produktspezifikationen auf globale Märkte abzustimmen und die Produktentwicklung dort anzusiedeln, wo die besten Entwicklungsgruppen zu finden sind. Die Produktentwicklung wird weltweit zentralisiert oder über Informationssysteme vernetzt. Die Produkte werden auf ein global hochwertiges Qualitätsniveau gebracht und ggf auf spezifische Märkte zugeschnitten. Man nutzt die Potentiale global verfügbarer Energie- und Rohstoffquellen und produziert auch im Verbund dort, wo die günstigsten Rahmenbedingungen zu finden sind. Kundennähe bedeutet vielfach, dass die Endmontagen in den Zentren der Absatzmärkte liegen müssen. Die Netzwerke bestehen nicht nur im globalen Raum, sondern auch lokal in den Unternehmen und verknüpfen sämtliche Arbeitsplätze. Vor diesem Hintergrund hat die Architektur der Informationssysteme eine zentrale strategische Bedeutung für alle produzierenden Unternehmen.

10.1   Informationsverarbeitung in allen Bereichen

Dem steigenden Marktdruck hinsichtlich Kosten und Zeit versuchten viele europäische und vor allem deutsche Unternehmen in den 80er Jahren dadurch zu begegnen, dass sie ihre Rationalisierungsbestrebungen auf die Informationstechnik fokussierten. Getragen wurden diese Anstrengungen durch eine alle Unternehmensfunktionen integrierende Konzeption: CIM (Computer Integrated Manufacturing) (Abb. 10.2). Die Verknüpfung der administrativen PPS (Produktionsplanung und -steuerungssystem) mit den Konstruktionssystemen – CAD – und der Prozessautomatisierung führte zu den visionären Vorstellungen einer vollständigen Vernetzung aller EDV-Anwendungen im Unternehmen (vgl. Kap.2). Bald wurde jedoch erkannt, dass aufgrund der vielen Schnittstellenprobleme zwischen unterschiedlichen Rechner- und Anwendungswelten diese Erwartungen überzogen waren. Eine Ursache für das erste Scheitern der CIM-Welle war die reine Konzentration auf die technische Umsetzung und deren Möglichkeiten. Die Verbesserung und Anpassung der Organisation wurde außer Acht gelassen. Die Schwachstellen der betrieblichen Organisation wurden also nicht beseitigt, sondern in vielen Fällen lediglich deren Auswirkungen offen gelegt.

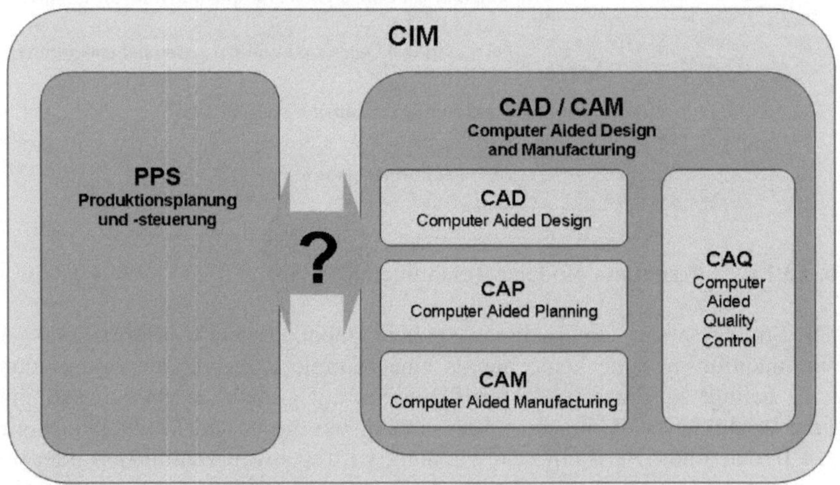

Abb. 10.2   Computer Integrated Manufacturing (CIM)

Allein die sorgfältige Strukturierung aller notwendigen Informationen und eine sorgfältige Pflege der in den Rechnern abgelegten Daten und Informationen sowie eine konsequente Standardisierung der Schnittstellen war für viele Unternehmen eine große Herausforderung.

10.2   Integration der Anwendungssysteme

Nicht die reine technische Umsetzung der möglichen elektronischen Datenverarbeitung, sondern erst die sinnvolle Kopplung der neuen Werkzeuge mit optimierten organisatorischen Konzepten führt zur Erreichung der Unternehmensziele. Bei der Verfolgung dieses Ansatzes treten das Management der Aufträge und deren Abwicklung in verteilten und vernetzten Systemen der Produktion in den Mittelpunkt des Interesses.

Heute sind die einzelnen Leistungseinheiten eines Unternehmens und die seiner Zulieferanten in einem Netzwerk des Auftragsmanagements untereinander und mit globalen Netzwerken verbunden. Mit Hilfe dieses Netzwerks werden an Kunden Angebote unterbreitet (B2C Business to Consumer) und Subaufträge an die Leistungseinheiten verteilt (B2B Business to Business). Alle Transaktionen sowie die Abwicklung der materiellen Flüsse (Logistik) sind somit gebündelt und ermöglichen einen schnellen Zugriff und Austausch, eine schnelle und einfache Kommunikation. In diesen Zusammenhang gehört das Stichwort Supply Chain Management. Es umfasst das Management der Gesamtheit aller Geschäftsprozesse zwischen den Herstellern und ihren Zulieferern und beinhaltet sowohl die Aufträge und Angebote als auch die Überwachung der Auftragsabwicklung.

Das Computer Integrated Manufacturing heutiger Prägung lässt sich in einem Ebenenmodell darstellen, welches die Informations- und Kommunikations- (IuK)-Struktur eines Unternehmens in vier Bereiche gliedert (Abb. 10.3).

- *Hardwareebene:*
  Die Hardwareebene bezieht sich auf die eingesetzten Technologien, die physikalischen Gegebenheiten des IuK-Systems, wie z.B. Netzwerke, Rechner, usw.
- *Informations-/Datenenebene:*
  In dieser Ebene werden die Informationsinhalte, die verwendeten Datenformate und -strukturen sowie die Übertragungsprotokolle dargestellt.
- *Systemebene:*
  Die Systemebene bezieht sich auf die eingesetzten Systeme wie Telefonanlage, PPS-System, CAx-Systeme, usw.
- *Funktionsebene:*
  Die Funktionsebene stellt die Funktionseinheiten und Prozesse im Unternehmen und die von ihnen verwendeten IuK-Systeme in Zusammenhang.

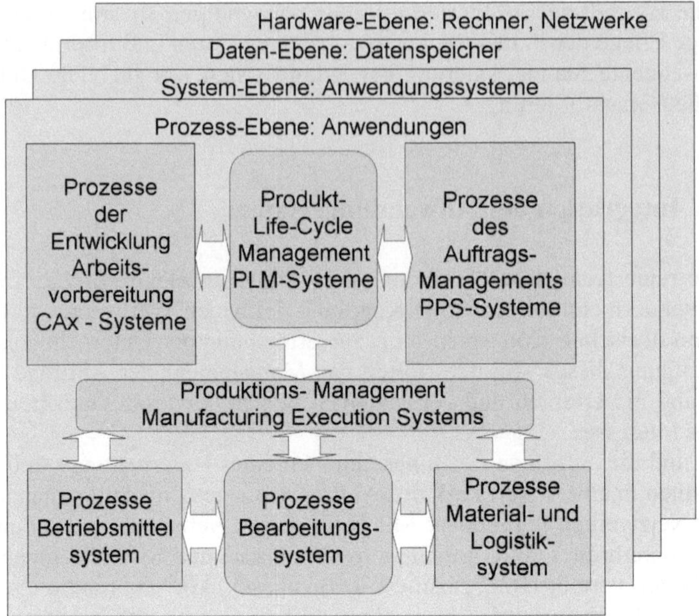

Abb. 10.3   Die 4 Ebenen der IuK-Struktur eines Unternehmens

Die vier Ebenen werden auch als Plattformen der Informationsarchitektur bezeichnet. Unternehmen versuchen, diese soweit als möglich zu standardisieren und zu harmonisieren. Veränderungen lassen sich mit Bezug zu den Standards schneller realisieren und zugleich auch beherrschen.

In der Funktions- oder Prozessebene finden sich die Anwendungsbereiche. Diese lassen sich grob in organisatorische Bereiche wie die Produktentwicklung und Arbeitsvorbereitung mit den bestimmenden CAx-Systemen, in den Bereich des Auftragsmanagements und in den Bereich der Produktionssysteme gliedern. Da die Funktionsebene bereits Gegenstand der vorherigen Kapitel war, soll hier die Systemebene vertieft werden.

10.2.1   CAx-Systeme

CAx-Systeme werden zur Entwicklung und Vorbereitung der Produktion eingesetzt. Sie unterstützen die Prozesse von der Produktplanung bis hin zur Fertigstellung der auftragsneutralen Fertigungsunterlagen. Diese Systeme haben nicht nur einen hohen Funktionsumfang, sondern lassen sich auch mit vielen Anwendungssystemen über Datenschnittstellen verknüpfen. Die Datenschnittstellen unterliegen einer internationalen Norm, so dass sich Vernetzungen auch über Unternehmensbereiche und -grenzen hinweg realisieren lassen.

> **CAx-Systeme: Systeme mit hochwertiger grafischer Datenverarbeitung**
> **CAD** **C**omputer **A**ided **D**esign – die durch EDV unterstützten Tätigkeiten im Rahmen von Entwicklungs- und Konstruktionstätigkeiten.
> **CAP** **C**omputer **A**ided **P**lannung – ist die rechnerunterstützte Planung der Arbeitsvorgänge und der Arbeitsfolgen.
> **CAM** **C**omputer **A**ided **M**anufacturing – die EDV-Unterstützung zur technischen Steuerung und Überwachung der Betriebsmittel, z.B. durch die Steuerung von Werkzeugmaschinen, Robotern sowie Transport-, Lager- und Montagesystemen.
> **CAQ** **C**omputer **A**ided **Q**uality Assurance – die EDV-unterstützte Planung und Durchführung der Qualitätssicherung.

Die Kernsysteme der Entwicklungsprozesse werden darüber hinaus mit zusätzlichen Systemen ergänzt. So zum Beispiel mit Berechnungssystemen für Festigkeiten oder für die Simulation von Fertigungsprozessen bereits im Stadium der Arbeitsvorbereitung.

Ein Anwendungsbeispiel aus dem Bereich Computer Aided Manufacturing basierend auf der vollständigen digitalen Produktbeschreibung ist die Strömungssimulation in der Lackiertechnik mittels der Finiten Elemente Methode (FEM). Hierbei wird die Bewegungsbahn der Lacktröpfchen zwischen Zerstäuber und Werkstück, beeinflusst durch Luftströmungen, Zentrifugalkräfte und elektrische Felder, berechnet. Aus den statisch berechneten Sprühbildern lassen sich dann mittels mathematischer Algorithmen dynamische Lackierbewegungen und hieraus Roboterbahnen (Steuerung) und die resultierende Schichtdickenverteilung über dem Werkstück im Vorfeld berechnen (Abb. 10.4).

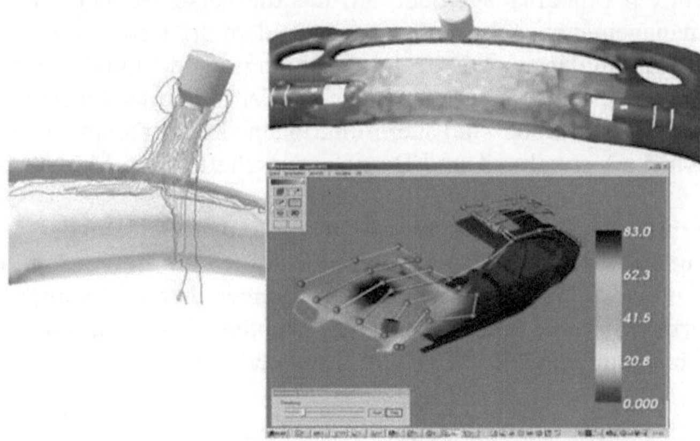

Abb. 10.4   Anwendungsbeispiel CAM: Lackierung einer PKW-Karosse
[Quelle: FhG IPA, Stuttgart]

Diese Systeme bilden sozusagen eine Familie der CAx-Systeme, welche die Entwickler und die Arbeitsvorbereiter bei ihren Prozessen unterstützen.

10.2.2　Auftragsmanagementsysteme

Auftragsmanagementsysteme unterstützen nahezu alle Anwendungsbereiche und Prozesse der Produkt- und Auftragsplanung sowie der Auftragssteuerung. Sie verfügen ferner über betriebswirtschaftliche Module für die Kostenrechnung und für das Controlling. Zur Systemfamilie gehören ferner Module für das Personalwesen und andere Verwaltungsfunktionen.

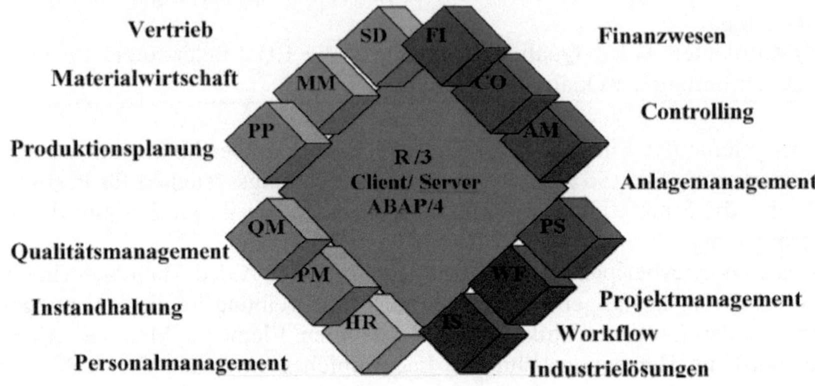

Abb. 10.5　　　Industriell eingesetztes PPS-System und Systemmodule
　　　　　　　　　(Quelle: SAP)

Abbildung 10.5 zeigt eines der am häufigsten eingesetzten PPS-Systeme. In seinem Kern steht ein Datenmanagement, auf das die verschiedenen Anwendungen des Auftragsmanagements zugreifen kann und in dem die Kernfunktionen von der Produktionsprogrammplanung bis zu den Fertigungs- und Montageaufträgen hinterlegt sind. Die Materialbedarfsplanung und die Terminierung der Aufträge sowie die Verwaltung der Bestände sind Kernfunktionen. Man erkennt in der Darstellung, dass auch die Verwaltung und Betriebswirtschaft durch Module unterstützt werden.

Ein Schwerpunkt liegt hier sicherlich im gesamten Bereich der Materialbedarfsplanung und der Auftragsdisposition mit Modulen für die Termin- und Kapazitätsplanung und die Abwicklung der Bestellungen bei Lieferanten und zum Kunden. Derartige Systeme unterstützen die gesamten Liefer- und Produktionsketten und erlauben damit auch die B2B- und B2C-Verknüpfungen.

10.2.3　Produktionsmanagement-Systeme

Die Produktionsmanagementsysteme entstanden in den siebziger Jahren aus der „Produktionsleittechnik". Das waren Leitsysteme für die Verfolgung der im Betrieb bearbeiteten Fertigungs- und Montageaufträge. Parallel dazu verlief eine Entwicklung von Real-Zeit-Systemen, die für die Versorgung und Führung der automatisierten Fertigungssysteme benötigt wurde. Heute steht der Begriff als Synonym für eine ganzheitliche Betrachtung der Mess-, Steuer- und Regelungstechnik, der Informationstechnik und Informatik sowie der informationsorientierten Betrachtung industrieller Produktionsprozesse.

> Zur **Produktionsleittechnik** werden heute alle Hard- und Softwaremittel sowie strategische und methodische Werkzeuge gezählt, die die Gewinnung, Übertragung, Verarbeitung, Speicherung und Nutzung von Information und deren Austausch zwischen Mensch und Maschinen und untereinander sicherstellen.

Die Produktionsleittechnik kann somit als Mittler zwischen den technischen Prozessen und dem bedienenden oder überwachenden Menschen gesehen werden. Neben den grundlegenden Funktionen der Produktionsleittechnik wie Messen, Regeln, Steuern, Überwachen, Protokollieren und der allgemeinen Verarbeitung an produktionsrelevanten Daten kommt die Produktionsleittechnik auch als Managementsystem zum Einsatz. In neuerer Zeit hat sich dafür der Begriff der MES „Manufacturing Execution Systems" gefunden. Diese sind Bestandteil der Produktionssysteme und werden als Segment-Managementsysteme eingesetzt. D.h. Jedes Fertigungssegment hat ein eigenes MES. Eine gängige Architektur eines MES zeigt Abbildung 10.6.

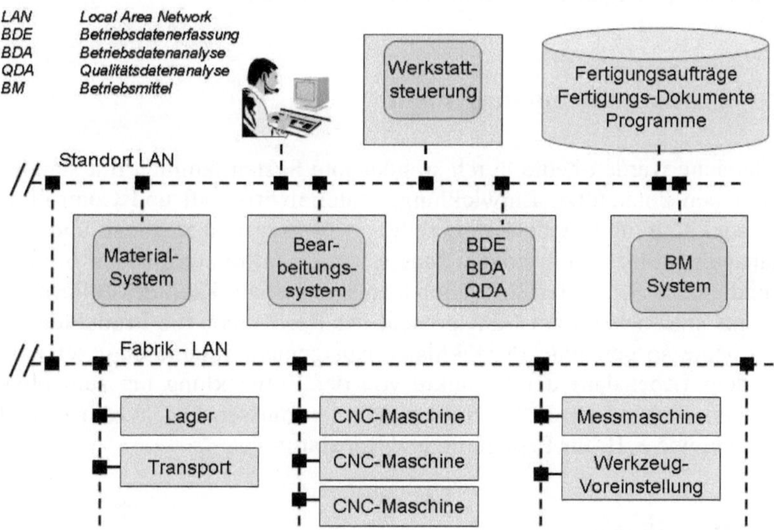

Abb. 10.6   Produktionsleitsystem

In der Regel werden derartige Leitsysteme in jedem Fertigungssegment eingesetzt. Man erkennt an der Darstellung, dass in den Produktionsleitsystemen hierarchische Prinzipien zu Anwendung kommen. In der oberen Ebene finden sich die

Managementsysteme für Aufgaben der Steuerung und Überwachung der Segmente. Dies geschieht mit einem Zugriff auf die freigegebenen Fertigungsaufträge und die zu ihnen gehörenden Dokumente und Programme. Die Werkstattsteuerung verfolgt die Zuordnung der einzelnen Fertigungsaufträge zu den einzelnen Maschinen und Arbeitsplätzen sowie ihre Verfügbarkeit.

In der zweiten Ebene finden sich die Leitsysteme für das Bearbeitungssystem, das Materialsystem, das Betriebsmittelsystem und das Rückmeldesystem für Betriebs- und Maschinendaten. Zu diesem kann auch ein Qualitätsdatensystem gehören.

In der dritten Ebene operieren die Maschinen- und Anlagensteuerungen. Diese arbeiten in Real-Zeit, denn sie müssen auf jedes Ereignis und jede Operation reagieren. Innerhalb der Maschinen und Anlagen kann es noch weitere Systemebenen geben, welche dann die Aktoren und Sensoren der Maschinen- und Anlagen steuern bzw. deren Daten erfassen und aufbereiten.

Im Gegensatz zur ursprünglich stark zentral gestalteten Produktionsleittechnik gehen aktuelle Entwicklungen klar zu dezentralen Produktionsleitsystemen. Besonders die raschen Entwicklungen im Bereich der Informations- und Kommunikationstechnologien haben in den letzten Jahren zu verteilten digitalen Produktionsleitsystemen geführt. Weiterentwicklungen auf den Gebieten der Prozessrechner- und Speichereinheiten werden zukünftig noch vermehrt zu einer kostengünstigen Realisierung beliebig komplexer Regelungs- und Steuerungsalgorithmen, Möglichkeiten zur maschinellen Datenspeicherung und Visualisierung führen. Mittels moderner kabelloser Datenübertragungstechniken werden zusätzlich schnelle und kostengünstige Schnittstellen geschaffen.

10.3   Produktdatenmanagement

Drei Bereiche werden heute durch so genannte Systemfamilien mit standardisierten Systemen unterstützt: Entwicklung, Materialwirtschaft und Controlling. Produktentwicklung und Arbeitsvorbereitung, Auftragsmanagement und Produktionsmanagement hängen in hohem Masse von einem reibungsfreien Informationsfluss und einem effizienten Inforationsmanagement ab. Kern des Informationsmanagements sind neben dem Management der Ressourcen die Produktdaten. Dazu werden heute so genannte Produktdatenmanagementsysteme eingesetzt. Letztere folgen dem Lebenslauf der Produkte von der Entwicklung bis zum physischen Ende, denn auch während der Nutzungsphasen müssen Daten zum Produkt verfügbar sein, wie z. B. für Ersatzteile und Reparatur.

10.3.1 Datenbanksysteme

Die Speicherung der im Unternehmen vorhandenen produktbezogenen Daten erfolgt heute überwiegend in Datenbanksystemen. Im Gegensatz zu einem Datensystem, das vorrangig Rechnerergebnisse eines Programms für einen oder wenige

Benutzer speichert und zur Verfügung stellt, erlaubt ein Datenbanksystem, große Datenmengen so zu verwalten, dass

- Daten möglichst nicht mehrfach gespeichert werden (Redundanz);
- unberechtigte Zugriffe verhindert werden und die Daten vor Beschädigung oder Löschung geschützt werden (Datensicherheit, Datenschutz);
- die Daten logisch richtig und widerspruchsfrei sind (Datenkonsistenz);
- mehrere Benutzer gleichzeitig auf die Daten zugreifen können;
- die Art der physikalischen Datenspeicherung für den Benutzer nicht von Bedeutung ist (Datenunabhängigkeit);
- ein einfacher Änderungsdienst unterstützt wird.

Wie schon angesprochen, ist ein umfassendes Produktdatenmanagement die Voraussetzung für viele Unternehmensfunktionen. Die Datenspeicherung beginnt in den Entwicklungsprozessen.

10.3.1.1 Engineering und Product Data Management

Zwei Ausprägungen solcher Datenbanksysteme sind das Engineering Data Management (EDM) und das Product Data Management (PDM). Die Bezeichnung EDM, die zum Teil auch als Electronic Document Management interpretiert wird, steht für eine *dokumentorientierte* Speicherung der Produktdaten (Archivierung, Scan-Management, usw.). Zur Abgrenzung hierzu wird der Begriff PDM (Produkt-Daten-Management) mit einer *produktorientierten* Sichtweise (Produktmodelle, Produktstrukturen, Schnittstellen zu CAx-Systemen) verwendet.

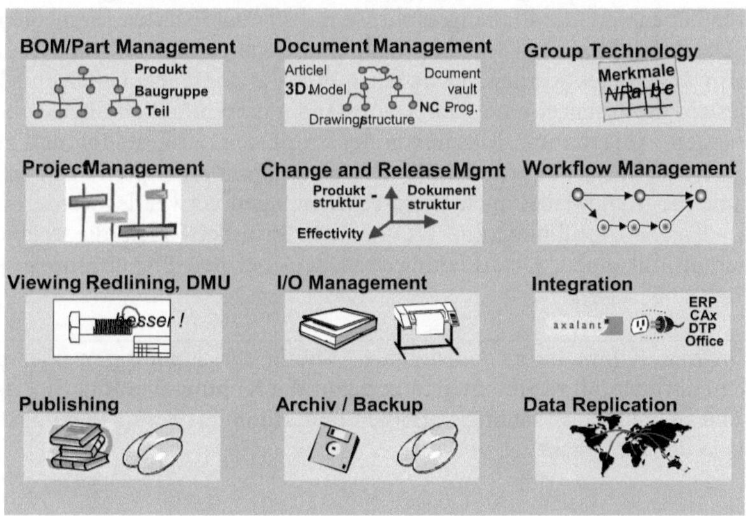

Abb. 10.7   Funktionen eines Produktdatenmanagementsystems (Quelle: Eigner)

Wesentliche Anwendungsfunktionen moderner Produktdatenmanagementsysteme sind:

- Verwalten von Projekten
- Verwaltung und Archivierung technischer Produktdaten (Technischer Teilestamm, Stücklisten, Zeichnungen, CAD-Daten)
- Verwaltung und Archivierung von technischen Dokumenten und Unterlagen
- Such- und Selektionsfunktionen für Normteile, Normalen und betriebsinterne Standards (Gruppentechnik, Sachmerkmalsleiste nach DIN 4000/4001)
- Verwaltung von produktbezogenen Betriebsmitteln

PDM-Systeme verwalten also produktbezogene Daten in einer Form, die den Zugang zu vielen Anwendungen über standardisierte Schnittstellen zulässt. Sie werden zu Systemen weiterentwickelt, welche nicht nur die Herstellung, sondern auch die Nutzung unterstützen.

10.4   Digitale Fabrik

Auch die Fabrik insgesamt kann als langlebiges Produkt verstanden werden, welches komplexe Systeme und Prozesse enthält. In der Konsequenz dieses Gedankens werden zur künftigen schnellen Adaption der Fabriken und ihrer Prozesse und Systeme Hochleistungswerkzeuge benötigt, welche Bezug zu den realen Strukturen haben und alle Planungsprozesse mit standardisierten Elementen unterstützen. Das Produkt „Fabrik" kann prinzipiell, wie auch andere Produkte, in digitaler Form abgebildet werden. Dennoch gibt es gravierende Unterschiede. Nur selten besteht die Chance, eine Fabrik vollständig einschließlich aller technischen Einrichtungen, Anlagen und Maschinen neu zu planen, zu gestalten und zu realisieren. Es ist vielmehr der Normalfall, dass eine Fabrik einer permanenten Veränderung unterliegt und dabei auch ältere Einrichtungen verwendet werden müssen. Die realitätsnahe Abbildung aller Ressourcen erfordert auch die realitätsnahe Modellierung mit einem Detaillierungsgrad, welcher den Planungsprozessen gerecht wird (Abb. 10.8).

Die *Digitale Fabrik* liefert ein digitales Abbild der zukünftigen oder bestehenden Fabrikstruktur. Sie unterstützt damit die Kommunikation. Sie visualisiert unterschiedliche Planungsvarianten und eliminiert somit Planungsfehler bereits in der Frühphase.

Vision:
Alle Prozesse und Abläufe in einer Fabrik werden vor ihrem realen Ablauf digital abgebildet, virtuell getestet und simuliert.

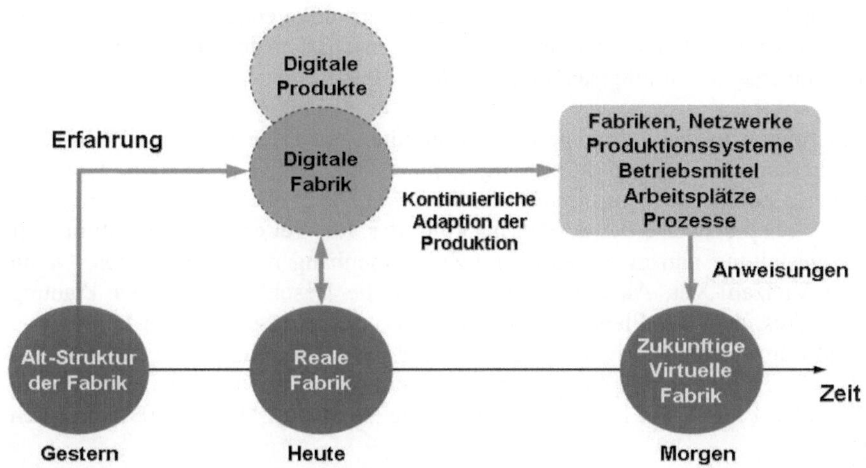

Abb. 10.8   Konzept der Digitalen Fabrik

Gelingt es, Komponenten und Prozesse zu standardisieren und zu modularisieren, so lassen sich die Aufwendungen der Modellbildung drastisch reduzieren. Ebenso bietet sich die Möglichkeit, die in der Konstruktion der technischen Systeme gewonnenen CAD-Daten für die Modellierung zu verwenden.

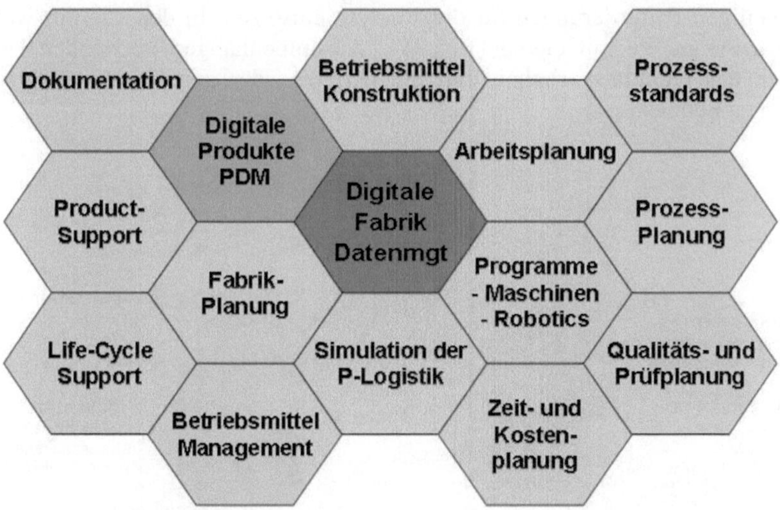

Abb. 10.9   Bausteine der digitalen Fabrik

Die digitale Fabrik ist somit eine rechnerinterne Abbildung der Objekte einer Fabrik. Objekte sind sowohl die Immobilien (Grundstücke, Gebäude) als auch die mobilen Maschinen, Anlagen und Einrichtungen einschließlich der Medienver- und -entsorgung. Darüber hinaus gehören die beweglichen Betriebsmittel (Werkzeuge, u.a.) und möglicherweise auch die für die ergonomische Gestaltung notwendigen digitalen Bilder von Menschen zu den grundlegenden Daten. Prozessdaten und Informationen zu Zuständen oder Eigenschaften der Objekte können in das Datenmanagement integriert werden (Abb. 10.9).

Veränderungen in der Fabrik geschehen simultan auf allen Ebenen und in allen Prozessketten. Sie können kurzfristig geplant und realisiert werden, wie beispielsweise durch die Optimierung der Prozesse, oder auch langfristig angelegt sein, wie beispielsweise bei der Verlagerung der von Teilen der Produktion oder der Umgestaltung ganzer Standorte im Zusammenhang mit Investitionen. Daran ist eine Vielzahl von Akteuren beteiligt. Für die Beschleunigung der Planung bedeutet dies, dass die Planungs- und Optimierungsprozesse in allen Skalen von Zeit und Raum kontinuierlich koordiniert, simultan und partizipativ erfolgen müssen. Hierfür ist eine durchgängige digitale Planung von der Produktanalyse bis hin zur digitalen Produktion heute nicht mehr wegzudenken (Abb. 10.10; siehe auch [23]).

Durchgängige Planungsprozesse setzen darüber hinaus die Verfügbarkeit aktueller und gültiger Daten und Informationen voraus, die einem skalierbaren Gesamtmodell folgen müssen. Kern der digitalen Fabrik sollte deshalb zukünftig die Abbildung aller Objekte und Ressourcen in skalierbarer Form sein.

Für die Abbildung des Verhaltens der Objekte und Systeme werden Simulationsmodelle benötigt. Zurzeit lassen sich kinematische und logistische Modelle mit den jeweiligen Anforderungen für die Analyse einsetzen. In der Zukunft werden sich Prozessmodelle mit elementaren Wirkzusammenhängen verwenden lassen, um auch das Qualitätsverhalten und die Effizienz der ganzheitlichen Systeme abbilden zu können.

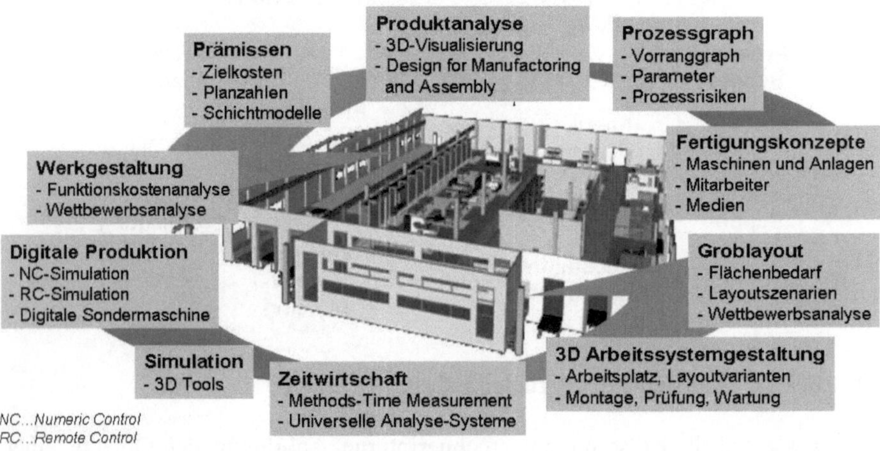

Abb. 10.10   Durchgängige digitale Planung

10.5 DATA Warehouse und Expertenwissen

Neue Datenbankkonzepte und stark gefallene Kosten für Speichermedien fördern die Verbreitung so genannter *Data Warehouses*. In solchen speziellen Datenbanken werden aktuelle und historische Daten auch in großem Umfang strukturiert abgelegt, um später Auswertungen machen zu können. Spezielle Datenstrukturen sind hier deswegen notwendig, um schnell Aussagen aus der großen Menge an Daten gewinnen zu können. Moderne Auswertungsmethoden gehen über statistische Funktionen weit hinaus und sind sogar in der Lage, selbständig bisher unbekannte Zusammenhänge zwischen unterschiedlichen Daten aufzuzeigen (Data Mining, Online Analytical Processing). Ziele von Data-Warehouse-Projekten sind:

- Informationsversorgung des Managements zur Entscheidungsunterstützung
- Analyse von Vergangenheitsdaten zur Erkennung von Trends
- Risikoanalysen in den Produkt- und Fertigungsbereichen
- Qualitätskontrolle und -management von Produkten
- Betriebswirtschaftliche Analysen

Zusätzlich werden vielfach Expertensysteme eingesetzt, um Wissen zu speichern und zu verarbeiten.

Expertensysteme stellen ein Forschungsgebiet der Künstlichen Intelligenz (KI) dar. Ihre Aufgabe besteht darin, die analytischen Fähigkeiten und das Beurteilungsvermögen eines menschlichen Experten nachzuahmen, um sein Wissen maschinell verfügbar und reproduzierbar zu machen. Im Unterschied zur klassischen EDV werden sie nicht zur Lösung standardisierter, sondern fallweise auftretender und so genannter „schlecht strukturierter Probleme", eingesetzt, z.B. bei fehlenden Daten, einer zu großen Anzahl möglicher Lösungen, Ungewissheiten bei der Zielsetzung etc.

Bisher konnten die beim Entwurf von Expertensystemen auftretenden Probleme, wie z.B. die Abbildung hierarchisch strukturierten Wissens, der hohe Einrichtungs- und Pflegeaufwand, Konsistenzprüfungen (Prüfung auf Widerspruchsfreiheit), etc. nicht befriedigend gelöst werden.

Das Speichern von Informationen und Wissen reicht noch nicht aus. Es muss die richtige Information zum richtigen Zeitpunkt am richtigen Ort sein. Hierzu sind intelligente Datenübertragungssysteme erforderlich. Die Möglichkeiten, die in modernen Informations- und Kommunikationssystemen vorhanden sind, basieren wesentlich auf der dezentralen Verfügbarkeit von Information. Um diese dezentrale Informationsversorgung zu gewährleisten, wurden leistungsfähige Datenübertragungssysteme bzw. Netzwerke entwickelt, die am Anfang weitgehend als lokale Netze ausgebildet waren.

10.6   Informationsnetzwerke

Innerhalb des Unternehmens sind heute die einzelnen Bereiche über ein lokales Netzwerk (LAN: Local Area Network) miteinander verbunden. Einzelne LAN-Netze können dabei über eine LAN-Bridge miteinander gekoppelt werden. Man unterscheidet dabei durchaus zwischen Netzwerken, die innerbetriebliche Büro-Computer und solchen, die Maschinen der Werkstatt miteinander verknüpfen. In der Werkstatt besteht eine höherer Störungseinfluss. Deshalb werden dafür besser abgeschirmte Techniken verwendet. Die Netzwerkprotokolle zur Übertragung der Daten basieren in der Regel auf den Standards der Ethernet-Technik.

Heute lassen sich durch den Anschluss an breitbandige Backbone-Netze unterschiedlichste lokale Netzwerke verbinden. Durch Standardisierungen rückt die Problematik der Schnittstellen auf der technischen Protokollebene zunehmend in den Hintergrund. Einer dieser Standards ist die Internet-Technologie (TCP/IP-Protokoll), die auch unternehmensintern als Intranet betrieben werden kann.

Durch solche Standards lassen sich räumlich verteilte Werke auch unternehmensübergreifend informationstechnisch einfach miteinander verbinden.

Die Kommunikation auf der Maschinenebene erfolgt über so genannte Feldbussysteme. Feldbusse sind echtzeitfähige Bussysteme, also Übertragungssysteme, und ermöglichen so Steuer- und Regelungsaufgaben. Sie stellen in der Verfahrens- und Fertigungstechnik das Bindeglied zwischen übergeordneten Steuergeräten (Leitrechner) und Feldgeräten dar. Feldgeräte erfassen Prozessdaten, die dann vom Feldbus zum Steuergerät übertragen werden. Das Steuergerät berechnet die Stellgrößen, die dann wieder über den Feldbus übertragen und durch die Feldgeräte ausgegeben werden. Feldgeräte können einfache Sensoren oder Aktoren sein, aber auch in zunehmendem Maße intelligente Sensoren, Antriebssysteme etc. Unter intelligenten Feldgeräten werden Geräte verstanden, die mit größeren Möglichkeiten der Kommunikation nach außen ausgestattet sind, die z.B. von außen parametriert werden können oder detaillierte Störmeldungen versenden können.

Neue Technologien, wie drahtlose Funknetzwerke, und Standards, wie z.B. Bluetooth, bieten hier eine Vielzahl von neuen Möglichkeiten und werden die Arbeitsumgebung und Schnittstellen zukünftig zunehmend prägen.

Unter interner Unternehmenskommunikation wird allgemein die Vorgehensweise eines Unternehmens, die derzeitigen und geplanten Ziele und Strategien in die Mitarbeiterschaft zu tragen und deren Identifikation mit dem Unternehmen und seinen Entscheidungen zu stärken, verstanden. Dabei kann es sich um informative Medien handeln (Mitarbeiterzeitschriften, Intranet), aber genauso um Verfahren, die den Dialog der Mitarbeiter mit der Geschäftsleitung zulassen.

Ausgelöst durch den rasanten Fortschritt der modernen Informations- und Kommunikationstechnologien wandeln sich betriebliche Wertschöpfungsaktivitäten seit einigen Jahren in geradezu spektakulärem Ausmaß. Die Menge an Information und Daten nimmt stetig zu. Die Technologien zum Handling dieser Datenmenge entwickeln sich aber auch ständig weiter.

Neben der internen Kommunikation ist eine funktionierende Kommunikation nach außen heute unabdingbar. Die Vernetzung in Entwicklung und Herstellung erfordert neben standardisierten Schnittstellen auch Kommunikationstechniken aller Art.

Die E-Mail hat das alltägliche Leben jeder technisierten Gesellschaft grundlegend verändert. Im März 1972 verschickte Ray Tomlinson die erste Mail aller Zeiten über zwei miteinander verbundene Rechner an sich selbst. Heute ist die E-Mail wohl die wichtigste Innovation auf dem Kommunikationssektor der letzten Jahre. Geschäftsprozesse und Privatkommunikation, alles läuft heute über E-Mail. Die eigene E-Mail-Adresse ist heute so wichtig wie der klassische Briefkasten vor der Unternehmenstür. Der allerdings fristet ein ödes Leben, denn Briefe werden mittlerweile verstärkt elektronisch verschickt.

Nicht nur die direkte Kommunikation zwischen „Gesprächspartnern" wurde durch elektronische Medien stark beeinflusst, auch die globale Bereitstellung von Information, öffentlich und in geschützten Bereichen, ist heute mittels moderner Medientechnologien möglich. Das inzwischen bekannteste globale Netz ist das Internet. Heute ist bereits eine komplette Vernetzung eines Unternehmens bis in die Steuerungsebene möglich. Vom Internet aus kann über ein Gateway auf das unternehmensinterne Intranet zugegriffen werden. Eine so genannte „Firewall" schützt dabei vor unberechtigtem Zugriff von außen. Ein wichtiges Kriterium für die Auswahl von Übertragungssystemen ist die Bandbreite.

Mit der Entwicklung von leistungsfähigen Übertragungsnetzen haben sich Veränderungen in der Fertigungssteuerung ergeben, die noch lange nicht abgeschlossen sind. So stellen Begriffe wie Tele-Service, Tele-Operations etc. hochaktuelle Forschungsgebiete dar. Man versucht heute unter dem Begriff „Teleservice", die Instandhaltung, Reparatur und den Betrieb von Maschinen und Anlagen aus der Ferne zu unterstützen. Dabei sind einige Funktionen schon Stand der Technik, wie z.B. das Überspielen von Steuerungsupdates, während andere, wie die Prozessführung aus der Ferne, sich noch im Versuchsstadium befinden.

Neue Technologien wie das Universal Mobile Telecommunication System (UMTS) ermöglichen den drahtlosen Zugriff auf globale Netzwerke wie das Internet, aber auch auf unternehmensinterne Netze (Intranet), eröffnet einen mobilen E-Mail-Zugang, gibt die Möglichkeit der Videokonferenz, usw.

Literatur/Fachbücher

Auftragsmanagement

[1]   Luczak, Holger (Hrsg.); Eversheim, Walter (Hrsg.); Stich, Volker (Hrsg.); Hackstein, Rolf (Festschrift): *Betriebs- und Arbeitsorganisation im Wandel der Zeit.*   Köln, TÜV-Verlag, 2000

[2]   Holger Luczak, Walter Eversheim: *Produktionsplanung und –steuerung; Grundlagen, Gestaltung und Konzepte.* Springer-Verlag, 1999

[3]   Wiendahl, Hans-Hermann: *Erfolgreicher Produzieren mit Manufacturing Execution Systems: Ausgestaltung, Nutzen, Stolpersteine.* In: Verband Deutscher Maschinen- und Anlagenbau: MES – Manufacturing Execution Systems : VDMA-Informatiktagung, 9. Dezember 2004, Frankfurt am Main

[4]   Wiendahl, Hans-Hermann: *Flexible "atmende" Produktion.* Frankfurt/Main: Management Circle, 2004

[5]   Luczak, Holger (Hrsg.); Becker, Jörg (Hrsg.): *Workflowmanagement in der Produktionsplanung und -steuerung; Qualität und Effizienz der Auftragsabwicklung steigern.* Erschienen: Berlin u.a.: Springer, 2003

[6]   Engelbert Westkämper, Hans Jörg Bullinger, Peter Horvath und Erich Zahn (Hrsg.): *Montageplanung: Effizient und marktgerecht.* Heidelberg: Springer-Verlag, 2001

[7]   Andler, K., R.: *Rationalisierung der Fabrikation und optimale Losgröße.* Oldenburg Verlag, München, Wien 1929

[8]   Arnolds, H. , Heege, F.: *Materialwirtschaft und Einkauf.* Betriebswirtschaftlicher Verlag, Tussing, W. Gabler-Verlag, Wiesbaden 1998

[9]   Boutellier, R.: *Basiswissen Beschaffung.*   Hanser, München, 2000

[10]   Grochla, E.; Fieten, R.; Puhlmann, M.: *Materialmanagement in industriellen Mittelbetrieben.* Verlag Peter Lang, Frankfurt, Bern, New York, 1985

[11]   Hackstein, R.: *Produktionsplanung- und steuerung (PPS).*   VDI-Verlag, Düsseldorf, 1984

[12]   Jehle, E.: *Produktionswirtschaft – eine Einführung mit Anwendungen und Kontrollfragen.* Verlag Recht und Wirtschaft, Heidelberg, 1999, 5. Auflage

[13]   Hackstein, R.: *Einführung in die technische Ablauforganisation.* Hanser-Verlag, München, 1998

[14]   Schönsleben, P.: *Integrales Logistikmanagement: Planung und Steuerung von umfassenden Geschäftsprozessen.* Springer, Berlin, 2002, 3. Auflage

[15]   Leopold, N.: *Planungsverfahren zur Kapazitätsabstimmung für Modell-Mix-Montagelinien (Endmontage).* IPA-IAO, Forschung u. Praxis Bd. 254, 1997

Betriebswirtschaftslehre

[16]   Ahlert, Dieter; Franz, Klaus-Peter; Kaefer, Wolfgang: *Grundlagen und Grundbegriffe der Betriebswirtschaftslehre, 6. Auflage.* Düsseldorf, VDI Verlag, 1991

[17]   Prof. Dr. Dietmar Vahs und Prof. Dr. Jan Schäfer-Kunz: *Einführung in die Betriebswirtschaftslehre.* Schäffer-Poeschel Verlag Stuttgart, März 2005
[18]   Karlheinz Küting, Claus-Peter Weber: *Die Bilanzanalyse.* Schäffer-Poeschel Verlag, Stuttgart, 2004

Fabrikbetrieb
[19]   Schenk, Michael; Wirth, Siegfried: *Fabrikplanung und Fabrikbetrieb; Methoden für die wandlungsfähige und vernetzte Fabrik.* Berlin u.a.: Springer, April 2004
[20]   Zahn, Erich; Schmid, Uwe: *Produktionswirtschaft I: Grundlagen und operatives Produktionsmanagement.* Stuttgart: Lucius & Lucius, 1996
[21]   Hans-Jürgen Warnecke: *Projekt Zukunft;   Die Megatrends in Wissenschaft und Technik.* VGS, Köln, 1999
[22]   Bullinger, Hans-Jörg: *Arbeitsgestaltung : Personalorientierte Gestaltung marktgerechter Arbeitssysteme.* Stuttgart, Teubner, 1995
[23]   Walter, Thomas Jörg: *Einsatz von Methoden der Digitalen Fabrik bei der Planung von Produktionssystemen für die Automobilindustrie.* Aachen: Shaker, 2002, S. 154, Clausthal, Techn. Univ., Fak. für Bergbau, Hüttenwesen und Maschinenwesen, Diss. 2001
[24]   Kuhn, Axel (Hrsg.); Gerlach, Horst-Henning (Festschrift): *Wege zur innovativen Fabrikorganisation – Band 1.* Dortmund : Verlag Praxiswissen, 1998
[25]   Wiendahl, Hans-Peter: *Betriebsorganisation für Ingenieure.* München; Wien, Hanser, 1997
[26]   *Reorganizing the factory*
            Hyer, Nancy; Wemmerlöv, Urban. *Competing through cellular manufacturing.* Cambridge, Mass.: Productivity Press, 2002
[27]   Brown, M. G.: *Kennzahlen – Harte und weiche Faktoren erkennen, messen und bewerten.* Carl Hanser Verlag, München, Wien, 1997
[28]   Dobler, T.: *Kennzahlen für die erfolgreiche Unternehmenssteuerung.* Schäffer-Poeschel Verlag, Stuttgart 1998
[29]   Dyckhoff, H.: *Grundzüge der Produktionswirtschaft.* 3. Auflage, Springer-Verlag, Berlin, 2000
[30]   Hartmann, H.: *Materialwirtschaft: Organisation, Planung, Durchführung und Kontrolle.* Deutscher Betriebswirte Verlag, Gernsbach, 1993
[31]   Müller-Stewens, G., Lechner, C.: *Strategisches Management – Wie strategische Initiativen zum Wandel führen.* 2., überarbeitete und erweiterte Auflage, Schäffer-Poeschel Verlag, Stuttgart, 2003
[32]   Porter, M. E.: *Wettbewerbsstrategie – Methoden zur Analyse von Branchen und Konkurrenten.* 10. Auflage, Campus Fachbuch, 1999
[33]   Porter, M. E.: *Wettbewerbsvorteile – Spitzenleistungen erreichen und Behaupten.* Campus Fachbuch, 2000
[34]   Schuh, G., Eversheim, W.: *Betriebshütte – Produktion und Management.* 7., völlig neu bearbeitete Auflage, Springer-Verlag, Berlin, 2000
[35]   Siegwart, H.: *Kennzahlen für die Unternehmensführung.* 5., aktualisierte und erweiterte Auflage, Verlag Paul Haupt, 1998
[36]   Booz, Allen: *Integriertes Technologie- und Innovationsmanagement: Hamilton Konzepte zur Stärkung der Wettbewerbskraft von High-Tech-Unternehmen.* E. Schmidt Verlag, Berlin, 1991
[37]   Eversheim, W.: *Organisation in der Produktionstechnik.* Bd. 1: Grundlagen, VDI-Verlag, Düsseldorf ,1997

[38]   Eversheim, W.: *Entwicklung einer Vorgehensweise zur Ableitung und Bewertung innovativer Produktmerkmale.* Dissertation Frauenhofer IPT, Aachen, 1996

[39]   McKinsey & Co.: *Innovationskompass (VDI).* VDI-Verlag, Düsseldorf, 2001

[40]   Oeldorf, G., Olfert, K.: *Materialwirtschaft.* Kiehl Verlag, Ludwigshafen (Rhein), 1998

Fertigungstechnik

[41]   Westkämper, Engelbert; Warnecke, Hans-Jürgen; Decker, Markus (Mitarb.); Gottwald, Bernhard (Mitarb.): *Einführung in die Fertigungstechnik. 6. Aufl.* Stuttgart, Teubner, 2004

[42]   Herbert A. Fritz, Günter Schulze: *Fertigungstechnik.* Springer, Berlin, 2003

Kostenrechnung

[43]   Horvath, Peter: *Controlling 9. Aufl.* Vahlen, 2003

[44]   K. Franz und P. Kajüter (Hrsg.): *Die Analyse von Kostenproblemen.* Schäfer-Poeschel Verlag, Stuttgart, 2002

[45]   *Olfert, Klaus: Kostenrechnung.* Kiehl-Verlag, 2003

[46]   Josse, Germann: *Basiswissen Kostenrechnung.* DTV-Beck, 2003

[47]   Küting, K.: *Handbuch der Konzernrechnungslegung. 2.,* grundlegend überarbeitete Auflage, Schäffer-Poeschel Verlag, Stuttgart, 1998

[48]   Hahn, D., Lassmann, G: *Produktionswirtschaft; Controlling industrieller Produktion.*   Bd. 1, Physica-Verlag Heidelberg, Wien, 1986

Produktentwicklung

[49]   Karl-Heinrich Grote, Jörg Feldhusen: *Dubbel Taschenbuch für den Maschinenbau.* Springer, Berlin, 2004

[50]   Gerhard Pahl, Wolfgang Beitz, Jörg Feldhusen: *Konstruktionslehre.* Springer, Berlin, August 2004

[51]   Hans-Jörg Bullinger, Joachim Warschat: *Forschungs- und Entwicklungsmanagement.* Teubner Verlag, Stuttgart, 1997

[52]   Wheelwright, S.C.: *Revolution der Produktentwicklung.* Clark, K.B. NZZ Verlag, Zürich, 1994

[53]   Boutellier R., Gassmann O. und Zedtwitz M. v.: *Managing global innovation – uncovering the secrets of future competitiveness.* 2. Aufl, Springer, Berlin, 2000

[54]   Cooper R G.: *Top oder Flop in der Produktentwicklung – Erfolgsstrategien: von der Idee zum Launch.* 1. Aufl, Wiley-VCH, Weinheim. DIN (1992). Sachmerkmal-Leisten : DIN 4000, Beuth, Berlin, 2002

[55]   Ehrlenspiel K.: *Integrierte Produktentwicklung : Denkabläufe, Methodeneinsatz, Zusammenarbeit.* 2. Aufl, Hanser, München, 2003.

[56]   Eversheim W.: *Konstruktion.* 3. Aufl, VDI-Verl., Düsseldorf, 1998

[57]   Eversheim W, Bochtler W, Grassler R und Kolscheid W.: *Simultaneous engineering approach to an integrated design and process planning. European Journal of Operational.* Research, 100(2), 327-337 1997; Koller R. Konstruktionslehre für den Maschinenbau : Grundlagen zur Neu- und Weiterentwicklung technischer Produkte mit Beispielen, 4. Aufl, Springer, Berlin 1998

[58]   Opitz H.: *Werkstückbeschreibendes Klassifizierungssystem,* Girardet, Essen ,1966

[59]   Pahl G und Beitz W.: *Konstruktionslehre – Methoden und Anwendung.* 4. Aufl., Springer, Berlin, 1996

Produktionssystematik

[60]   Warnecke, Hans-Jürgen, Hüser, Manfred (Mitarb.): *Die Fraktale Fabrik –
         Revolution der Unternehmenskultur*. Reinbek bei Hamburg: Rowohlt, 1996

[61]   Christoph, Frank: *Durchgängige simulationsgestützte Planung von Ferti-
         gungseinrichtungen der Elektronikproduktion*. Bamberg : Meisenbach, 2003,
         (Fertigungstechnik – Erlangen 140). Erlangen-Nürnberg, Friedrich-Alexander-
         Univ., Lehrstuhl für Fertigungsautomatisierung und Produktionssystematik,
         Diss. 2003

[62]   Trautner, Stefan: *Technische Umsetzung produktbezogener Instrumente der
         Umweltpolitik bei Elektro- und Elektronikgeräten*. Bamberg : Meisenbach,
         2002, (Fertigungstechnik – Erlangen 134). Erlangen-Nürnberg, Friedrich-
         Alexander-Univ., Lehrstuhl für Fertigungsautomatisierung und Produktions-
         systematik, Diss. 2002

[63]   Feldmann, K.; Geiger M.: *Produktionssysteme in der Elektronik*. Meisenbach
         GMBH, Bamberg, 1999

[64]   Eversheim W., Klocke F., Pfeifer T., Schuh G., Weck M.: *Wettbewerbsfaktor
         Produktionstechnik – Aachener Perspektiven*. Sonderausg. Aufl, Shaker, Aa-
         chen, 2002

[65]   Grob, R.: *Flexibilität in der Fertigung*. Springer-Verlag, Berlin, 1986

[66]   Bullinger, H.-J.: *Systematische Montageplanung*. Handbuch für die Praxis,
         Hanser Verlag, München, 1986

[67]   Schäfer, G.: *Integrierte Informationsverarbeitung bei der
         Montageplanung*. Dissertation, Erlangen-Nürnberg, 1992

Qualitätsmanagement

[68]   Schloske, Alexander (Mitarb.); u.a.: *Deutsche Gesellschaft für Quali-
         tät/Arbeitsgruppe 131 "FMEA"*.   Berlin; Wien; Zürich: Beuth, 2004

[69]   Gerd F. Kamiske, Jörg-Peter Brauer: *ABC des Qualitätsmanagements*. Hanser
         Fachbuch, 2002

[70]   Gerd F. Kamiske, Jörg-Peter Brauer: *Qualitätsmanagement von A bis Z*. Han-
         ser Wirtschaft, 2003

Supply Chain Management

[71]   Stadtler, Hartmut (Hrsg.); Kilger, Christoph (Hrsg.). *Supply Chain Manage-
         ment and Advanced Planning (Third Ed.):Concepts, Models, Software and
         Case Studies*. Berlin u.a.: Springer, 2005

[72]   Holger Arndt: *Supply Chain Management*. Gabler Verlag, 2005

[73]   Axel Busch, Wilhelm Dangelmaier: *Integriertes Supply Chain Management*.
         Gabler Verlag, 2004

[74]   Hadamitzky, M.C.: *Analyse und Erfolgsbeurteilung logistischer Reorganisati-
         on*. Deutscher Universitäts-Verlag Wiesbaden, 1995

[75]   Wildemann, H.: *Das Just-in-Time Konzept*. TCW, 1995

[76]   Grochla, E.: *Grundlagen der Materialwirtschaft*. Gabler Verlag,Wiesbaden,
         1992

[77]   Günther, H.-O., Tempelmeier, H.: *Produktion und Logistik*. 5. Auflage, Sprin-
         ger-Verlag, Berlin, 2002

[78]   Tempelmeier, H.: *Material-Logistik; Modelle und Algorithmen für die Produk-
         tionsplanung und -steuerung und das Supply Chain Management*. 5. Auflage,
         Springer-Verlag, Berlin, 2002

Stichwortverzeichnis